绘军事



# 经典名枪

郭　立　严晓峰　编著

科学普及出版社
·北　京·

图书在版编目（CIP）数据

经典名枪 / 郭立，严晓峰编著. -- 北京：科学普及出版社，2019.1
（2022.7 重印）
（绘军事）

ISBN 978-7-110-09714-4

Ⅰ. ①经… Ⅱ. ①郭… ②严… Ⅲ. ①枪械—青少年读物 Ⅳ. ① E922.1-49

中国版本图书馆 CIP 数据核字 (2017) 第 305959 号

| | |
|---|---|
| 责任编辑 | 孙红霞　李春利 |
| 装帧设计 | 中文天地 |
| 责任校对 | 焦　宁 |
| 责任印制 | 马宇晨 |

| | |
|---|---|
| 出　　版 | 科学普及出版社 |
| 发　　行 | 中国科学技术出版社有限公司发行部 |
| 地　　址 | 北京市海淀区中关村南大街16号 |
| 发行电话 | 010-62173865 |
| 传　　真 | 010-62179148 |
| 网　　址 | http://www.cspbooks.com.cn |

| | |
|---|---|
| 开　　本 | 889mm × 1194mm　1/16 |
| 字　　数 | 232千字 |
| 印　　张 | 9 |
| 版　　次 | 2019年1月第1版 |
| 印　　次 | 2022年7月第3次印刷 |
| 印　　刷 | 北京荣泰印刷有限公司 |
| 书　　号 | ISBN 978-7-110-09714-4 / E · 44 |
| 定　　价 | 58.00元 |

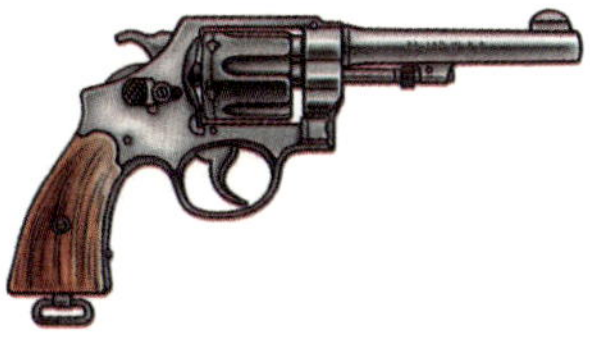

# 《绘军事》丛书编审委员会

Good bye!
US

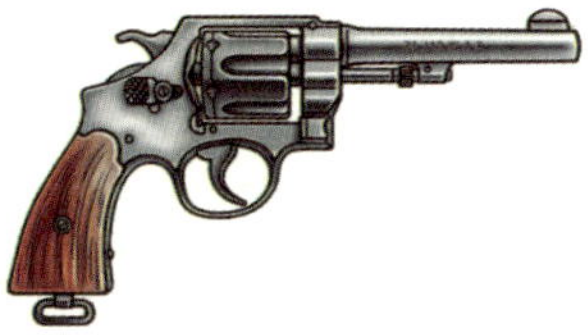

# 《绘军事》丛书序

“什么是军事，怎样发展军事？”这是一个既古老又现代的话题。《左传》里说，“国之大事，在祀与戎”；《孙子兵法》更是在开篇写道：“兵者，国之大事，死生之地，存亡之道，不可不察也。”军事的发展，先有器而后有术。因此，武器的先进程度，往往决定了一个国家强盛与否。

古有十八般兵器——刀、枪、剑、戟、斧、钺、钩、叉、鞭、锏、锤、抓、镗、棍、槊、棒、拐、流星，并有“剑为百兵之君，棍为百兵之首，刀为百兵之帅，枪为百兵之王，戟为百兵之魁”的说法。

中国的“四大发明”举世闻名，其中之一的火药则是改变了战争的形态，把人类战争从冷兵器时代带入了热兵器时代。明朝燕王朱棣在与建文帝争夺帝位时，就曾使用火箭作战。那时的火箭制造已经相当精良，种类繁多，有单发射击、多发齐射、多火药筒并联、有翼火箭、多级火箭等类型。明朝永乐年间，还专门组建了“神机营”，这种独立炮兵建制在当时世界可谓首屈一指。后来，随着荷兰、西班牙等国与中国有了贸易往来，外国商人在带来琳琅满目的商品的同时，也把西方先进的枪炮介绍给了中国的皇帝，中国和西方在军事技术上的差距开始显现。1840 年，鸦片战争成为了一个积贫积弱国家苦难的开端。在废墟上站起来的中华人民共和国牢牢记住了“落后就要挨打”六个字。一个国家，一个民族，没有强大的国防，一切都无从谈起。

进入 21 世纪，随着国家实力的增强，我国与海外的贸易往来越来越紧密，中国已经从一个大陆国家向海洋国家转变。在这个关键时期，培养军事后备力量，向广大青少年传播和普及国防科技知识显得尤为重要。在大众传媒的传播能力得到极大发展的今天，传播形式越发多样。卡通动漫的形式得到了越来越多读者的认可。于是，英武阳刚的军事圈也开始融入卡通的要素，从武器萌化到军事动漫轻小说的普及覆盖，各种萌化形象比比皆是。《兵器知识》杂志社也在这方面进行了有益的尝试。自 2011 年漫画增刊问世，到 2015 年《兵器知识 C 刊：漫画兵器》正式发行。在武器萌化的基础上，既保持了知识的严谨性，同时文字幽默，画风活泼，使人更加喜闻乐见。

《兵器知识》杂志社组织编写的这套《绘军事》丛书，正是在多年积累《兵器知识 C 刊：漫画兵器》的基础上精选而成，更在出版之前，由作者对其进行了精心再创作。这套丛书的问世，如果能够引起军事爱好者或多或少的关注，对军事普及起到或多或少的推进，那就是我的希望和期待了。

中国工程院院士　朵英贤

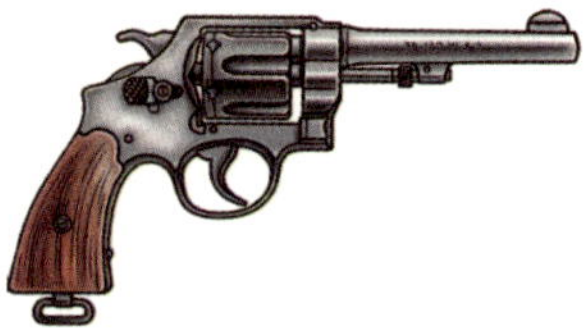

# 前　言

越南战争，是指冷战时期的 1955—1975 年发生在越南的一场重要局部战争。就在那方寸之地，中国、苏联、美国、韩国等七八个国家被卷入其中，最终以美国撤军，越南人民军和越南南方民族解放阵线统一了越南全境而结束。

越南战场具有一个非常特殊的作战环境，由热带丛林、山地和水网构成，这里利于隐蔽行动，也利于踞险防守和进行伏击、袭击，但不便于大型战役军团和机械化部队的集中行动，再加上交战一方又是习惯并擅长游击战的，于是这里成了轻武器交锋的终极舞台。手枪、步枪、冲锋枪，霰弹、榴弹、火箭弹，你方唱罢我登场，而那些重武器却只能坐冷板凳。

越南战场既是对已有兵器性能的检验，也是新武器的试验场。在越南战场上亮相的轻武器，如今已成为各国必备的制式武器。这些经过战争洗礼的武器，其风采总是让人回味无穷。

本书不是军事术语和轻武器参数的简单堆砌，而是采用可爱的画风、轻松的故事向读者展示了夺命短剑——轻武器的风采。读完这本有点另类的图书，读者可以对经过越战洗礼的轻武器有初步的认识，了解轻武器的发展简史，发现轻武器背后那些好玩的故事。

《兵器知识》杂志社

# Contents
# 目录



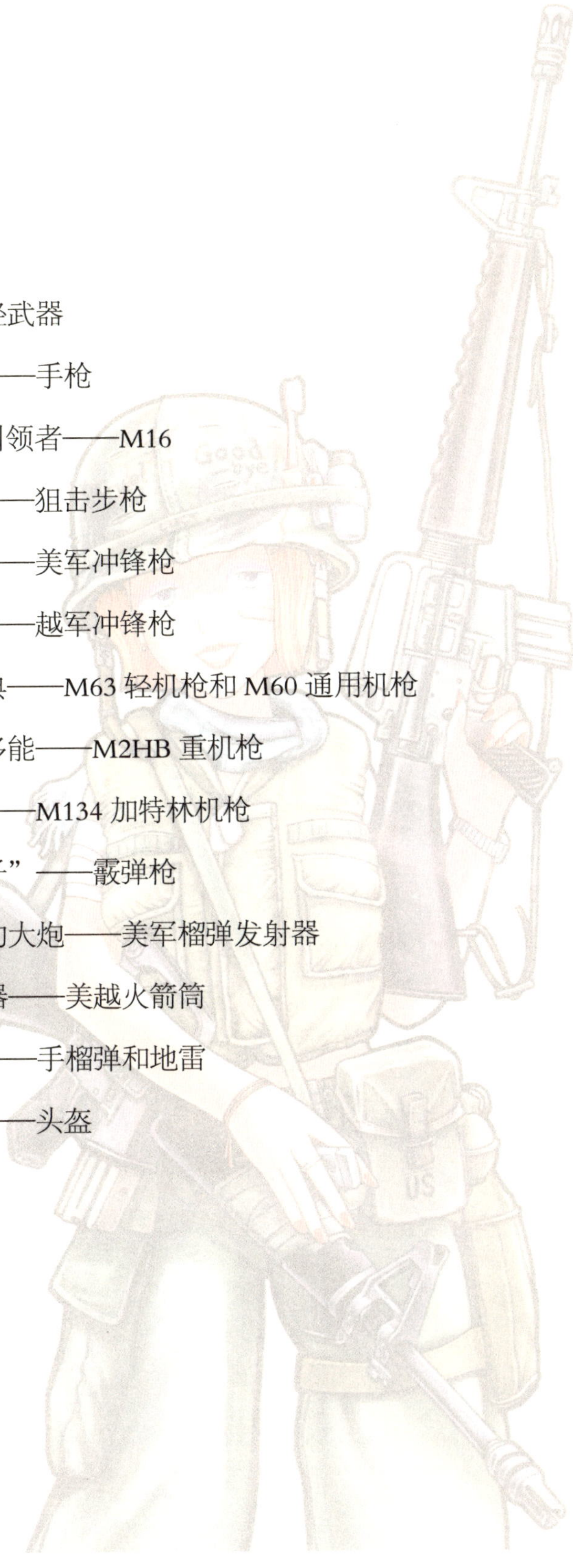

Good bye!
US

# 越战中的轻武器

发生在 1955—1975 年的越南战争（以下简称越战），是第二次世界大战（以下简称二战）后一场非常重要的局部战争，特别是轻武器技术，在战火丛林中得到检验和发展，影响了越战后数十年间的发展道路。战争伊始，苏联的 AK47 突击步枪就在各方面远超美国的 M14，迫使美国紧急研制了 M16，而此后 M16 顺势引领出小口径枪械的潮流。榴弹发射器刚出现就赶上越战，由于在实战中的表现非常突出，轻便、可靠、火力强，被称为“排长的炮兵”，此后迅速成为轻武器家族的重要一员。大小口径机枪不仅征战于林间树下，还登车上天，成为全方位的火力高手，甚至被当作狙击步枪使用。冲锋枪在二战中的很多老旧型号纷纷发挥余热，还有意大利、丹麦等国出品的小众名枪参战。霰弹枪的警用、民品型号也来战场逞威，“海豹”特种部队还自己动手设计了全自动霰弹枪。手榴弹不仅是近战的必备武器，还被美国、越南双方充分发挥潜力，成为各种狡诈的陷阱地雷，在丛林湿地间神出鬼没。至于五花八门的头盔、装具，也像热带丛林里的植物，花样繁多。

越战中的轻武器，给兵器史、战争史留下了丰富多彩的一页。

# 林间肉搏
## ——手枪

1911 年 3 月，由枪械大师勃朗宁设计，柯尔特公司生产的一种自动手枪被选为美军的制式辅助武器，并正式被命名为“柯尔特 1911 型 .45 自动手枪”，其中“.45”是指其口径为 0.45 英寸（1 英寸 =25.4 毫米），即 11.43 毫米。

柯尔特 M1911 是美军第一款大口径自动手枪，装备不久即参加了第一次世界大战（以下简称一战），后于 1926 年改进为 M1911A1 型，参加了二战至越战之间的无数战斗，可谓久经沙场。

M1911 采用后膛闭锁、单动击发结构，其枪体表面进行了烤蓝处理，木质握把护片上有密集的网格纹。

柯尔特 M1911 型手枪与它的设计者勃朗宁

柯尔特公司产品上的“小马”商标图案

### M1911A1 型自动手枪

柯尔特 M1911A1 型手枪的升级在于对原先 M1911 型的准星、握把、握把护片、扳机护圈和枪尾等外观上的改进，这使整枪的握持感和操作感得到提高，外形上也变得美观许多。

**M1911A1 型自动手枪性能参数：**

| | |
|---|---|
| 全枪长 | 216 毫米 |
| 枪管长 | 127 毫米 |
| 空枪重 | 1.1 千克 |
| 弹匣容量 | 7 发 |
| 枪口初速 | 253 米 / 秒 |
| 枪口动能 | 502 焦耳 |

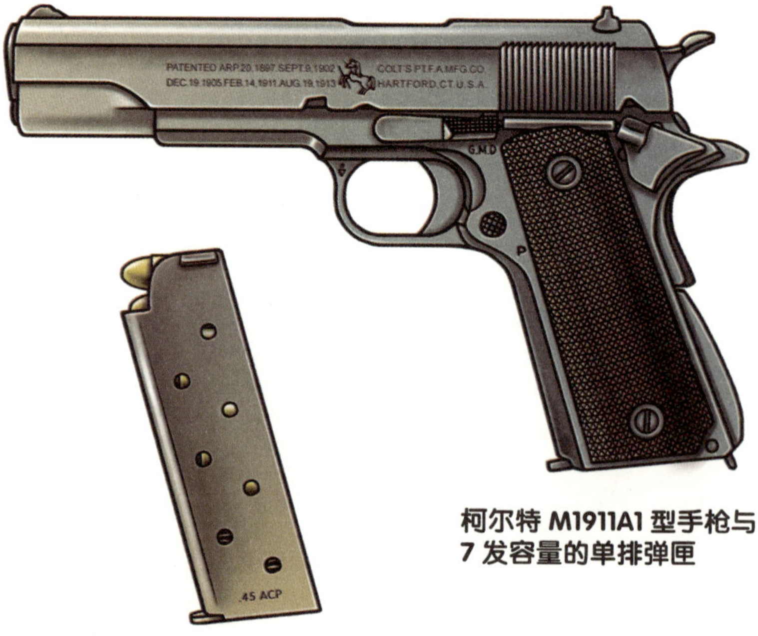


柯尔特 M1911A1 型手枪与 7 发容量的单排弹匣

美国 11.43 毫米 ×23 毫米的柯尔特自动手枪弹（左）与苏联 7.62 毫米 ×25 毫米的托卡列夫手枪弹（右）曾在二战中并肩对抗法西斯的著名枪弹，在越战中却成了“死对头”。两种枪弹各有优劣，即大口径的柯尔特手枪弹对目标停止作用明显，细长的托卡列夫手枪弹则贯穿力强大。

当套筒向后坐时，摆动式的枪管会因铰链滑动向后倾斜，这样枪口会微微上仰，便于枪弹从后部装填。枪管内有 6 条向右旋转的膛线，使弹头能在空气中旋转，保持平稳飞行。

当套筒被拉动或后坐时，弹匣托弹板会将枪弹顶上去，套筒复位后就将枪弹推进弹膛内，扣动扳机后撞针撞击底火，弹壳内的发射药燃烧产生推动气体，这样弹头就从枪管发射出去了。

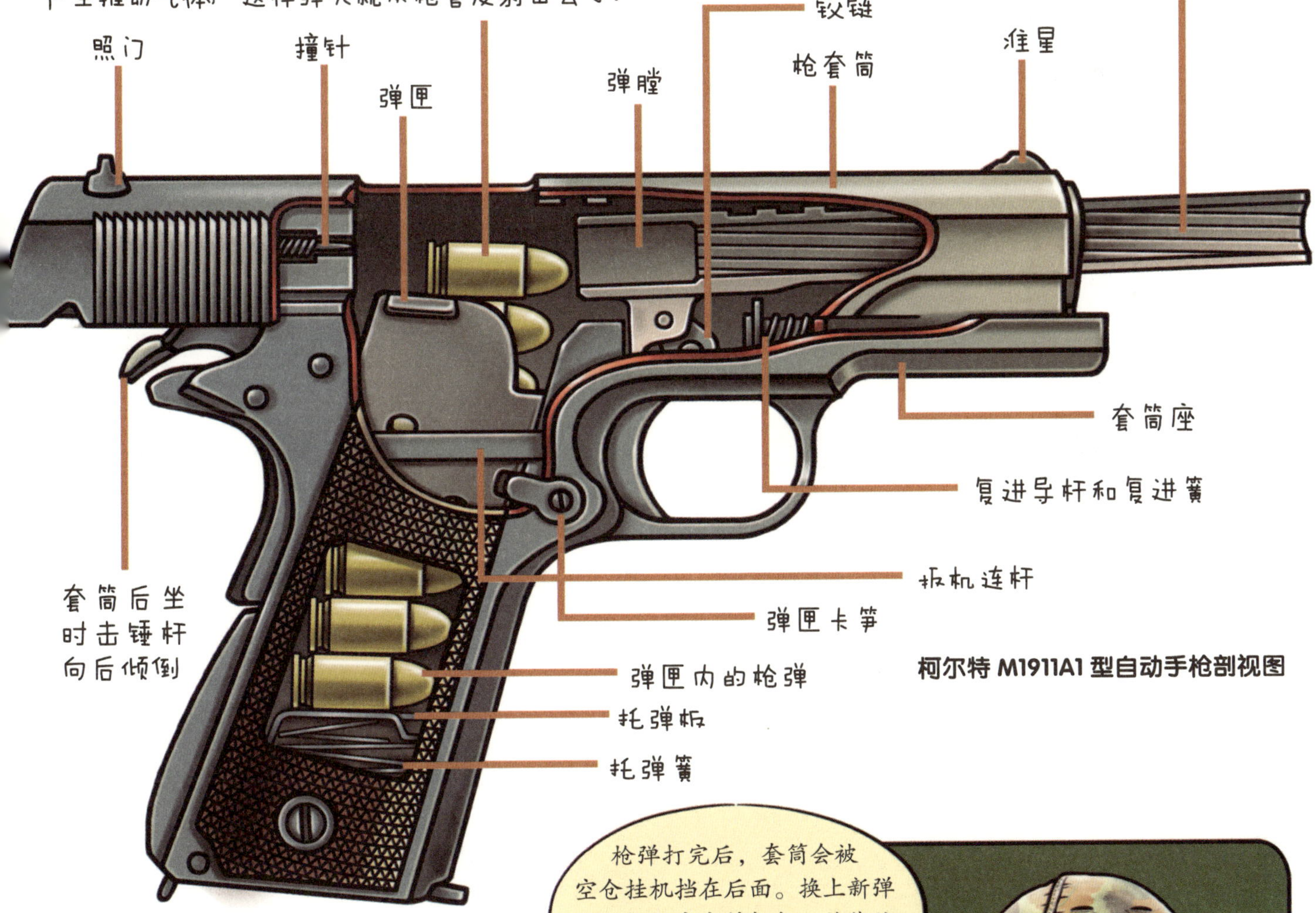


**柯尔特 M1911A1 型自动手枪剖视图**

在实际使用中，柯尔特手枪可以在弹膛内装 1 发枪弹，加上 7 发容量的弹匣，总共就是 8 发。虽然后来也有厂家推出过 8 发与 10 发的加长弹匣，但在二战到越战的相当长一段时间内，7 发弹匣仍是柯尔特手枪的军方标准配置。这样的容弹量在今天看来相当单薄，火力持续性先天不足，不过 11.43 毫米大口径的威力也能“弥补”一下。南越当时也曾仿制 M1911A1，而且改为了 9 毫米口径。

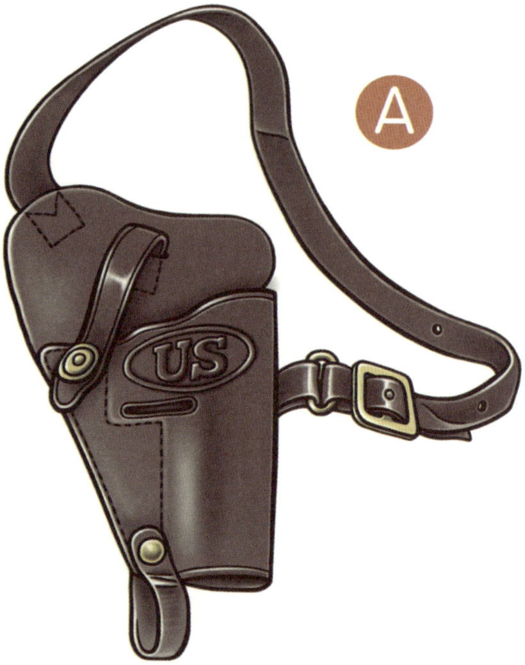


A

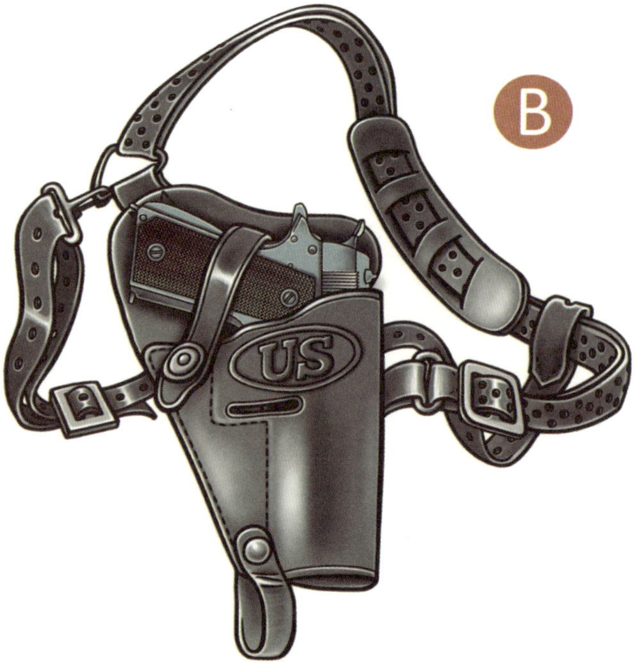


B

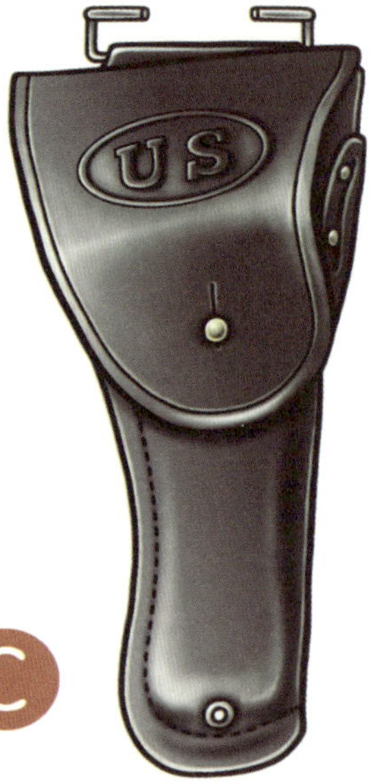


C

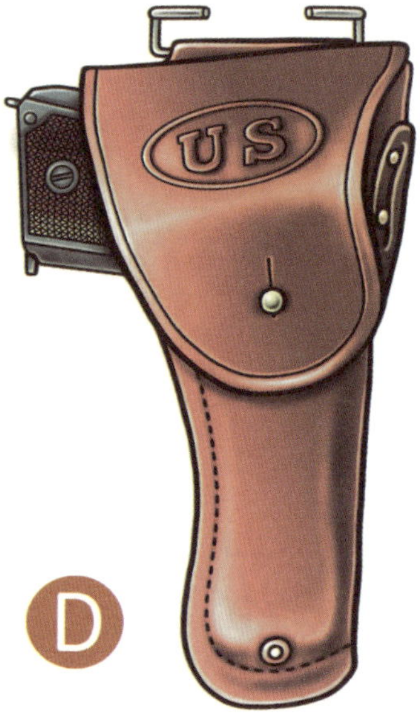


D

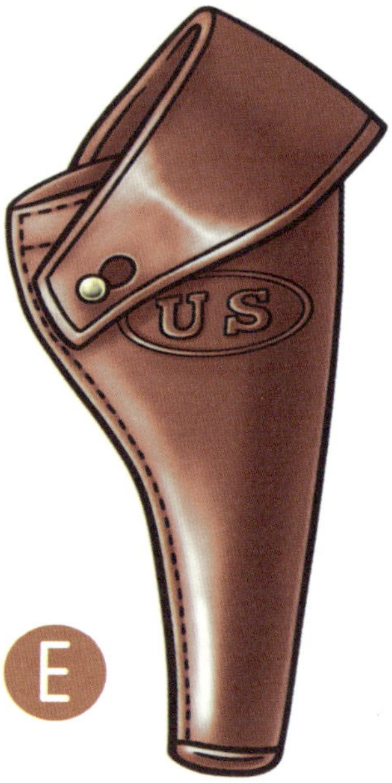


E

F

**M1911A1 型自动手枪的牛皮制枪套：**

A. 1942 年配发的 M3 型斜挎式胸枪套，最初是装备二战中的陆军航空队飞行员的，后来陆军地面部队也有装备。

B. 1943 年配发的 M7 型斜挎式胸枪套，是 M3 的改良型，多加了一条胸带以保持稳定。M3、M7 型在越战时都被装甲车辆乘员所使用。

C. 黑色皮革 M1917 型手枪套，越战中的装备，能通过上方的钩子和腰带组合。

D. 红棕色 M1917 型手枪套，越战中也有出现，是美军二战后的剩余物资。

**M1917 型转轮手枪的牛皮制枪套：**

E. 红棕色，美军一战后的剩余物资。

F. 黑色，越战时的配置，直升机飞行员会将它挂在腰带间。

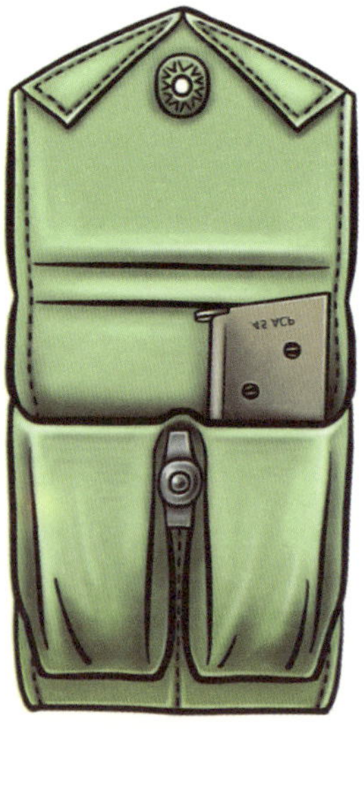

M1911A1 型手枪于越战时使用的双联式弹匣袋是与二战时一样的帆布材质，只是颜色偏绿。该弹匣袋能与 M1910、M1956 等野战腰带组合配挂。

## M1917 型转轮手枪

第一次世界大战中，为弥补 M1911 型手枪装备数量上的不足，美国军方要求国内的两大转轮手枪制造商——柯尔特公司和史密斯 · 威森公司，研制出一种可以发射 11.43 毫米手枪弹的转轮手枪。于是 M1917 型转轮手枪诞生了，作为 M1911/M1911A1 型自动手枪的补充，参加了从一战到越战的无数次战斗。在越战中，早已退役的 M1917 型作为一些士兵单独额外使用的武器，受到飞行员和“隧道鼠”的青睐。

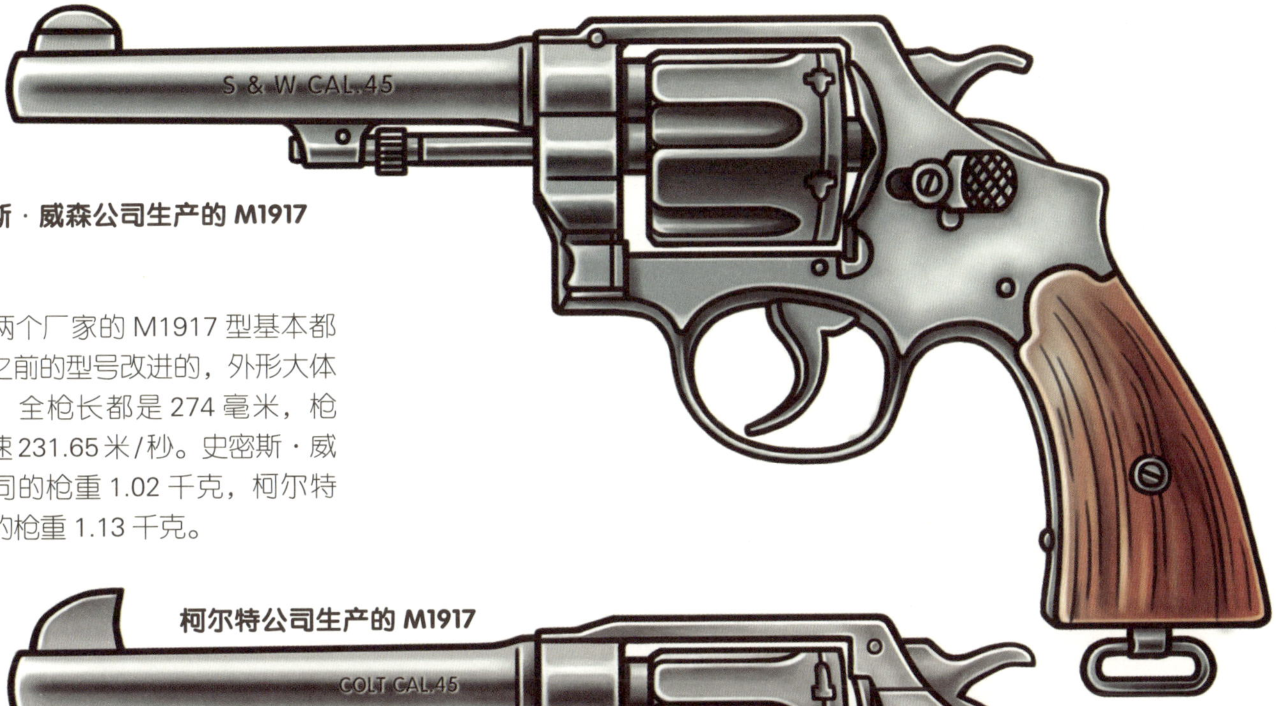


**史密斯 · 威森公司生产的 M1917**

两个厂家的 M1917 型基本都是用之前的型号改进的，外形大体一致，全枪长都是 274 毫米，枪口初速 231.65 米/秒。史密斯 · 威森公司的枪重 1.02 千克，柯尔特公司的枪重 1.13 千克。

**柯尔特公司生产的 M1917**

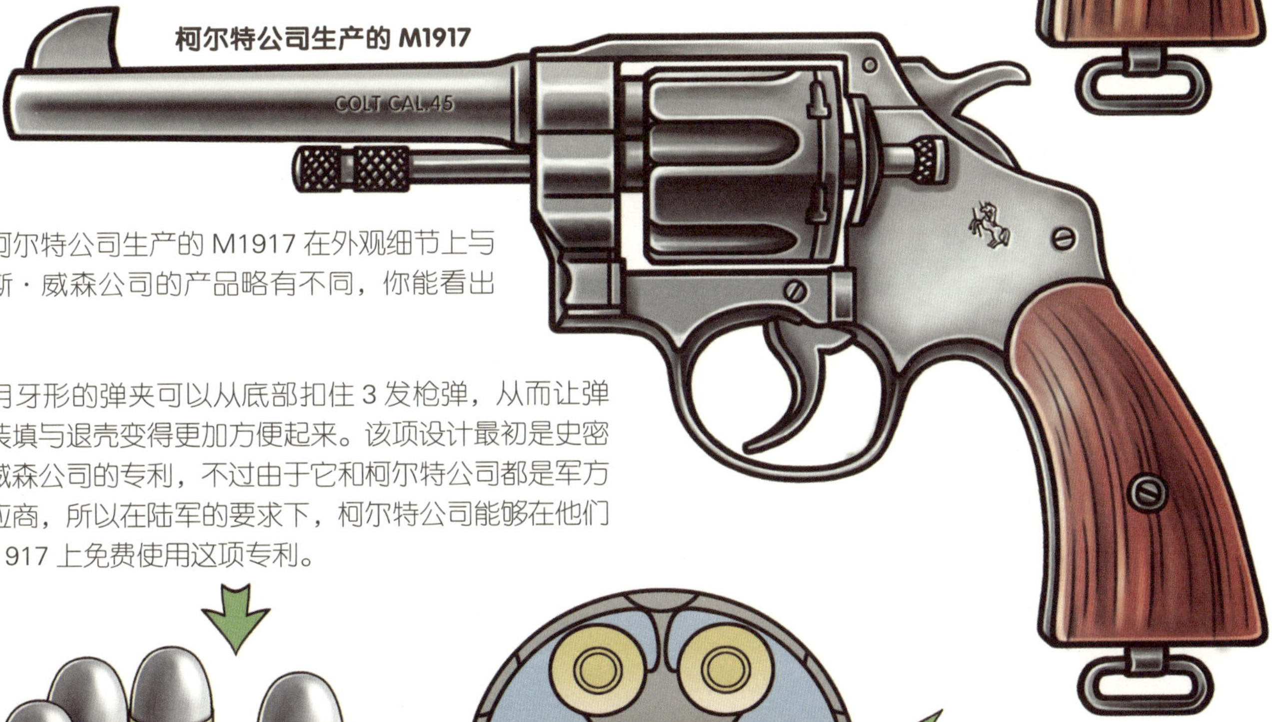


柯尔特公司生产的 M1917 在外观细节上与史密斯 · 威森公司的产品略有不同，你能看出来吗？

月牙形的弹夹可以从底部扣住 3 发枪弹，从而让弹仓的装填与退壳变得更加方便起来。该项设计最初是史密斯 · 威森公司的专利，不过由于它和柯尔特公司都是军方的供应商，所以在陆军的要求下，柯尔特公司能够在他们的 M1917 上免费使用这项专利。

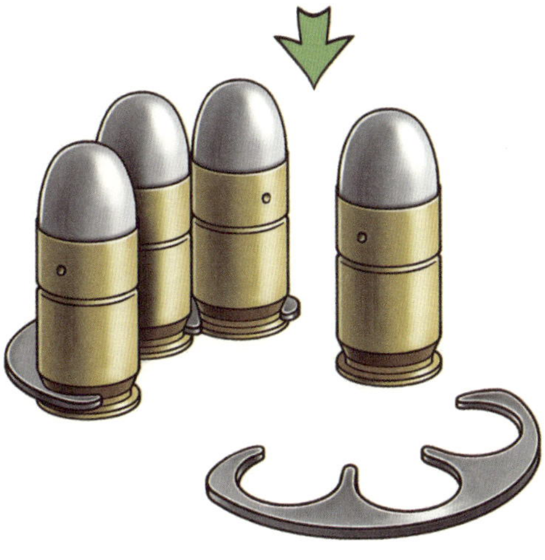

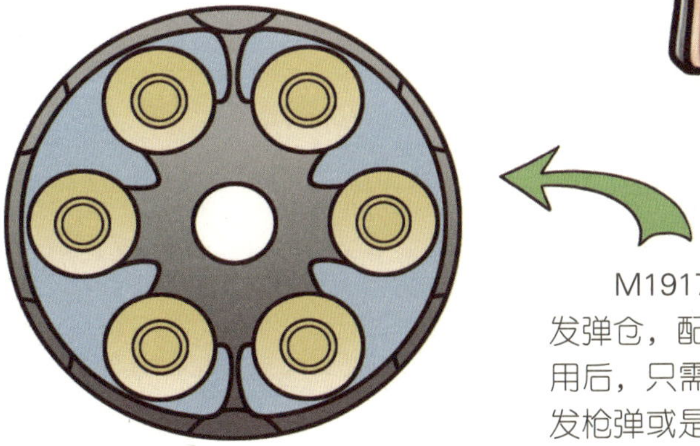

M1917 型转轮手枪的 6 发弹仓，配合月牙形弹夹使用后，只需两次就能装满 6 发枪弹或是完成退壳，不需要一发一发地操作 6 次。

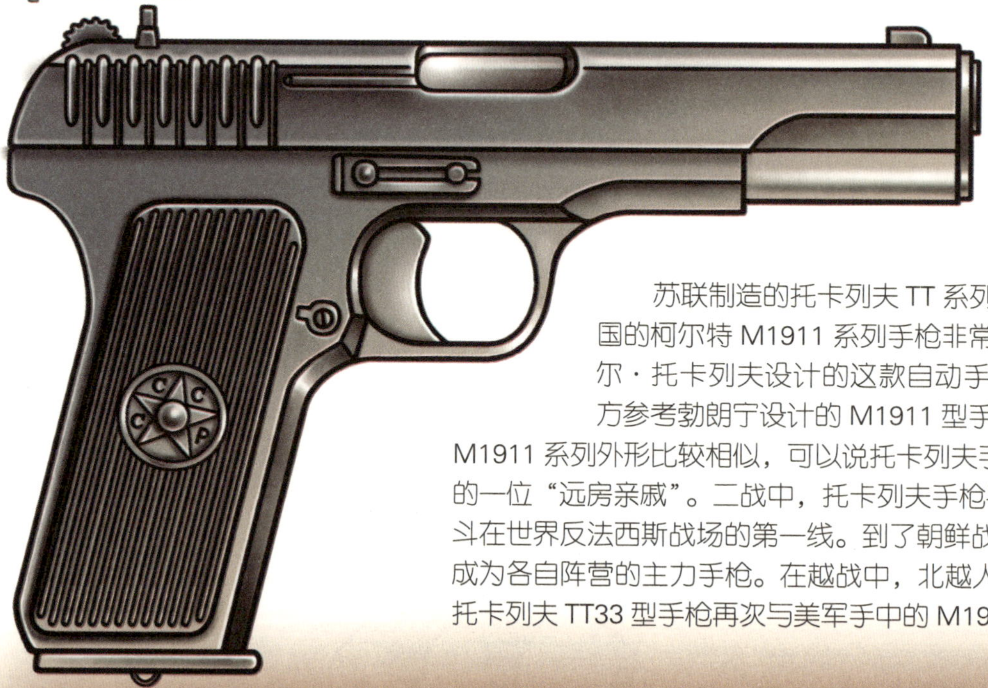

# Tokarev TT33

苏联制造的托卡列夫 TT 系列自动手枪和美国的柯尔特 M1911 系列手枪非常有缘分。费多尔·托卡列夫设计的这款自动手枪，有不少地方参考勃朗宁设计的 M1911 型手枪，所以它与 M1911 系列外形比较相似，可以说托卡列夫手枪就是勃朗宁手枪在俄国的一位“远房亲戚”。二战中，托卡列夫手枪与 M1911 系列手枪并肩战斗在世界反法西斯战场的第一线。到了朝鲜战争时两兄弟“反目成仇”，成为各自阵营的主力手枪。在越战中，北越人民军和越共游击队装备的托卡列夫 TT33 型手枪再次与美军手中的 M1911A1 型手枪同台较量。

# COLT M1911A1

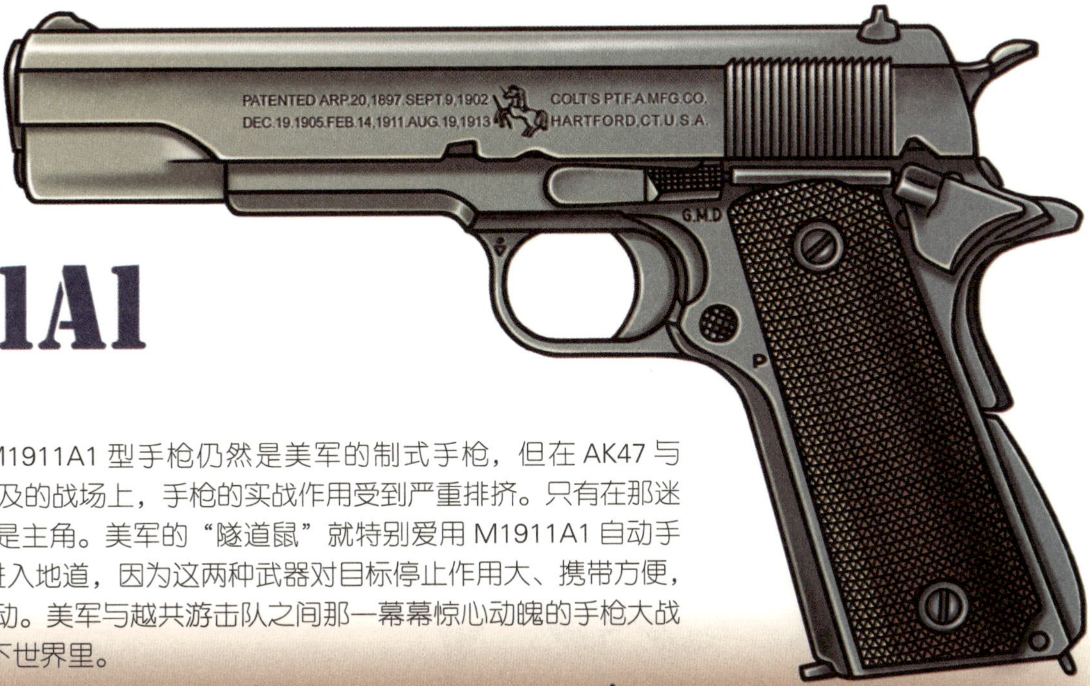


越战时期，虽然 M1911A1 型手枪仍然是美军的制式手枪，但在 AK47 与 M16 等自动枪械大量普及的战场上，手枪的实战作用受到严重排挤。只有在那迷宫般的地道里，手枪才是主角。美军的“隧道鼠”就特别爱用 M1911A1 自动手枪与 M1917 转轮手枪进入地道，因为这两种武器对目标停止作用大、携带方便，很适合狭窄空间里的行动。美军与越共游击队之间那一幕幕惊心动魄的手枪大战就发生在这个昏暗的地下世界里。

坑道枪战图

当年，越南是一个非常适合特种作战的天然场地，因此交战双方除了装备常规手枪外，也各自使用了一些用于特殊任务的微声手枪。下面就让我们来简单地认识一下它们吧。

1968 年，史密斯 · 威森公司对它的第一款自动手枪 M39 型，开展了一项秘密改进计划，即微声版的 M39WOX13A 型。这种武器最初是为美国海军陆战队设计的，但最后成为海军特种部队著名的 Mk22 Mod 0 型微声手枪。

当时美国海军为了给“海豹”特种部队物色一种微声手枪用于执行秘密任务，就选中了史密斯 · 威森公司的 M39 型自动手枪，按海军的习惯定型为 Mk22 Mod 0 型，绰号“使小狗安静”。这得名于它能不动声色地放倒敌人的哨兵。

手持 Mk22 Mod 0 型微声手枪的军事模特露茜小姐打扮为越战时美国海军“海豹”特种部队的模样，腰间挂着巨大的微声手枪专用枪套，身后还背着一支 AK47 突击步枪。

Smith & Wesson

史密斯 · 威森公司的商标

## M39 型自动手枪

二战结束后，以转轮手枪为老本行的史密斯·威森公司，设计生产了它的第一款自动手枪——M39 型。1949 年，公司曾试图向陆军推销该枪，但没有成功。后来 M39 型手枪开始打入民间市场，也没什么起色，只有伊利诺伊州警察装备了该枪。越战时，有些美军士兵也使用该枪，但直到海军的“海豹”特种部队装备了微声版的 M39 型，才使它名声大噪。

M39 型为史密斯·威森公司开创了自动手枪产品的先河。

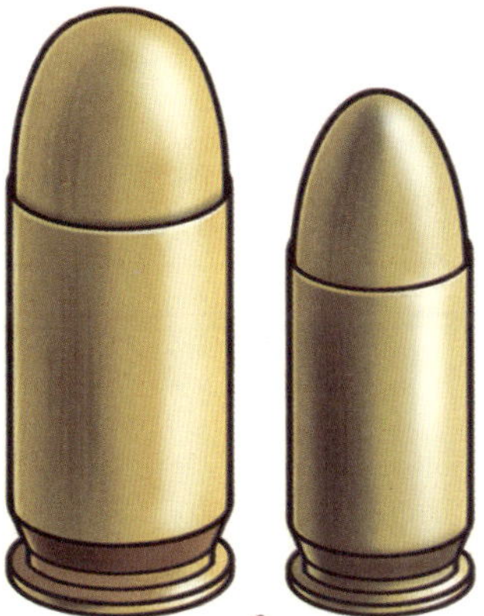

M39 型手枪发射的是 9 毫米 ×19 毫米的派拉贝鲁姆手枪弹（右），后来发展成北约制式手枪弹。左边那颗是 11.43 毫米 ×23 毫米的柯尔特手枪弹，它俩在个头上形成鲜明对比。

Mk22 Mod 0 型微声手枪由封闭式设计的 WOX1A 型消声器和改进自史密斯·威森 M39 型的手枪两部分组成。为降低声音，这把微声手枪专门增加了一个套筒锁，在使用消声器和亚音速弹射击时，能让套筒保持闭锁状态，提供消声效果，但需要手动抛壳和装填。

**Mk22 Mod 0 型微声手枪性能参数：**

| | |
|---|---|
| 全枪长 | 323 毫米（连消声器） |
| 枪　长 | 216 毫米 |
| 枪管长 | 101 毫米 |
| 空枪重 | 0.964 千克 |
| 弹匣容量 | 8 发 |
| 枪口初速 | 274 米 / 秒 |
| 有效射程 | 30 米 |

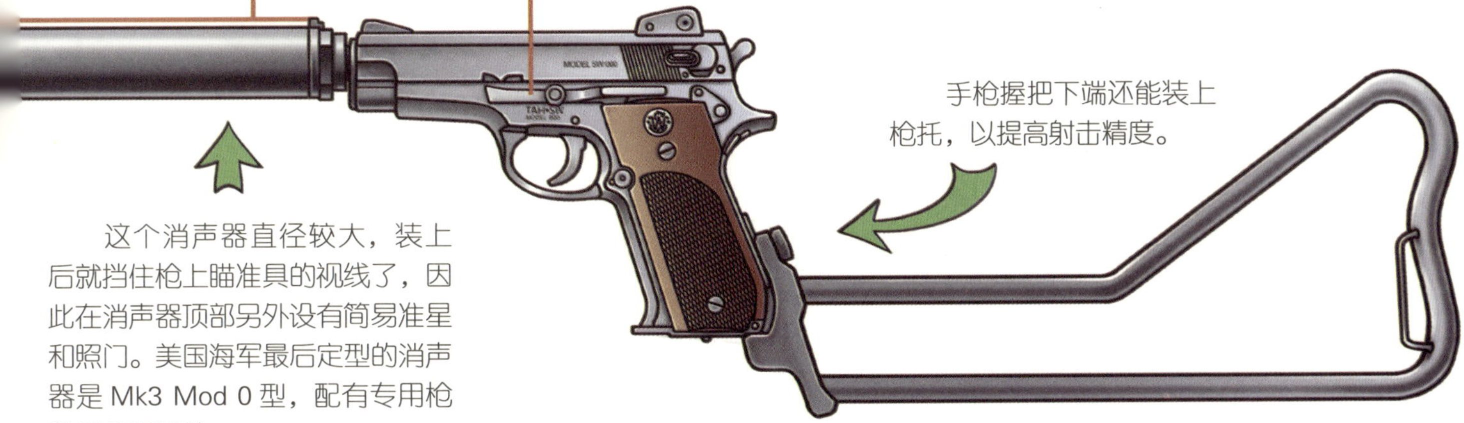


手枪握把下端还能装上枪托，以提高射击精度。

这个消声器直径较大，装上后就挡住枪上瞄准具的视线了，因此在消声器顶部另外设有简易准星和照门。美国海军最后定型的消声器是 Mk3 Mod 0 型，配有专用枪弹和备用配件。

## Mk22 Mod 0 型微声手枪

A. Mk3 Mod 0 型消声器及其剖视图，里面装有一组吸音的橡胶封垫。
B. 牛皮制的黑色枪套，可以将手枪连同消声器一起装入，并能和 M1956 型腰带组合携行。
C. 另一款牛皮制的黑色枪套，消声器需拆下捆入旁边的固定带上。
D. 绿色弹头的 Mk144 Mod 0 型 9 毫米亚音速手枪弹，重 10.2 克。亚音速枪弹能很好地降低噪声，减小对消声器内橡胶封垫的损耗。
E. Mk22 型手枪的 8 发容量单排弹匣。
F. 配用的金属枪托，装在握把后下端。

**Mk22 Mod 0 型微声手枪的配件：**

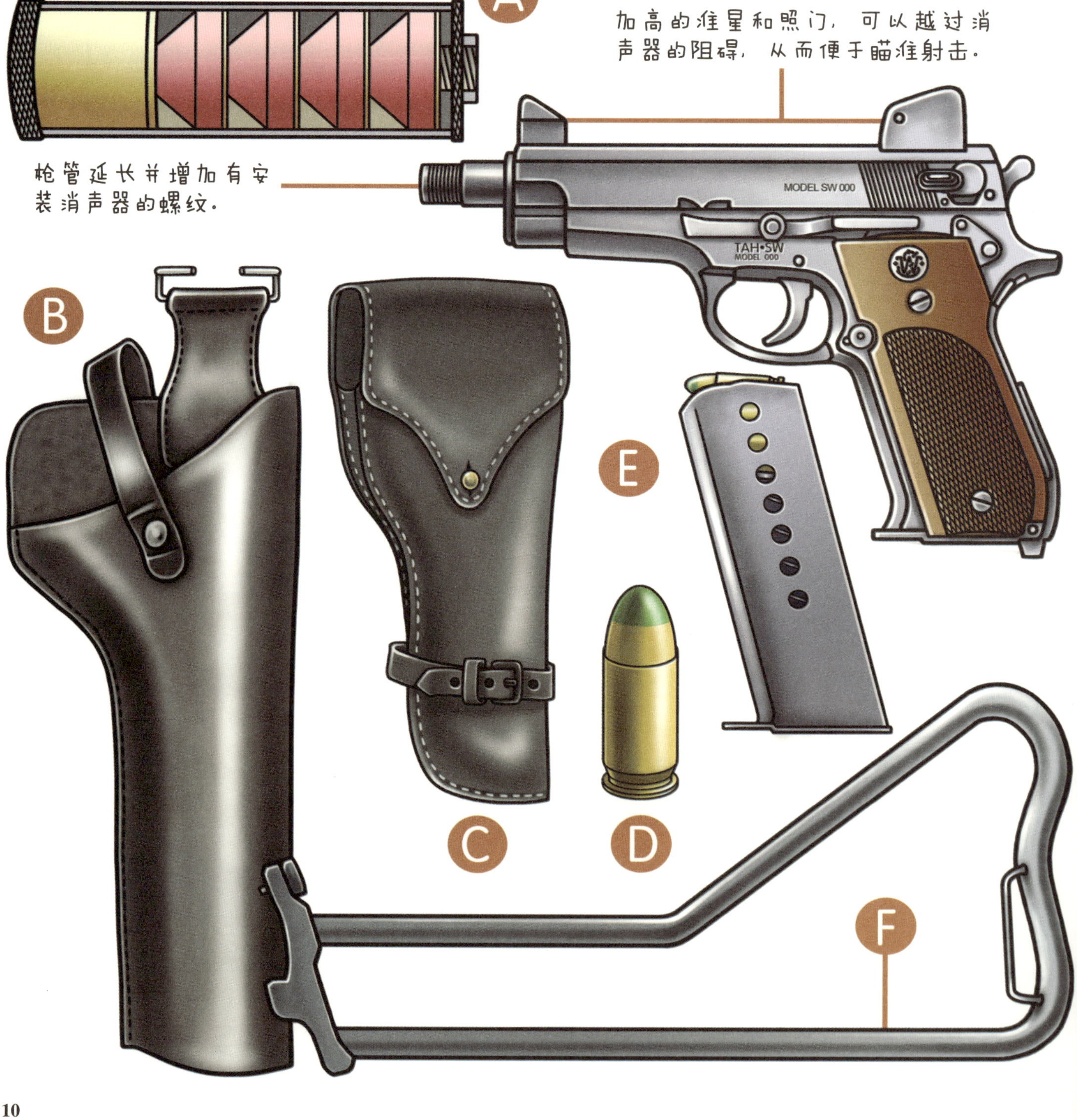

## “高标准”微声手枪

二战时期，美国新成立的战略情报局（以下简称 OSS）为特工们研制了一批特种暗杀武器，其中最有名的手枪有两种：一种是 FP45 型“解放者”手枪，另一种就是“高标准”微声手枪。“高标准”微声手枪是在普通型 HDM 的基础上发展而来的，口径为 5.588 毫米（0.22 英寸，俗称“点二二”，一种手枪常用的小口径），因为按军方要求试验时，其他较大口径的型号都没达到理想效果。

1943 年，贝尔电话实验室的专家们研制了一种能装在“高标准”手枪上的消声器，试验效果很好。于是美国国防研究委员会为 OSS 订购了 110 支微声手枪用于进一步试验，然后 OSS 采购处要求军械处订购 1500 支“高标准”微声手枪。由于在二战中后期的实际使用中，OSS 特工们对它比较满意，OSS 又在 1944 年追订了 1000 支。该枪也被称为 OSS 微声手枪。

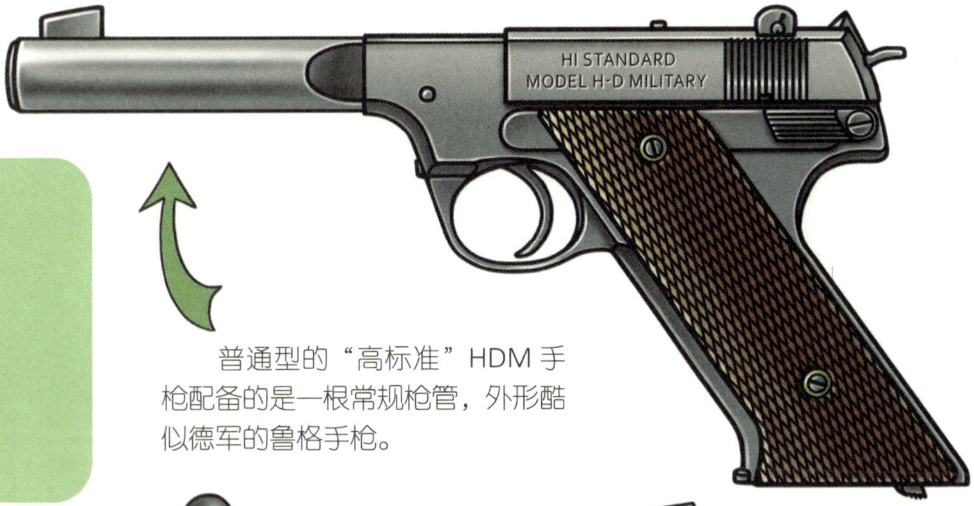


普通型的“高标准”HDM 手枪配备的是一根常规枪管，外形酷似德军的鲁格手枪。

**“高标准”微声手枪性能参数：**

| | |
|---|---|
| 全枪长 | 350 毫米 |
| 枪管长 | 171 毫米 |
| 空枪重 | 1.36 千克 |
| 弹匣容量 | 10 发 |
| 枪口初速 | 305 米 / 秒 |
| 有效射程 | 15 米 |

“高标准”微声手枪使用 0.22 英寸（5.588 毫米）口径 LR 枪弹。这种枪弹广泛应用于美国民间的运动和狩猎活动，某些步枪、转轮手枪和自动手枪都可发射，国家情报机关和军事特战单位也有使用。

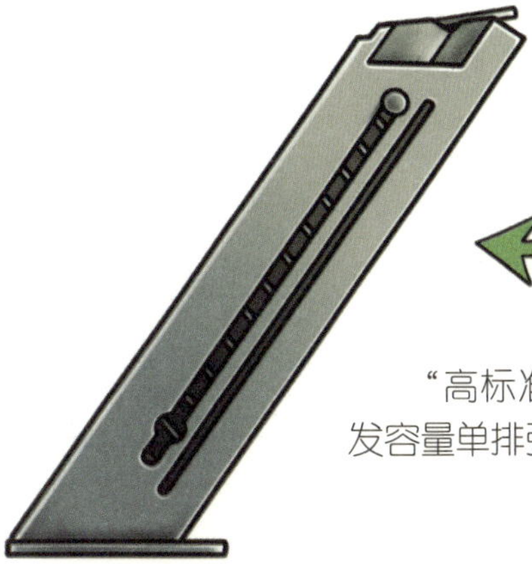

“高标准”微声手枪的 10 发容量单排弹匣（空仓状态）。

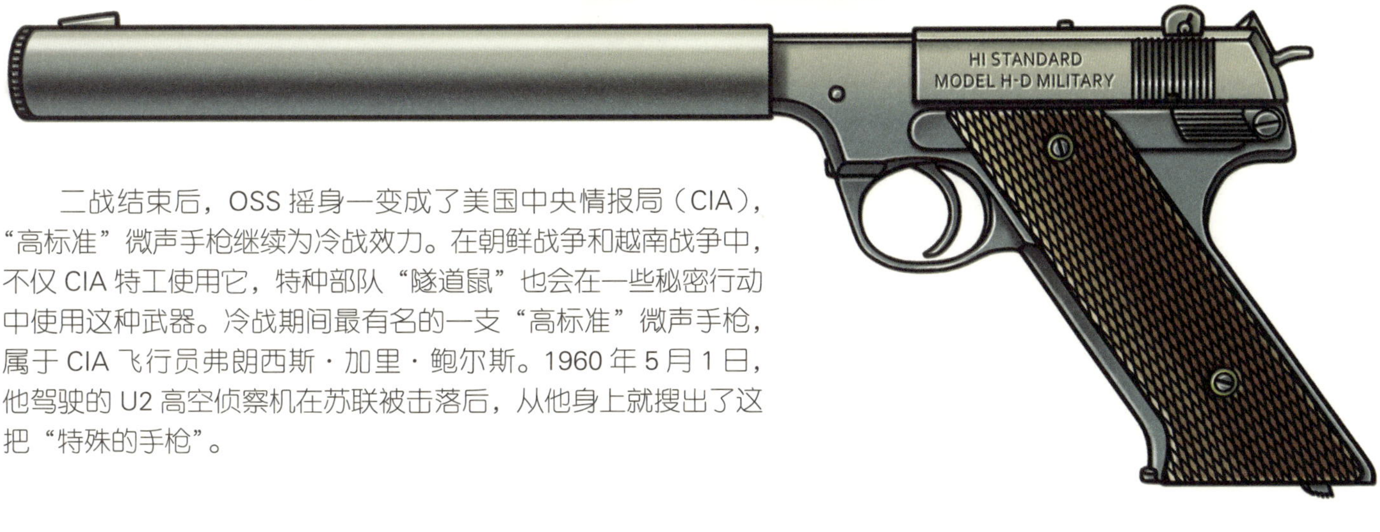


二战结束后，OSS 摇身一变成了美国中央情报局（CIA），“高标准”微声手枪继续为冷战效力。在朝鲜战争和越南战争中，不仅 CIA 特工使用它，特种部队“隧道鼠”也会在一些秘密行动中使用这种武器。冷战期间最有名的一支“高标准”微声手枪，属于 CIA 飞行员弗朗西斯·加里·鲍尔斯。1960 年 5 月 1 日，他驾驶的 U2 高空侦察机在苏联被击落后，从他身上就搜出了这把“特殊的手枪”。

## 纳甘 M1895 型转轮手枪

这把独一无二的“红色转轮”手枪始于沙俄时代，由比利时著名枪械设计师列昂·纳甘为俄军设计。列昂·纳甘还与俄国人谢尔盖·莫辛联合设计过另一款经典轻武器——莫辛·纳甘步枪。纳甘 M1895 型转轮手枪俗称“七音子”，因为它采用 7 发弹仓。该枪参与过从日俄战争、一战、二战直到越战的数次战争，可谓久经沙场。

这把枪有个大缺点——弹仓无法摆出，造成装弹不便，退壳时还得靠枪管下的退壳杆来一发一发地完成，极其麻烦。另外，在不事先压下击锤杆而直接扣动扳机开火时，手指压感会相当沉重，不利于火力的持续性。

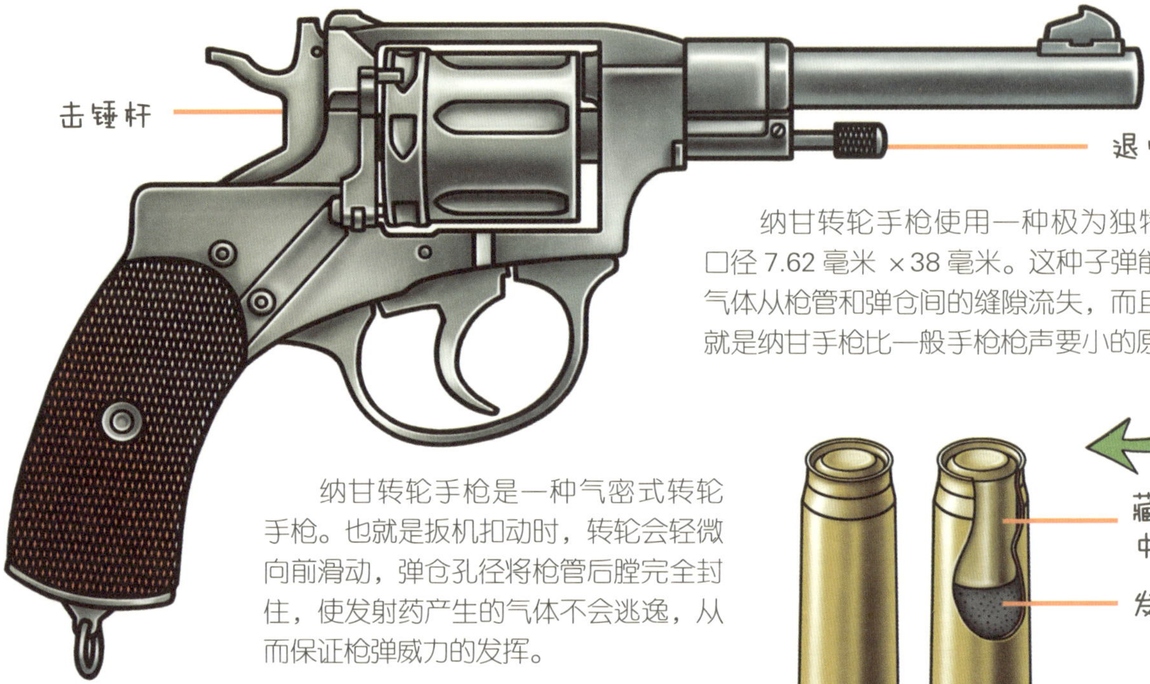


纳甘转轮手枪使用一种极为独特的藏头式枪弹，口径 7.62 毫米 ×38 毫米。这种子弹能最大限度地防止气体从枪管和弹仓间的缝隙流失，而且能降低枪声，这就是纳甘手枪比一般手枪枪声要小的原因。

纳甘转轮手枪是一种气密式转轮手枪。也就是扳机扣动时，转轮会轻微向前滑动，弹仓孔径将枪管后膛完全封住，使发射药产生的气体不会逃逸，从而保证枪弹威力的发挥。

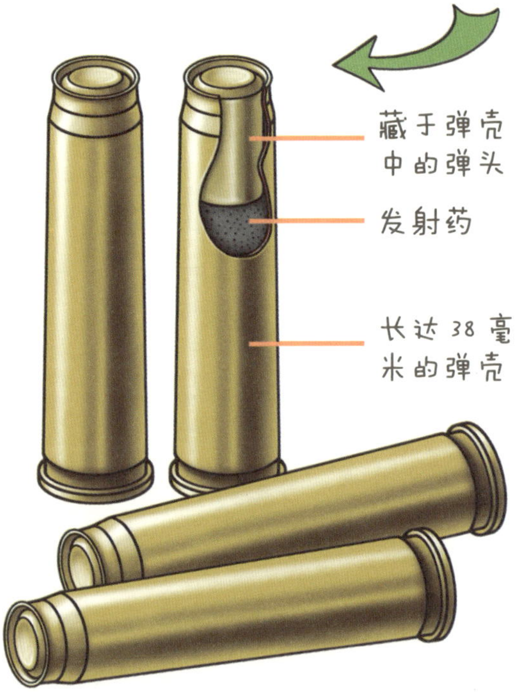


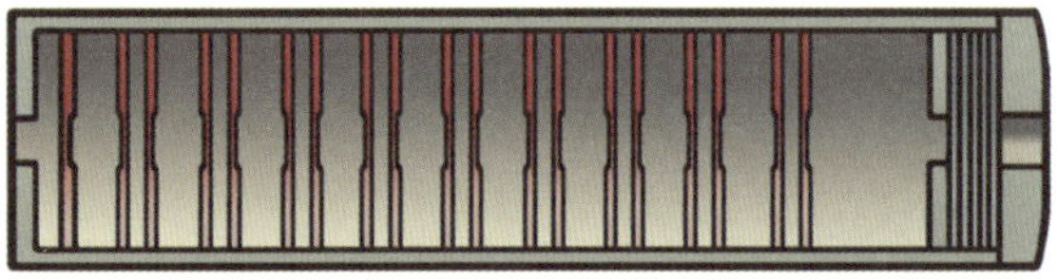

**纳甘转轮手枪专用的“布拉米特”消声器剖视图**

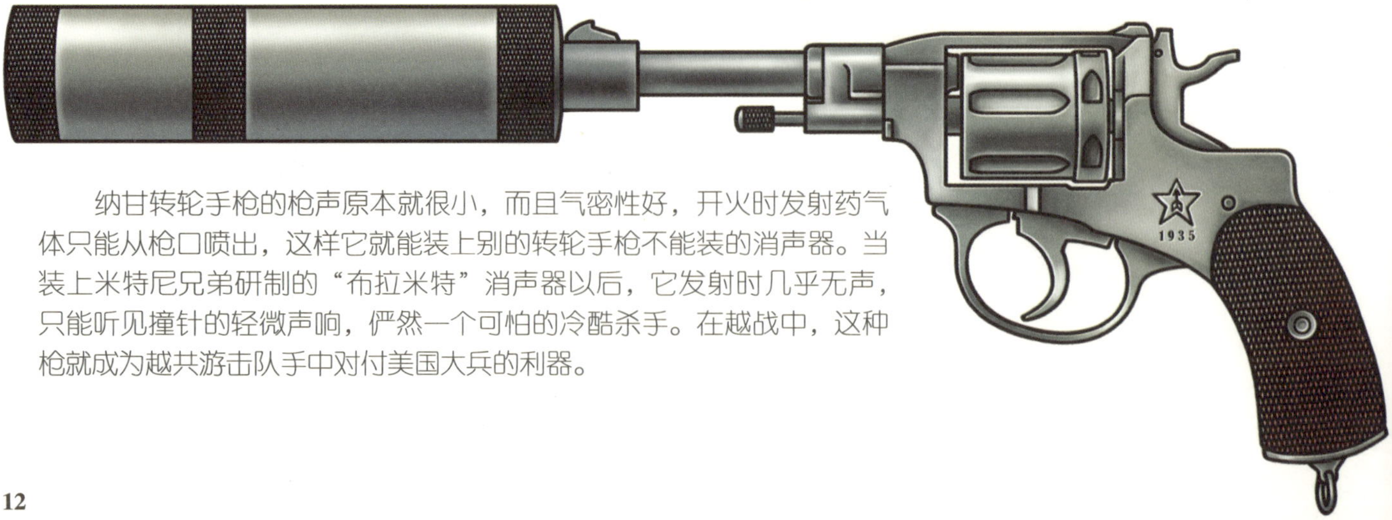


纳甘转轮手枪的枪声原本就很小，而且气密性好，开火时发射药气体只能从枪口喷出，这样它就能装上别的转轮手枪不能装的消声器。当装上米特尼兄弟研制的“布拉米特”消声器以后，它发射时几乎无声，只能听见撞针的轻微声响，俨然一个可怕的冷酷杀手。在越战中，这种枪就成为越共游击队手中对付美国大兵的利器。

# 越南人怎么用转轮手枪对付美国人

## “俄罗斯轮盘赌”

在越战电影《猎鹿人》中有这样一段情节：罗伯特·德尼罗和克里斯托弗·沃肯等人饰演的美军士兵被游击队俘虏后，先是被关在河边的水牢里，然后又被逼迫玩“俄罗斯轮盘赌”。最后德尼罗饰演的迈克要求将 3 发子弹装入枪内再赌，和战友侥幸逃过两轮轮盘后，用剩下的 3 发子弹突袭越南人，夺取 AK47 杀出牢笼。影片中使用的道具枪就是一支史密斯·威森公司生产的 M&P 型转轮手枪。

“俄罗斯轮盘赌”始于俄国，是一种生死赌博游戏——在一把转轮手枪里装入一发或几发子弹，参与者轮流对准自己扣动扳机，谁碰上子弹谁就……

# 小口径的引领者

## ——M16

M16 是很有名的一款突击步枪，能和它相提并论的只有越战时就结下梁子的死对头——苏联 AK47。斯通纳设计的这款步枪还开创了小口径步枪的先河，5.56 毫米成为当今世界步枪的标准口径之一。尽管早期型号存在一些问题，但 M16 系列现在已经发展为可靠的成熟武器系统。目前，它主要由柯尔特和 FNMI 公司生产。M16 及其改型被 50 多个国家广泛采用，全球制造总数约 800 万支。M16 的故事始于越战，至今它的传奇仍在延续。

M14 型 7.62 毫米半自动步枪是美军为替代二战时的 M1 型伽兰德半自动步枪而设计的，精度高、威力大，原本它的假想敌就是欧洲的苏联军队。但它匆忙参加了越战初期的战斗，很快就让人感到它不适应丛林战，因此成了 M16 的替代对象。如果没有越战，说不定 M14 还将作为主力步枪再服役几十年的时间。

AR10 型步枪是整个 M16 家族的“老祖宗”，由斯通纳在阿玛莱特公司于 1953—1955 年间设计，口径是当时的北约制式 7.62 毫米，枪身采用了一些铝合金和塑料材质。它的设计思路为后来发展 AR15 奠定了基础。

军事模特露茜小姐右肩挎着越战中装备的最初型号 XM16，左手举 M16A1 型自动步枪。你能看出它们俩的最大区别在哪儿吗？

# AK47 VS M16

AK47 与 M16 系列是冷战时期东西方阵营的轻武器代表，装备了各自的很多盟国与第三世界国家。自越战以来，各种局部战争和武装冲突中几乎都有它俩同场对弈。时至今日，它们仍是世界上最有影响力的两个枪系。

**AK 之父——米哈伊尔·卡拉什尼科夫（1919—2013）**

出身于农民家庭，参加过红军，在二战中负过伤，并有着非凡的机械天赋。1947 年，他根据二战经验和之前的积累，设计了著名的 AK47 突击步枪，发展成为有史以来全球使用最广、产量最大的枪系。

年轻时的卡拉什尼科夫

**M16 之父——尤金·斯通纳（1922—1996）**

同样对机械设计有极强的天赋，从过军并参加了二战。他设计的 AR10 和 AR15 两种步枪为一代名枪 M16 的出现铺平了道路。如果说卡拉什尼科夫让全世界都用上了自动步枪，斯通纳则是让全世界熟悉了小口径步枪。

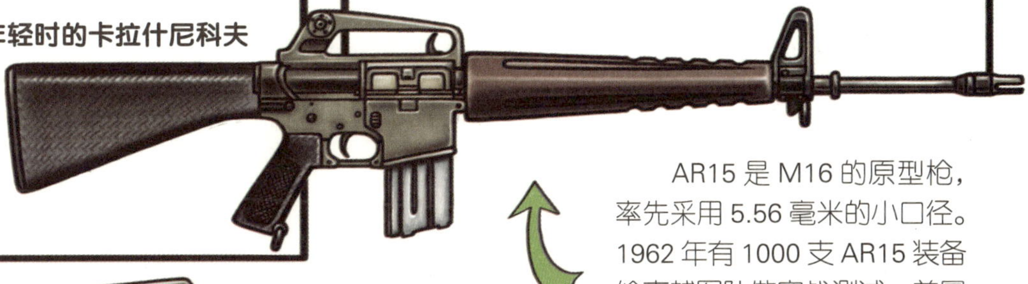

AR15 是 M16 的原型枪，率先采用 5.56 毫米的小口径。1962 年有 1000 支 AR15 装备给南越军队做实战测试，美国军方的试验也同样表明 AR15 在某些性能上优于其他武器。于是美国违反自己早先强加给北约的 7.62 毫米口径的标准，开始采用小口径枪弹。

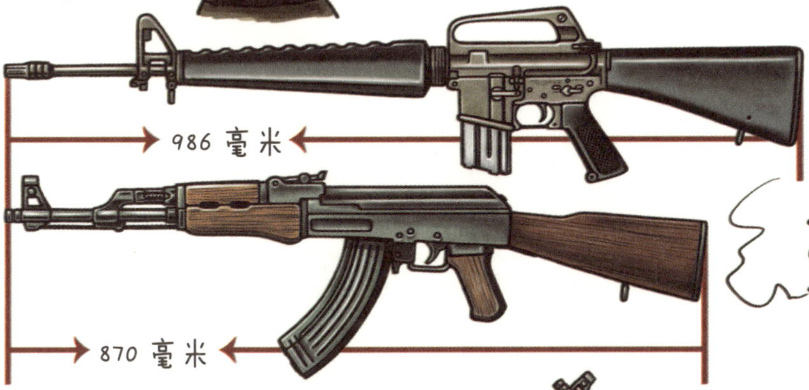


| | 含实弹匣枪重 | 枪口初速 | 有效射程 |
|---|---|---|---|
| AK47 | 4.876 千克 | 710 米 / 秒 | 300 米 |
| M16 | 3.73 千克 | 975 米 / 秒 | 400 米 |

M16 与 AK47 的较量起于越南战场，很多对比两枪性能的传言中都会提到：当时美军士兵在缴获 AK47 后，宁愿扔掉自己的 M16。其实这种情况被夸大了。由于采用导气管式工作原理，早期 M16 在恶劣环境下的可靠性确实不算高，但也没到前文提到的那种程度。在哈罗德·摩尔所著的《我们曾经是年轻的士兵》中多次提到：战斗中 M16 出现故障时，活着的人使用伤员的或阵亡士兵留下的 M16 继续战斗，另一些人躲在散兵坑底排除故障。因为在交火中，除非自己的武器确实无法使用、又无后备武器，否则一般人都不会冒险在火线下捡敌人的武器用，那通常是在战斗结束后打扫战场时才做的事情。此外，使用不同类型的武器，还涉及单兵训练水平的有效发挥和弹药配用等许多问题。

# 分解图

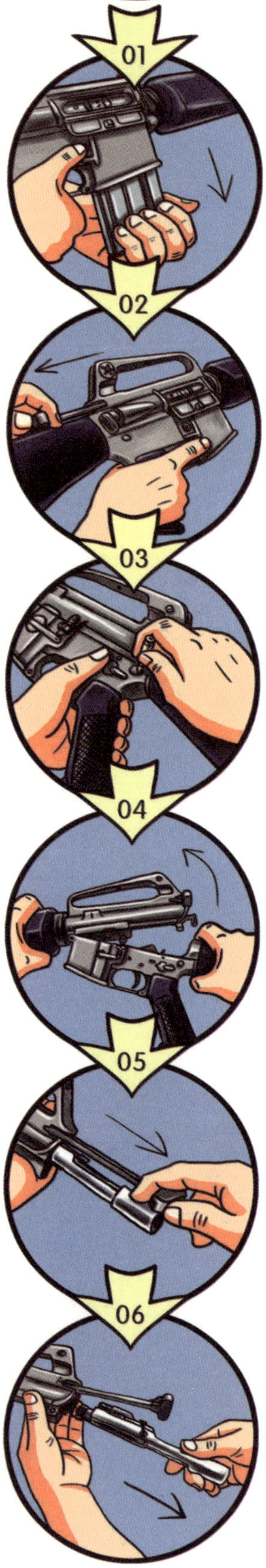


**M16A1 型步枪的相关配件和弹药携行具：**

01 M16A1 型自动步枪
02 早期的美国陆军人体工程学实验室研发的 M4 型消声器，可靠性不佳
03 骑士军备公司生产的 Mk2 型消声器
04 空军 M602 型的三叉形消焰器
05 陆军 M601 型的三叉形消焰器
06 早期的三叉形消焰器在丛林中很容易挂到灌木枝上，所以后来改为这种鸟笼形
07 墨绿色的尼龙制（左）与黑色的帆布制（右）枪背带
08 M3 型双脚架，还能作为剪钳使用
09 M8A1 型刀鞘，可以与 M1956 型战斗装具配套组合
10 M7 型刺刀
11 最初使用的 20 发铝合金弹匣
12 阿玛莱特公司制造的 20 发钢制弹匣
13 粉红色涂装的 20 发空包弹弹匣
14 30 发钢制弹匣，火力持续性得到增加
15 双脚架使用的帆布制携行袋
16 M1956 型战斗装具中的帆布制弹匣袋
17 帆布制的双联式弹匣袋
18 M1967 型战斗装具中的尼龙制弹匣袋
19 一次性使用的弹匣携行袋
20 M18A1 型“阔刀”式反步兵地雷的携行袋，也可用来装 M16 系列的弹匣，总共可以装下 20 个 20 发弹匣

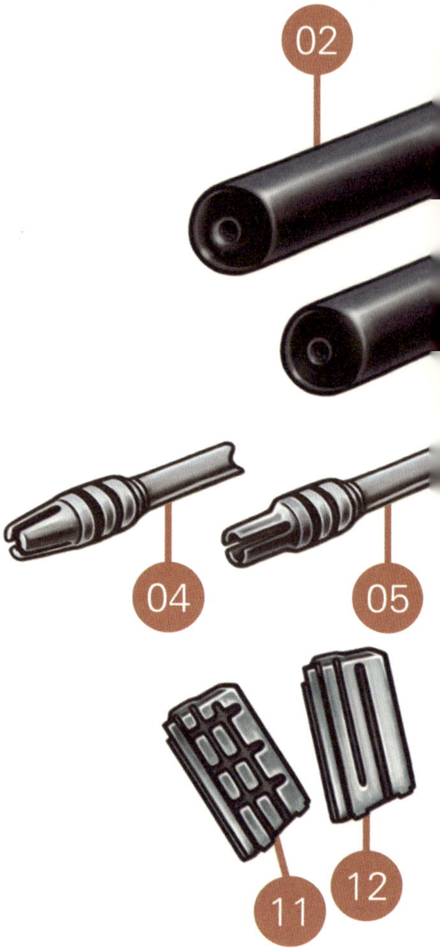


**M16 步枪的主要构成：**

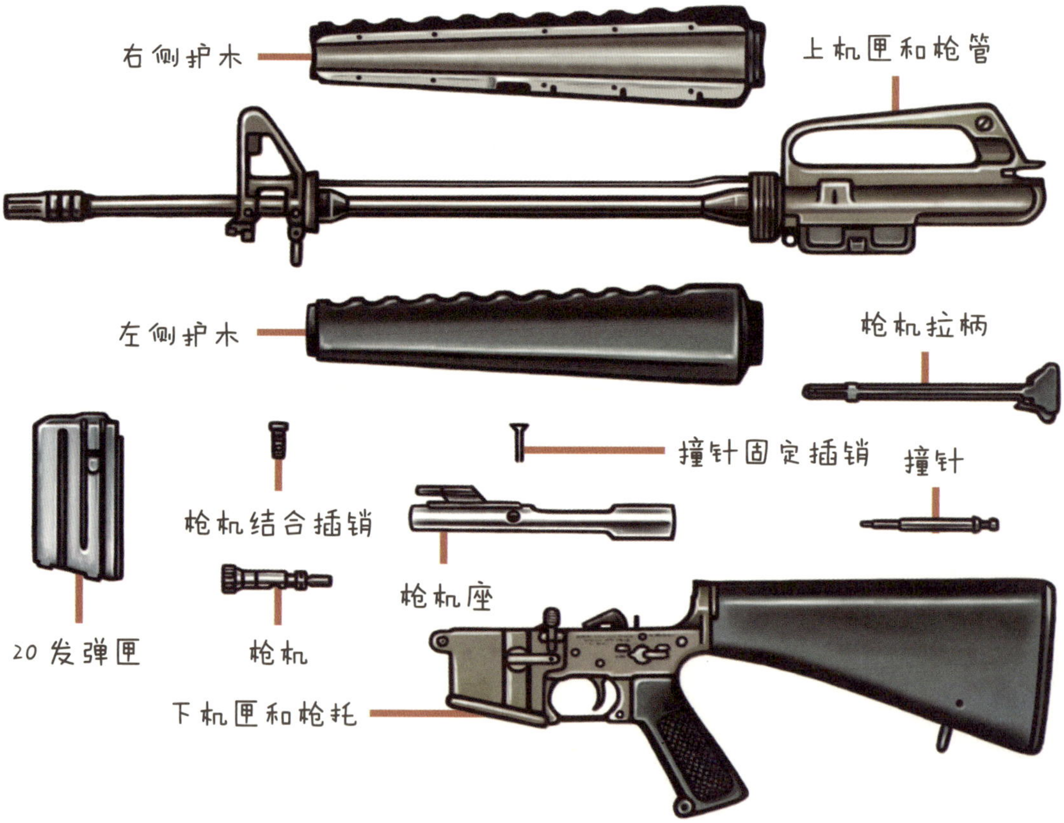

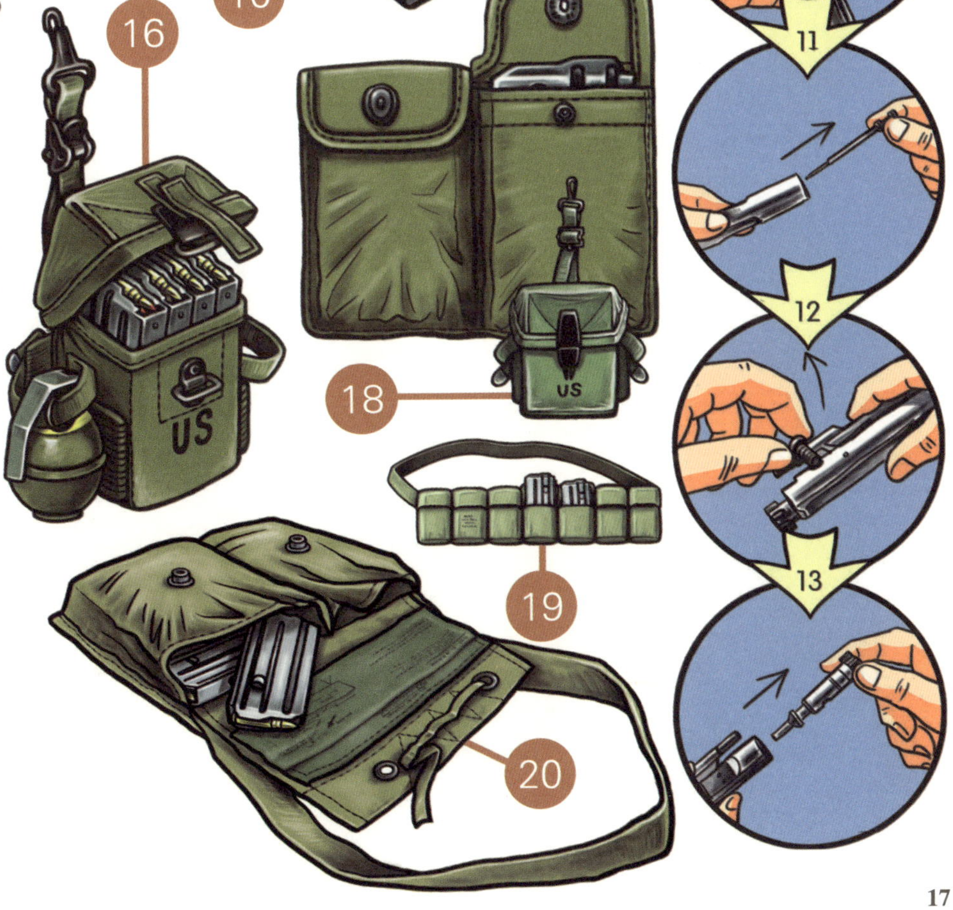


**初级分解步骤：**

01 卸下弹匣

02 拉出枪机拉柄，固定在后面，检查膛内有无子弹，确定无弹后推送上枪机

03 用一发子弹顶起机匣固定插销

04 打开机匣

05 拉枪机拉柄退出枪机座

06 取出枪机座

07 取出枪机拉柄

08 将护木向前推然后从两边取下

09 用一发子弹顶起撞针固定插销

10 取出撞针固定插销

11 从枪机内取出撞针

12 取出枪机结合插销

13 从枪机座上取出枪机

**至此，M16 型步枪的大致分解完成！**

虽然 M16 自动步枪的精度和威力不错，但它早期型号的可靠性一直为人们所诟病。在越南湿热的恶劣环境中，M16 暴露出弹膛污垢严重、卡壳、拉断弹壳、弹匣损坏、枪膛与弹膛锈蚀等问题。所以平时的使用必须小心谨慎，相关的清洁保养装备也是特别必需的。士兵爱护好枪就是在保护自己的生命！

**M16A1 型步枪的擦枪和清洁装备：**

01 M11 型通枪条，可与各式枪刷通过末端的螺纹连接

02 2 盎司（约 56.70 克）白色塑料瓶装的清洁液，大兵们常把它插在头盔的带子上

03 清洁刷，如果不慎把它弄丢了，最好的替代品就是牙刷

04 缸管刷　　05 药室刷

06 枪膛刷　　07 擦枪布

08 0.5 盎司（约 14.17 克）瓶装的 LSA 润滑油

上述工具也可以用这种额外的保养装备小包携带。

由于 AR15 的拉机柄只有拉动枪机的功能，不能助推，而枪机比较轻，惯性小，一旦因为某种原因不能复进到位，枪机就无法闭锁。出于对这个问题的担忧，此后的 M16 系列上增加了这个活塞状的枪机辅助闭锁装置，又称“辅助推机柄”。

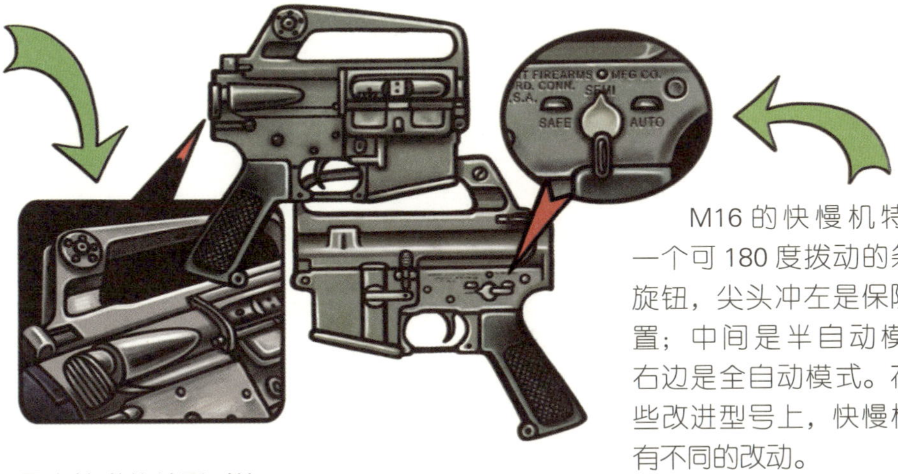


M16 的快慢机特写：一个可 180 度拨动的条状旋钮，尖头冲左是保险位置；中间是半自动模式；右边是全自动模式。在一些改进型号上，快慢机也有不同的改动。

**M16 系列的小口径步枪弹与其他型号步枪弹的外形对比：**

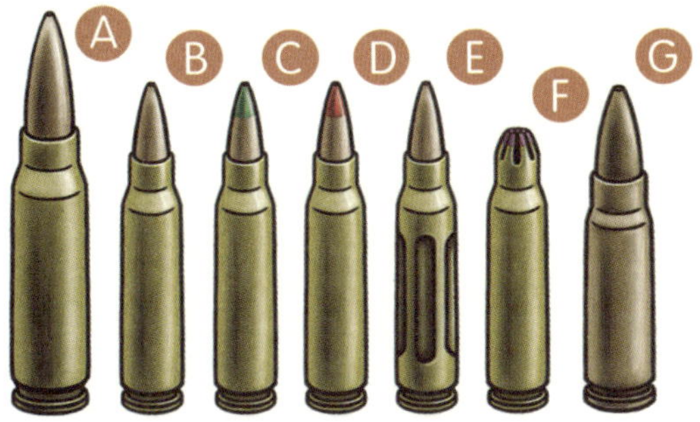


A. 北约制式 7.62 毫米 ×51 毫米步枪弹，M14 型步枪和 M60 型机枪，还有欧洲的 FAL、G3 等步枪都用它
B. M193 型 5.56 毫米 ×45 毫米标准步枪弹
C. M855 型 5.56 毫米 ×45 毫米步枪弹（绿色弹尖）
D. M196 或 M856 型 5.56 毫米 ×45 毫米曳光弹（红色弹尖）
E. M199 型 5.56 毫米 ×45 毫米训练弹
F. M200 型空包弹
G. 华约制式 M43 型 7.62 毫米 ×39 毫米步枪弹，苏联 SKS 型半自动步枪、AK47 与 AKM 型突击步枪的弹药

**30 发弹匣内曳光弹排列方式：**

头 3 发和后 4 发为曳光弹，中间每隔 5 发标准弹插 1 发曳光弹，这样可以让刚开火时找到目标，中间的曳光弹帮助继续锁定目标，最后的曳光弹提醒更换弹匣。

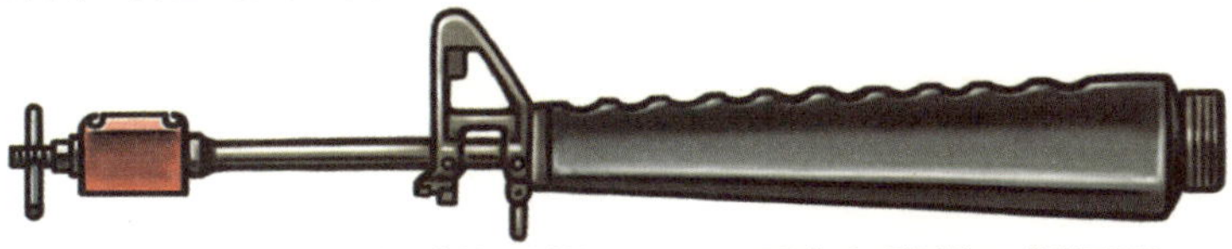

**演习或训练时使用的 M15A2 型空包弹枪口制退器**

通过螺栓把偏转器固定在提把上。

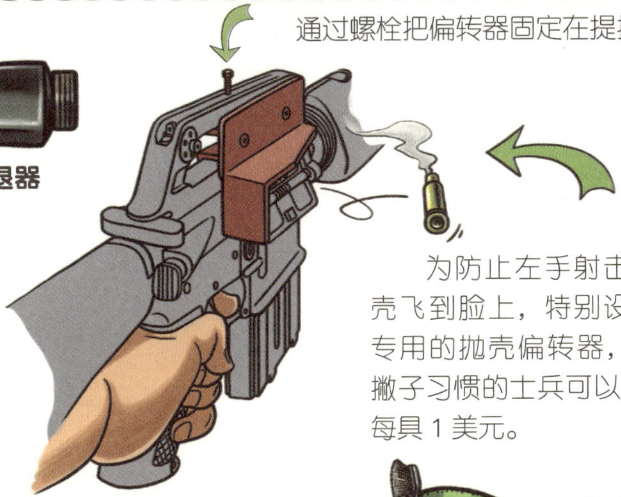

为防止左手射击时弹壳飞到脸上，特别设计了专用的抛壳偏转器，有左撇子习惯的士兵可以申请，每具 1 美元。

**安装步骤：**

01. 先将制退器前方的固定螺栓松开。

02. 将制退器的 U 型凹槽对准枪口防火帽固定螺环前方的第一道凹槽，然后装下去。

03. 将制退器前端的固定螺栓插进枪口拧紧，这样制退器就固定在枪管上了。

M16 的小口径枪弹射入人体后会翻转，杀伤效果要比 AK47 等其他步枪高，携弹量也更多。

# 银幕中的 M16 系列 CAR15

M16 系列是军事和动作电影中的常客，全部列举实属不易，在此仅以它的卡宾枪 CAR15 系列的 M653 型做一番小叙。

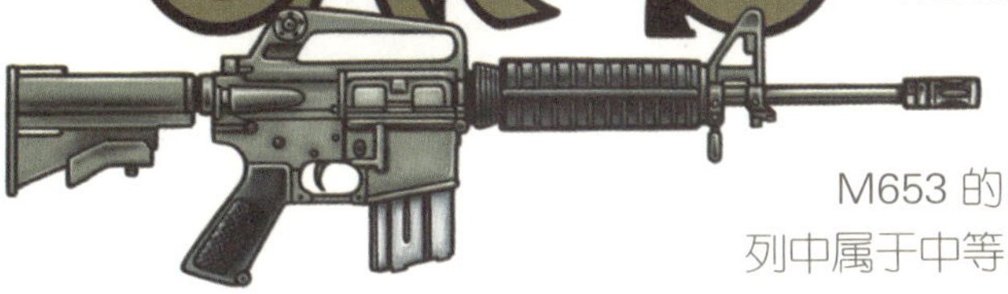

M653 的枪管长度在 M16 系列中属于中等。

越战电影《野战排》里那个疤脸的巴恩斯使用的也是一支 M653 型卡宾枪。

《终结者 2: 审判日》镜头 1：女主角莎拉 · 康纳夜间行刺“天网”设计师戴森时，使用了一支装有消声器和激光瞄具的 M653，提把上直接装有一具 ACOGTA01 光学瞄准镜，那时还没有皮卡汀尼导轨。

《终结者 2：审判日》镜头 2：阿诺德 · 施瓦辛格饰演的终结者 T800 冲上车头，用一支装有 XM177 火帽的 M653 扫射驾驶室里的 T1000，打得它浑身是洞，为主角康纳母子的逃走赢得了一些时间。

整个 M16 系列的变型枪多如牛毛，这里无法一一列举，我们只把越战时期和现代的几种型号介绍给大家。

XM177E1 型冲锋枪

长枪管的 XM177E2 的旁边是特种部队改装的一种 40 发弹匣。

加装了 XM148 型榴弹发射器的 XM177E2。

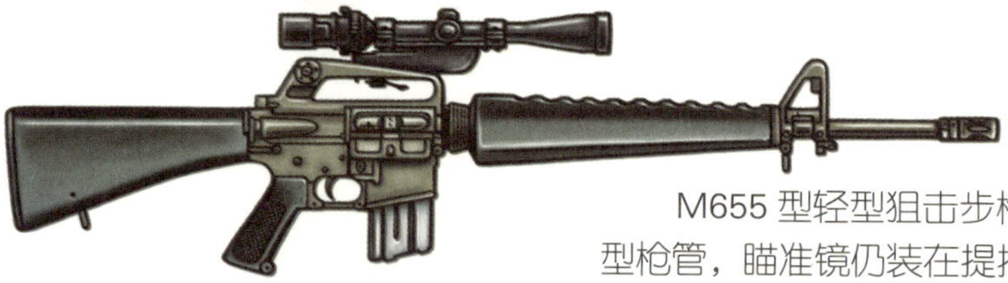

M655 型轻型狙击步枪采用重型枪管，瞄准镜仍装在提把上。

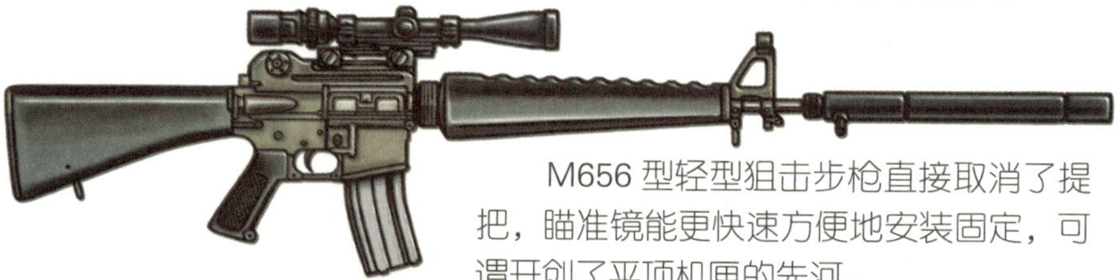

M656 型轻型狙击步枪直接取消了提把，瞄准镜能更快速方便地安装固定，可谓开创了平顶机匣的先河。

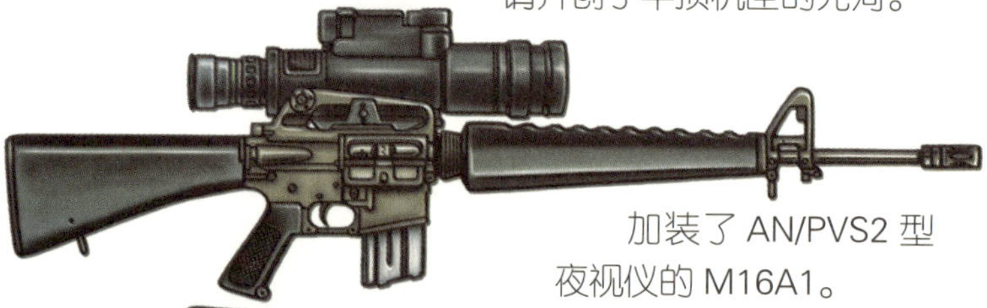

加装了 AN/PVS2 型夜视仪的 M16A1。

M231 型射孔步枪只发射 M196 曳光弹，专为 M2“布雷德利”步兵战车设计，每辆车有 6 个射击孔。

9 毫米口径的柯尔特 M635 型冲锋枪发射帕拉贝鲁姆手枪弹，除军队外，一些执法单位也装备它。

1994 年定型的 M4A1 其最为著名的一款 M16 卡宾枪，平顶机匣上有皮卡汀尼导轨，可装各种瞄具。

便于量产的新型护木，上下部分都是一样的。

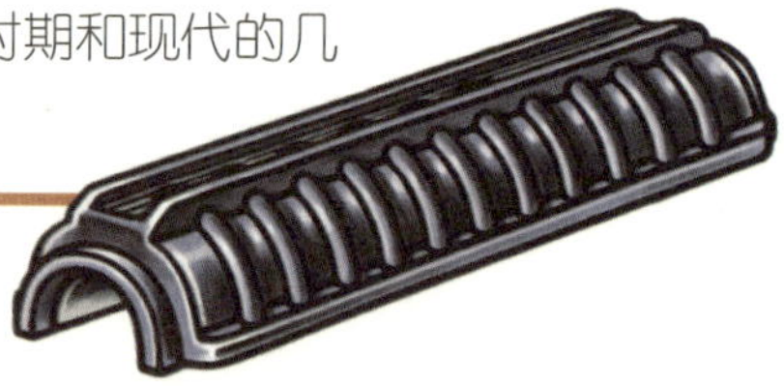

枪口防火帽

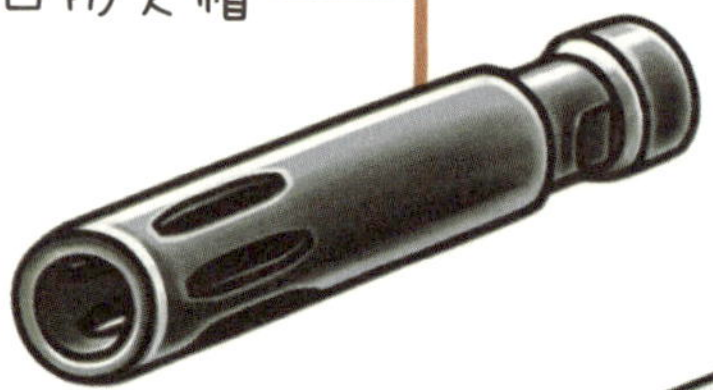

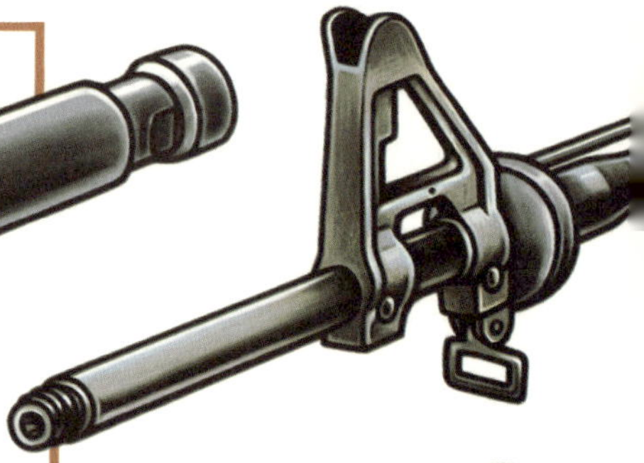

带螺纹的枪口，能方便装上各种防火帽和消声器。

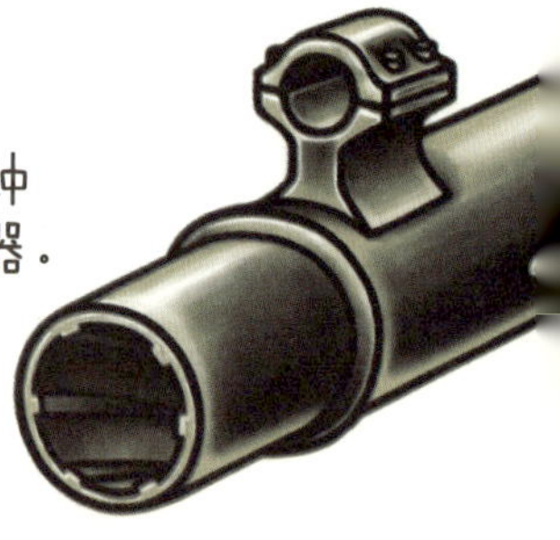

**越战时“海豹”特种部队使用的 XM177E2 型冲锋枪**

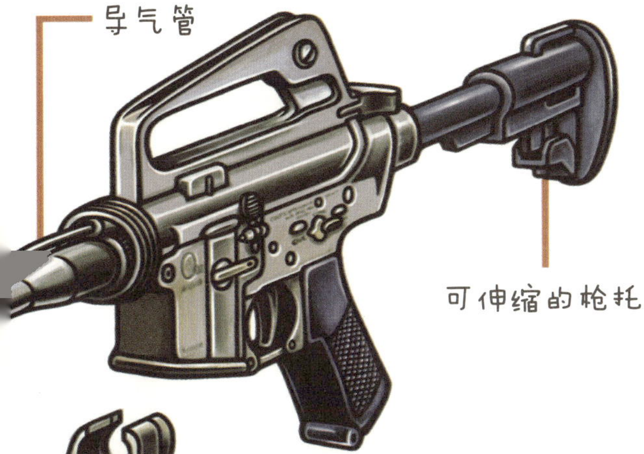

越战中的 XM148 型 40 毫米榴弹发射器，是第一种用于实战的枪挂式榴弹发射器，后来被 M203 型取代。

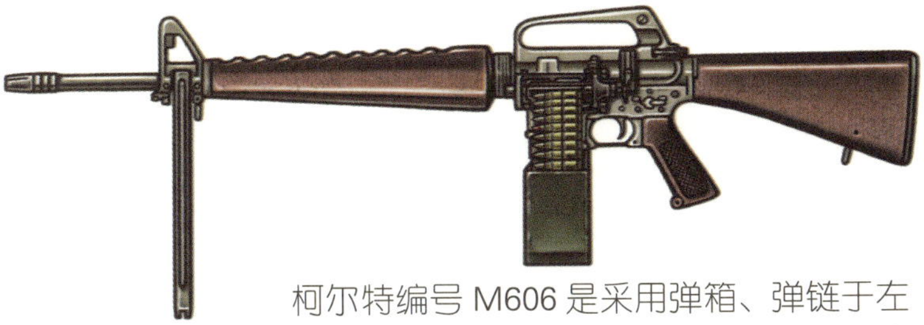

柯尔特编号 M606 是采用弹箱、弹链于左侧供弹的 M2 型重枪管突击步枪，实则是一种轻机枪的改进型，产量非常稀少。

布伦斯威克防务公司研制的“步枪手突击武器”（RAW）是一种安装在枪口处的高爆火箭弹发射装置。

加装有 M203 型 40 毫米枪挂式榴弹发射器的 M16A1，护木上有两种瞄具：直立式榴弹表尺，用于瞄准 50~250 米；提把上的象限瞄准仪，用于 50~350 米（最大 400 米）。

特种部队改装的另一种 40 发弹匣，俗称“烧尔匣”。

扮演越战时期美国海军“海豹”（NAVYSEALS）特种部队的露西小姐身着“虎斑”迷彩战斗服和牛仔裤，脸上和手臂上涂有迷彩伪装，手持 M656 轻型狙击步枪，安装有 SIONICS 消声器，机匣顶上配备 3~9 倍的 ART 瞄准镜。

M16A2 于 1982 年定型，有新型照门，快慢机的全自动模式改为三发点射。M16A2 为 20 世纪末至今的美军主力步枪，参与过入侵巴拿马后美军所有的战争行动。

左为著名军事电影《黑鹰坠落》里的造型，1993 年在索马里首都摩加迪沙参与“哥特蛇”行动的美军第 75 游骑兵团成员，身着三色沙漠迷彩的 DCU 战斗服、ALICE 战斗装具和 RBA 背心。

M16A2 步枪配备的 M9 型刺刀，可以和 ALICE 装具搭配，刀身还能和刀鞘组合成一把多功能剪钳。

# 穿林透雾
## ——狙击步枪

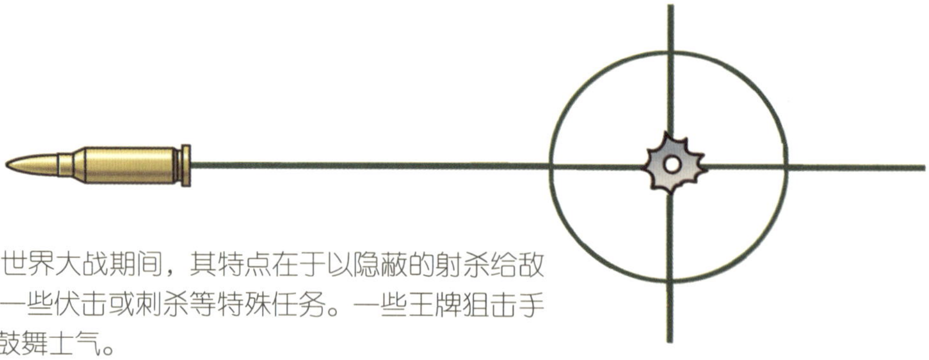

现代狙击战的理念始于第一次世界大战期间，其特点在于以隐蔽的射杀给敌方造成巨大心理压力，也适合进行一些伏击或刺杀等特殊任务。一些王牌狙击手往往成为己方的宣传对象，为的是鼓舞士气。

狙击步枪是一种精准的轻武器，狙击手们就是靠手中这支非同一般的步枪，孤身深入战区或敌人后方，给予敌人看不见的死亡。在美军有“一射一杀”之说，由此可见其高效毙敌的性能。美军在越战以前用的狙击步枪都是用步兵制式步枪加瞄准镜改装而成的，虽然性能也不差，但作为世界头号军事强国，他们渴望能装备一种专用的狙击步枪。越战的到来对旧式狙击步枪来说就是一次质的变革。

A 春田兵工厂生产的 M1903 型 7.62 毫米栓动式狙击步枪，由美军二战前的制式步枪改装而成。电影《拯救大兵瑞恩》中的那名狙击手用的就是该枪，只是瞄准镜不同。

B 二战时美军以当时制式的 M1 型 7.62 毫米半自动步枪改进的 M1D 型狙击步枪，加装了皮质护腮垫、2.2 倍的 M84 型瞄准镜和枪口防火帽，一直使用至朝鲜战争。

C M1 型步枪的枪口并无消焰器，开火时膛口焰很大，作为狙击步枪的话会暴露射手位置，所以 M1D 型配上了喇叭形的 M2 型防火帽，通过刺刀座装上枪口。

伽兰德 M1 型半自动步枪曾是美军在二战和朝鲜战争中的主力步枪。中国人对该枪不陌生，而且因其 8 发容量半自动连续射击的特点，俗称其为“大八粒”。

## M14 型半自动步枪

说起越战中美军著名的 M21 型狙击步枪，就不得不提到越战初期给人以“失败品”印象的 M14 型半自动步枪。M14 源于前面提到的伽兰德 M1，美军原本意图是对它的一些缺陷进行改进，包括改进枪弹、减轻枪重、增加容弹量。新研制的 7.62 毫米步枪弹就被定型为 T65，成了随后北约标准步枪弹的原型。改进后的原型枪最终发展为 T44E4，1957 年定型为 M14，开始由春田兵工厂（Springfield Armory，也音译为斯普林菲尔德兵工厂）和另外三家武器公司批量生产，装备美军。

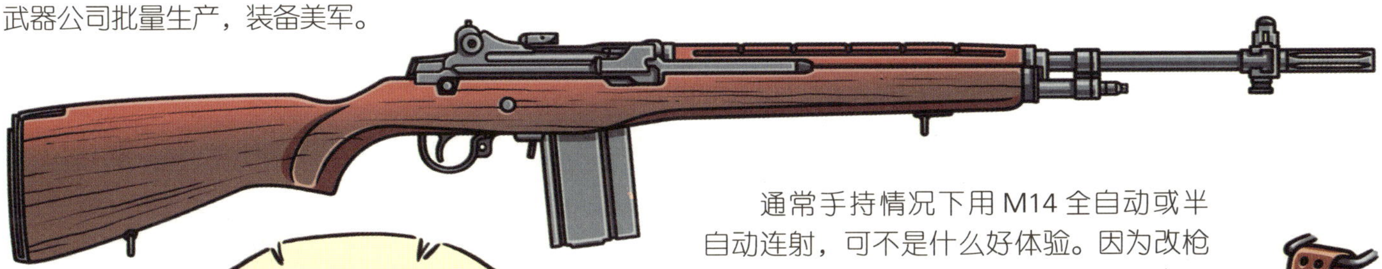

通常手持情况下用 M14 全自动或半自动连射，可不是什么好体验。因为改枪后坐力大，如同一支“冲天炮”，根本无法有效控制。精度差不说，还有可能伤到自己……

结果大量 M14 被限制改造成半自动模式。美国对越战的介入让 M14 匆忙应战，可它在丛林中笨重无用，苏制 AK47 和美军稍后的 M16 都比它更灵便、火力更旺盛，所以到 1965 年 M14 就停产了。不过 M14 并非一无是处——作为狙击枪使用的话，又长又重，后坐力大则意味着射程和点射精度上有优势，正好发挥。所以在越战中，M14 默默地从最初冲锋陷阵的“大兵”，转型为精英式的“冷酷杀手”，就是下面要讲的 M21。

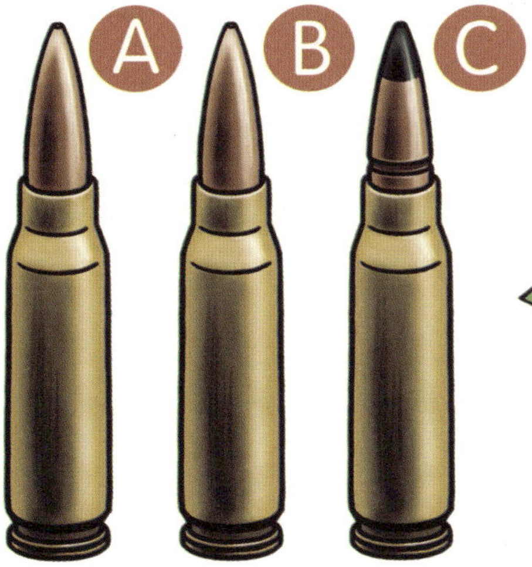


**三种常用的北约标准 7.62 毫米 ×51 毫米步枪弹：**

A. M59 型步枪弹，弹头重 9.75 克。
B. M118 型特种弹，弹头重 11.15 克，外形与 M59 相同。
C. M61 型穿甲弹，弹头黑色涂装，重量与 M59 相同。

传统的牛皮制步枪背带源自民用枪，M1 和 M14 型步枪都在使用。在战后以帆布、尼龙制品为主的军品材料中，它独树一帜，成为日后美陆军和陆战队狙击步枪的配备。

## M21 型狙击步枪

虽然 M16 最终取代 M14 成为新一代制式步枪，但对于 300 米以及更远距离，M16 系列的小口径步枪则无法达到狙击的要求。一种被精确化制造的 M14NM 型半自动步枪，就成了美国陆军的选择，1969 年，它被命名为 XM21 型，批量装备给驻越美军。次年初它就被非正式地称为 M21，可见部队对其的肯定。M21 较之 M14 的改进之处主要在于：换成了重型枪管，改进了发射机构，加装了当时先进的望远式瞄准镜。

装有 ART 瞄准镜的 M21

M21 型狙击步枪最初装的是二战时期的 M84 型瞄准镜，放大倍率只有 2.2 倍，效果不佳，因此很快就换成了 3~9 倍可调距望远式瞄准镜（ART）。

M21 使用标准的 20 发 7.62 毫米步枪弹匣和 M14 步枪的一样。

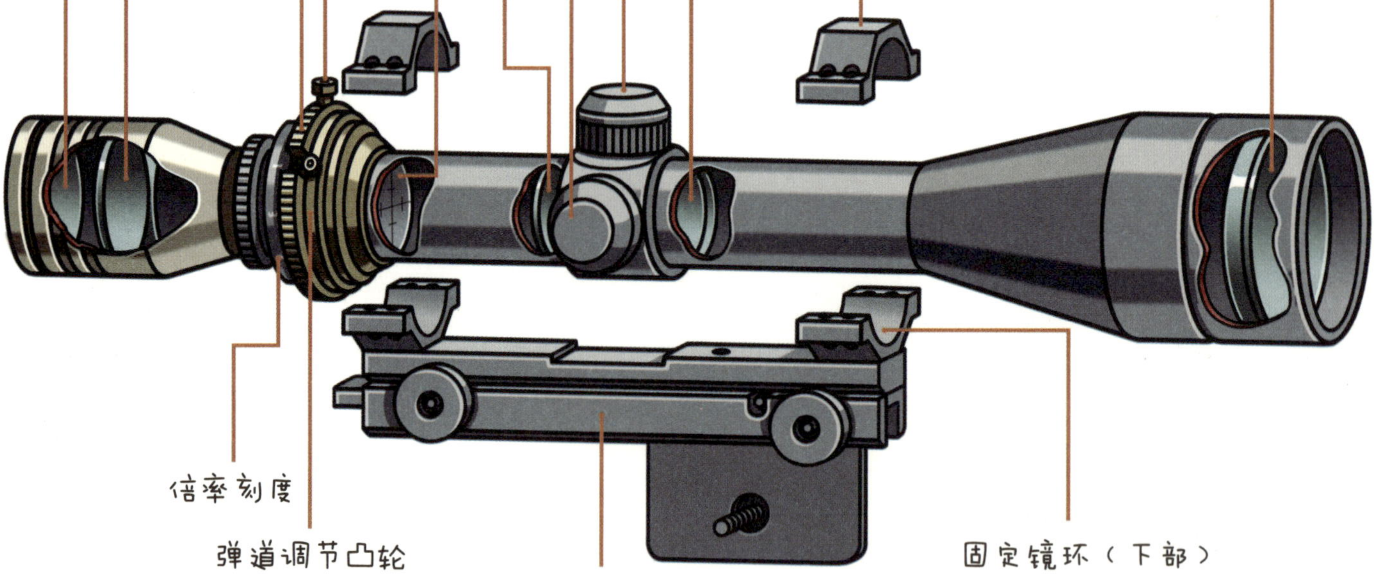

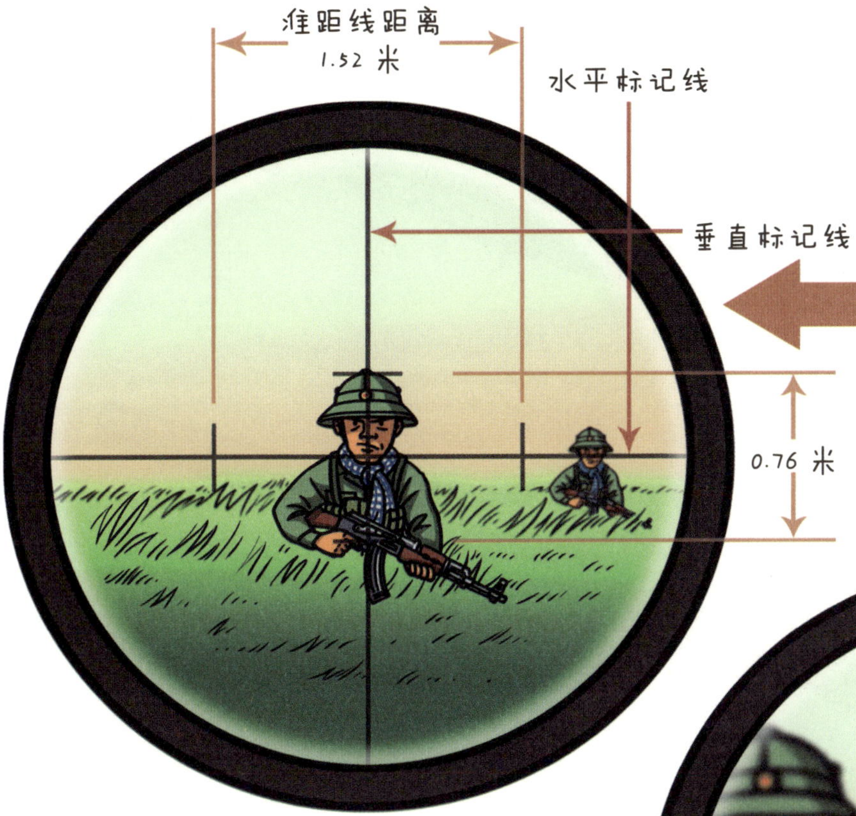


如果 ART 瞄准镜放大倍率为 3 时，上下两条短水平标记线正好套在敌人的头、腰处，那他的距离就是 300 码（274.32 米，1 码 = 0.9144 米）。

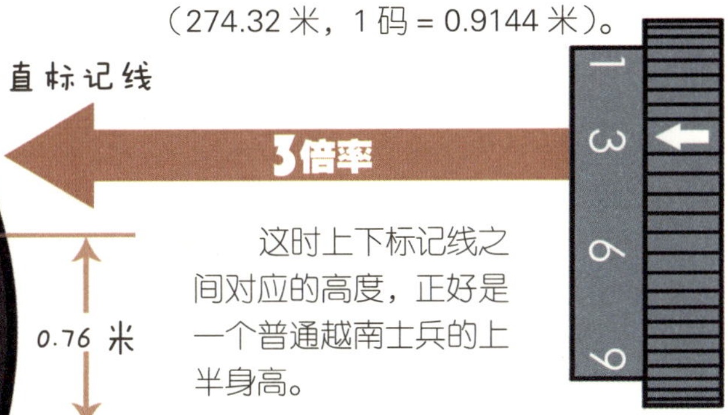


这时上下标记线之间对应的高度，正好是一个普通越南士兵的上半身高。

现在调大倍率，瞄准后面那个士兵，结果调到 6 时，上下短线套住他，那他的距离就是 600 码（548.64 米）。

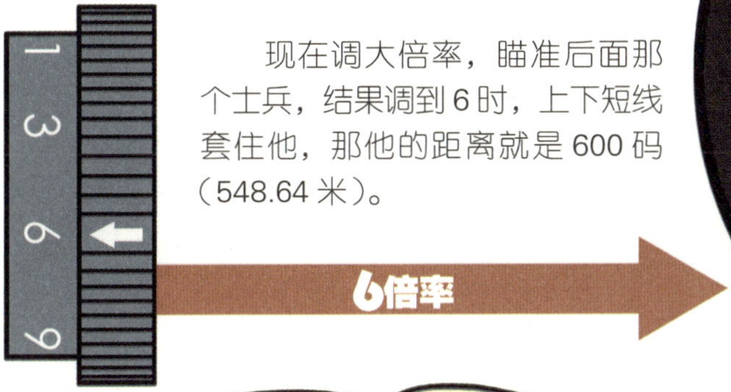


你大概已经看出，这个 ART 瞄准镜能简便测出敌人的距离，这对狙击的准确度可是非常重要的。它的镜头里不同以往的十字瞄准式，在水平和垂直标记线上还有横、竖各两条短线，它们叫作准距线。放大倍率为 1 时看 100 码的目标，两个横准距线对应的宽度就是 1.52 米，竖准距线对应的是 0.76 米。这个数值可是经过数学统计和设计的。

整个越战期间，美军共装备了 1800 支配备 ART 瞄准镜的 M21。据一份报告记载，1969 年 1 月 7 日到 7 月 24 日这半年，一个狙击班共射杀 1245 名越军，消耗枪弹 1706 发，平均 1.37 发枪弹消灭一个目标。这足以证明 M21 的高效率。

## M21 型暗夜幽灵

如果把消声器、夜视设备组合到狙击步枪上，一支夜间狙杀的利器就诞生了。越战中的美军对此进行过颇有成效的尝试。

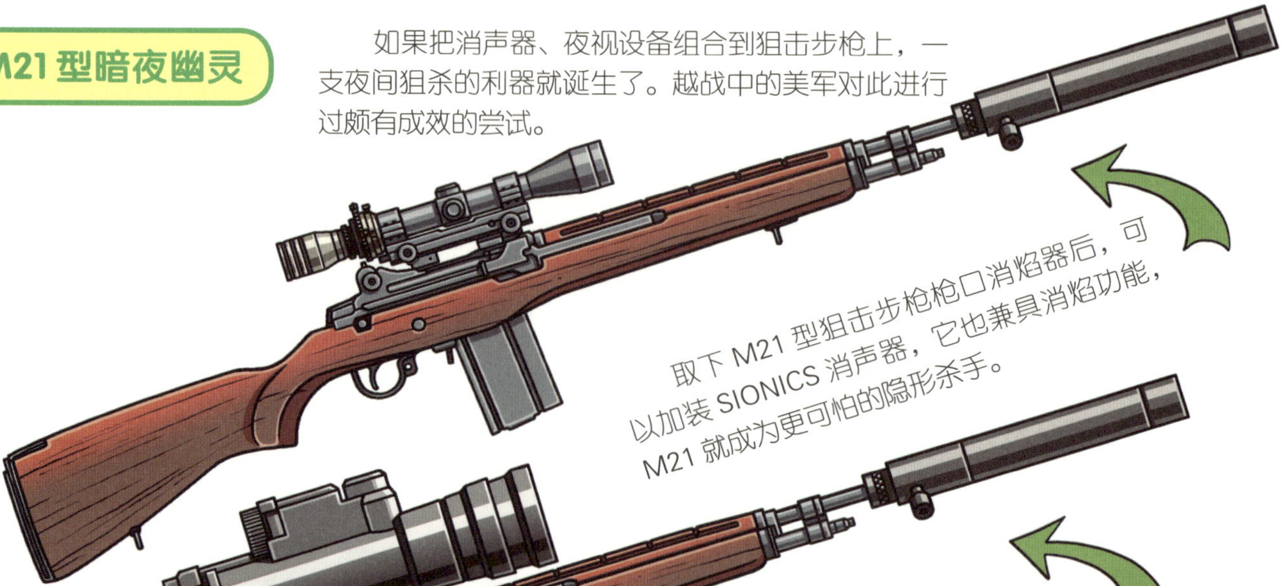

取下 M21 型狙击步枪枪口消焰器后，可以加装 SIONICS 消声器，它也兼具消焰功能，M21 就成为更可怕的隐形杀手。

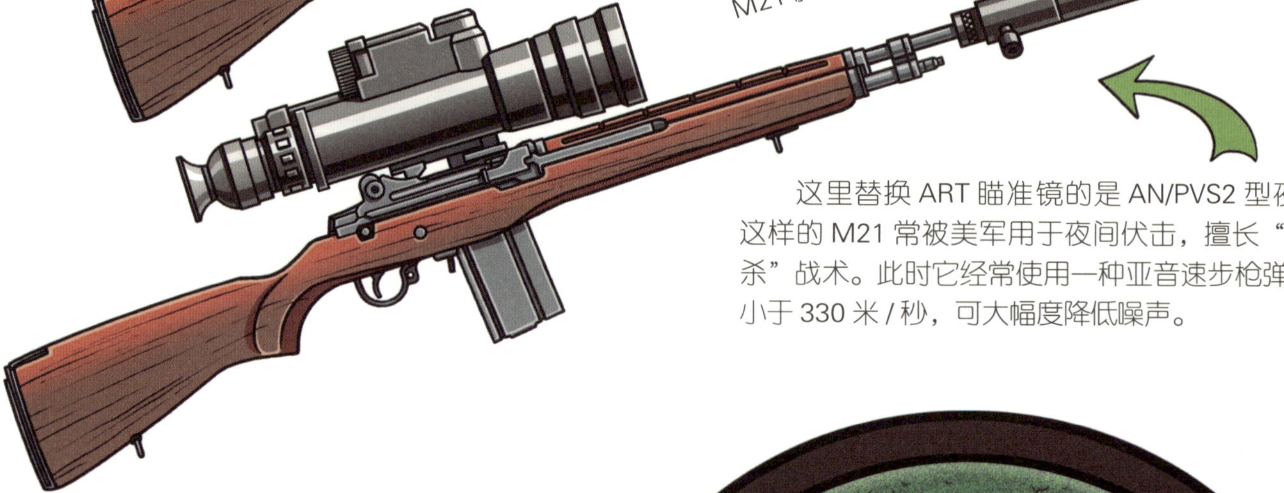

这里替换 ART 瞄准镜的是 AN/PVS2 型夜视仪。这样的 M21 常被美军用于夜间伏击，擅长“寂静射杀”战术。此时它经常使用一种亚音速步枪弹，初速小于 330 米 / 秒，可大幅度降低噪声。

AN/PVS2 是一种微光夜视瞄准镜，放大倍率为 4。当时微光技术刚发展起来，它采用的是第一代微光管，体积相当庞大，重达 3.175 千克。由于无法灵活机动，就常执行事先埋伏好的夜间狙击行动。越战中 M16 和 M21 两种枪都配备过它。绿色，是通过微光夜视仪看到的典型特征。

在 SIONICS 消声器的侧面剖视图中，中段的白色螺旋形部分是吸音用的橡胶垫圈。这种消声器还能装在 M16 系列自动步枪上使用。

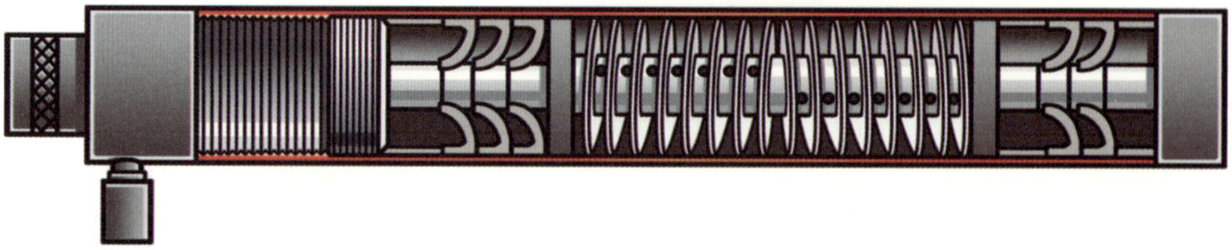

“寂静射杀”战术的英文原意为“寂静中的死亡”。虽然 AN/PVS2 属于早期夜视设备，观察距离很有限，但美军狙击手凭借消声器的组合，依然能在较近距离内寻找草丛等地埋伏，用夜色作掩护，出其不意地狙杀对手。

## 寂静射杀
## SILENT DEATH

01 某个夜晚，一个班的北越人民军步兵正在丛林边缘潜行。
02 突然，领头的一名士兵被来历不明的子弹击中倒下。
03 后面的班长随即命令全体卧倒。
04 刚才的那名士兵已阵亡，AK47 突击步枪被丢在一旁。
05 大约 15 分钟后，感觉没动静了，另一名越军士兵起身，试图借助暗夜的掩护继续行动。可他压根想不到，自己的一举一动都被狙击手看得清清楚楚。
06 这名士兵也中弹倒下了，一切发生得几乎没有一点声音。
07 这种精准且无声无光似鬼魅般的武器，曾一度让越军认为美军有了一种“制导枪弹”！

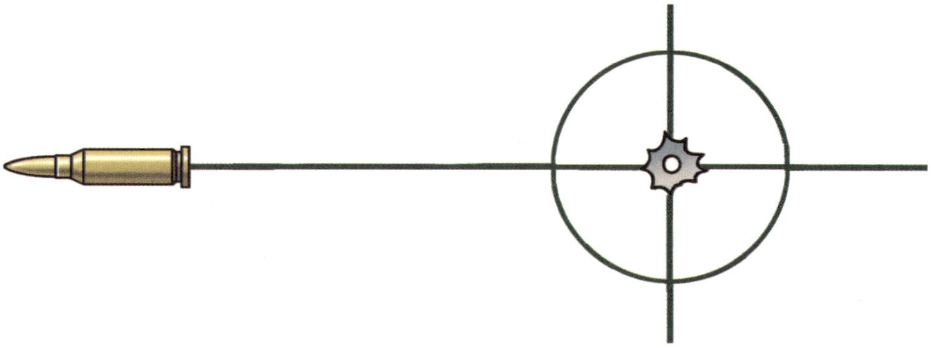

前面我们介绍了越战中美国陆军的狙击步枪，接着就让我们再认识下美国海军陆战队和越共游击队手中的狙击枪。美国海军陆战队自二战和朝鲜战争后，面临着和陆军一样的情况，要用新的狙击步枪取代旧的伽兰德步枪。但陆战队历来喜欢特立独行，区别于陆军，他们一直想要一款属于自己的专业型狙击步枪。

陆战队在越战最初没有专业狙击步枪的情况下，除使用和陆军一样的 M21 型以外，还把民用的温彻斯特 M70 型猎枪加装上尤那托 8 倍瞄准镜应急使用，而且效果不错。越战美军王牌狙击手卡洛斯 · 海斯科克二世平时在野外行动时，用的就是这种配置的温彻斯特 M70。

1962 年，美国雷明顿公司推出的 700 型民用步枪开启了美军专业狙击步枪的先河。它采用了创新性的浮置枪管设计，高敏感的扳机以及严格的制造工艺要求下生产的优质枪管，成为手动枪机式步枪中的极品。1988 年，美国陆军也效仿陆战队，装备了以雷明顿 700 型为基础开发的 M24 型狙击步枪。

## M40 型狙击步枪

美国海军陆战队看中雷明顿 700 型后，立即决定以其定制版的高精确型 40X 为基础，开发新一代的狙击步枪，这就诞生了 M40。M40 最显著的特点是保留了 700 型的浮置枪管设计，即高质量的枪管与机匣连成一体，直接安置在靠近枪托的下部，不与护木接触。这种设计最大限度地避免了各种振动对枪管的影响，从而进一步提高了射击精度。M40 也因此被看作是现代专业狙击步枪的先驱。

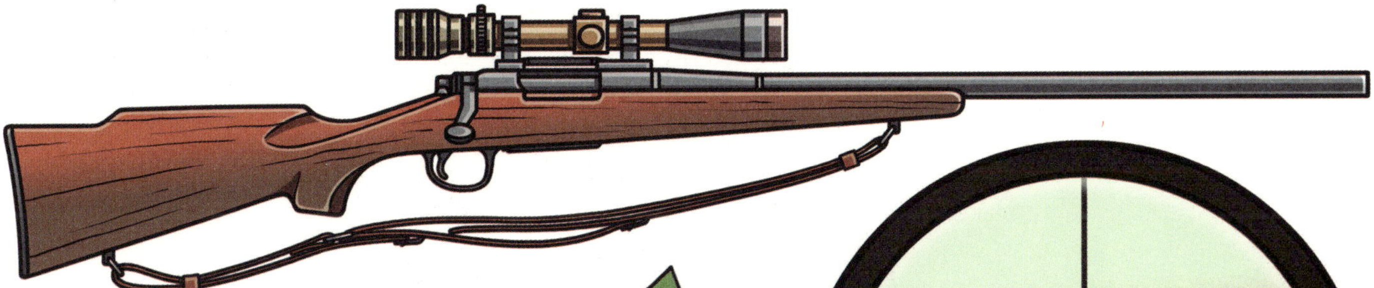

1966 年，海军陆战队采购了 700 支 M40 型狙击步枪，配有雷德菲尔德公司生产的 3~9 倍望远式瞄准镜。卡洛斯·海斯科克二世认为单从枪械性能来看，M40 可称得上“最佳狙击步枪”。但尽管如此，早期的 M40 毛病也不少，最令人头疼的就是它不适应炎热、潮湿的丛林环境，木制枪托和护木经常膨胀或收缩，而且过于精密的枪管和瞄准镜也显得不够可靠。所以，海斯科克本人在战时也是被迫使用温彻斯特 M70 型步枪作为备用。

雷德菲尔德 3~9 倍瞄准镜，有效瞄准距离为 548 米。

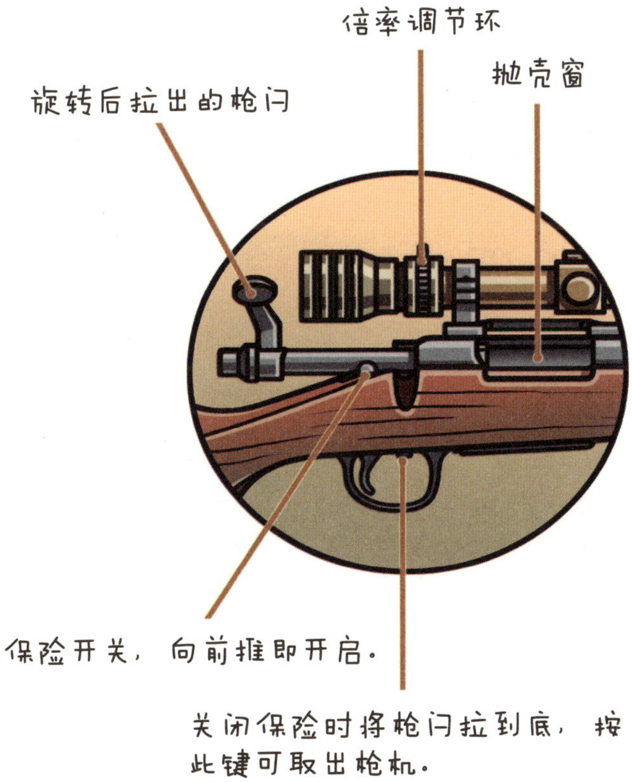

执行狙击任务时，观测手兼 2 号射手要使用 M49 型 20 倍观测望远镜对目标进行远距离观测，将距离和风速等相关数据提供给 1 号射手。

## 越战时的美军陆战队狙击手

越战时，美军陆战队特别重视狙击战，狙击手都是军中的精英。一般每个侦察狙击小组里，由下士担任队长兼观测手，配备 M14 型步枪，必要时作为 2 号射手执行补射及掩护任务；上等兵担任专门的 1 号射手，配备 M40 型狙击步枪。两人都是特级射手的水准。

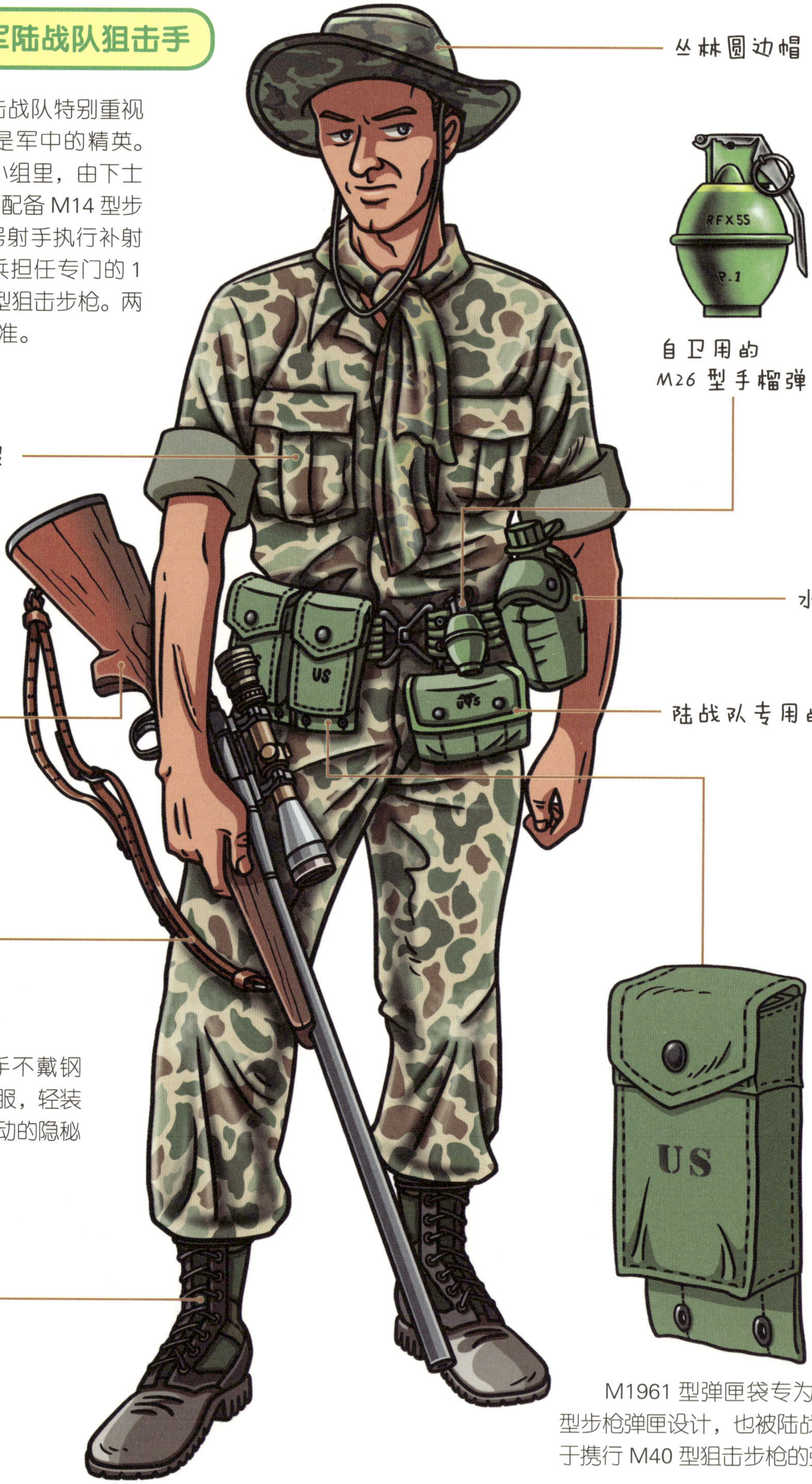


陆战队的狙击手不戴钢盔，通常穿各种迷彩服，轻装执行任务，为的是行动的隐秘与迅捷。

M1961 型弹匣袋专为 M14 型步枪弹匣设计，也被陆战队用于携行 M40 型狙击步枪的弹药。

1977 年陆战队对 M40 进行改进，运用了新技术、新材料，改变了早期型号的弊端，这就是 20 世纪 80—90 年代著名的 M40A1 型。

M40A1 型的主要改进之处是将最初的镀铬枪管换成了表面经乌黑氧化涂层处理的阿特金森不锈钢枪管；用玻璃纤维材料代替了容易受潮的木质枪托和护木；新型的尤那托瞄准镜取代了雷德菲尔德瞄准镜。

反战电影《锅盖头》中，杰克·吉伦哈尔主演的一名美军陆战队侦察狙击手和他的观测手搭档（STA 小组）参加了海湾战争，但他们在整个战争中始终没有狙杀过所谓的伊拉克“敌军”，只经历过一些无聊和无奈的日子。现代化的正规战争中很难再有短兵相接的情况，狙击步枪也更多地成为特种行动的装备。片中使用的就是一支全身涂装有沙漠迷彩的 M40A1 型狙击步枪。在沙漠或雪地等高反差视野的环境里，镜片容易反光，暴露射手位置，所以英国和美国的狙击手都习惯用胶带将瞄镜的物镜一端遮挡起来，只留一个矩形小孔进行观瞄。

著名的现代狙击手题材军事电影《双狙人》中，汤姆·贝伦杰出演的海军陆战队狙击手使用的也是一支 M40A1，除枪管和瞄镜外涂装有丛林迷彩，特别适合在片中所处的中美洲丛林地区使用。主角的任务是与他的搭档狙杀一名与哥伦比亚大毒枭有勾结的巴拿马叛军将领。

## 莫辛·纳甘 M1891/30 型狙击步枪

莫辛·纳甘步枪的历史可追溯到沙俄时代，当时俄国人谢尔盖·莫辛与比利时著名枪械设计师列昂·纳甘，两人合作设计了这款闩动式步枪，成为日后苏俄轻武器的经典之作。该枪 1891 年装备俄军，先后参加过日俄战争、一战、二战、朝鲜战争到越南战争的数次战争，近些年的阿富汗战争中也偶见其修长的身影，真可谓久经沙场。莫辛·纳甘步枪射程远、精度高，使其长期成为东方阵营狙击步枪的首选。

PU 型瞄准镜原本是二战初期苏联为狙击型的托卡列夫 SVT40 型半自动步枪研制的。和苏联之前仿制的德国蔡司 PE/PEM 瞄准镜相比，它更易于生产，坚固耐用，于是成了二战中后期莫辛·纳甘狙击步枪的标准配备。二战时，苏军狙击手使用莫辛·纳甘狙击步枪创造了诸多神话。越战时，一批莫辛·纳甘狙击步枪成为越共游击队手中猎杀美军的利器。

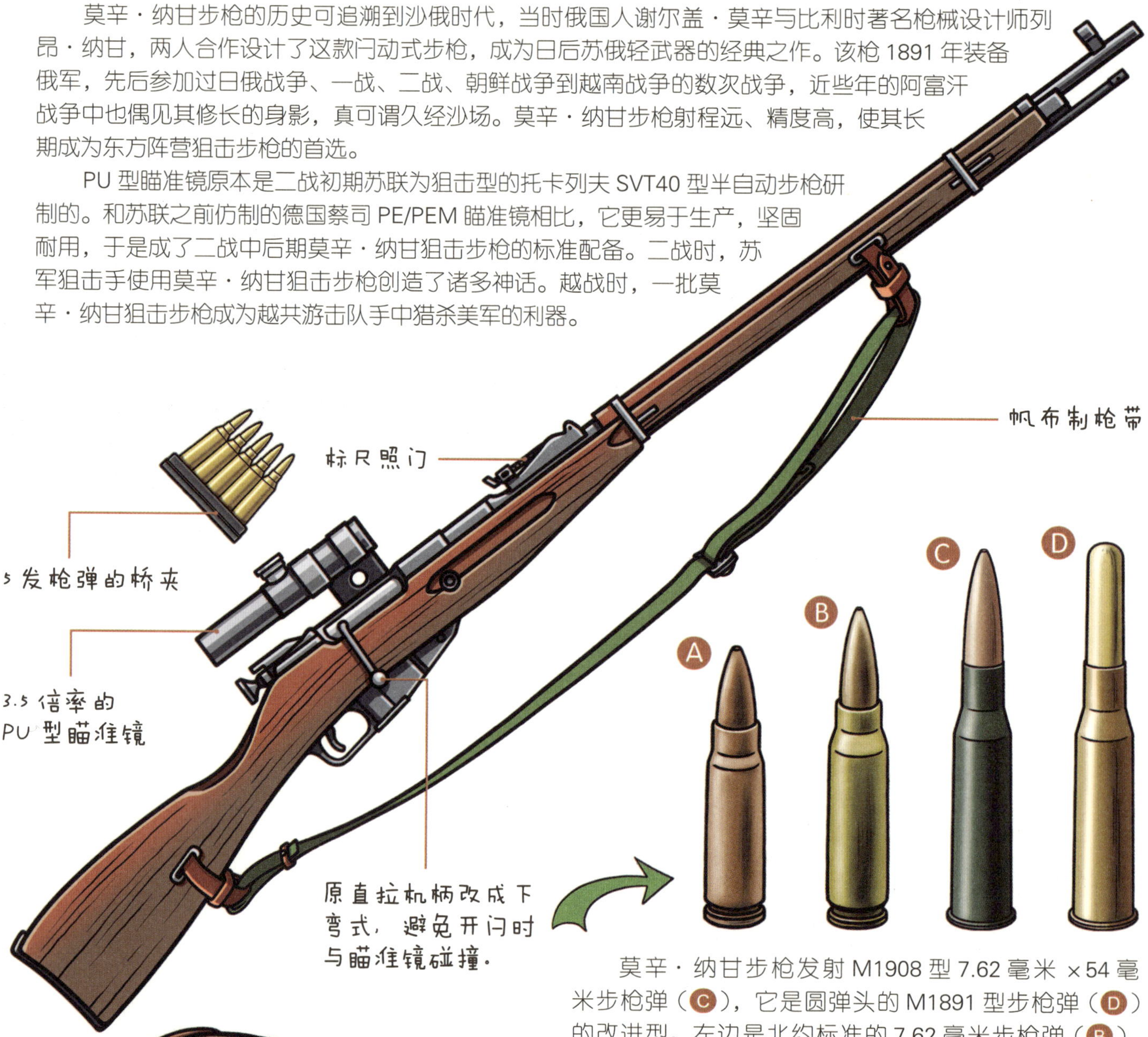


莫辛·纳甘步枪发射 M1908 型 7.62 毫米 ×54 毫米步枪弹（C），它是圆弹头的 M1891 型步枪弹（D）的改进型。左边是北约标准的 7.62 毫米步枪弹（B）、AK47 发射的 M43 型 7.62 毫米 ×39 毫米步枪弹（A）。M1908 型步枪弹从沙俄时期到现今已服役了一个多世纪，除莫辛·纳甘外，俄国现代的 PK 型系列通用机枪也发射该型枪弹。

莫辛·纳甘步枪配备的 M1937 型双联式弹袋由皮和帆布制成，每个包分别容纳 4 个桥夹，后面有环带可以穿在腰带上。这种式样的弹包一直用到越战时期，北越军大量装备了 53 式步骑枪，就是中国仿制的莫辛·纳甘 M1944 卡宾型。

苏制 PU 型瞄准镜结构简图：

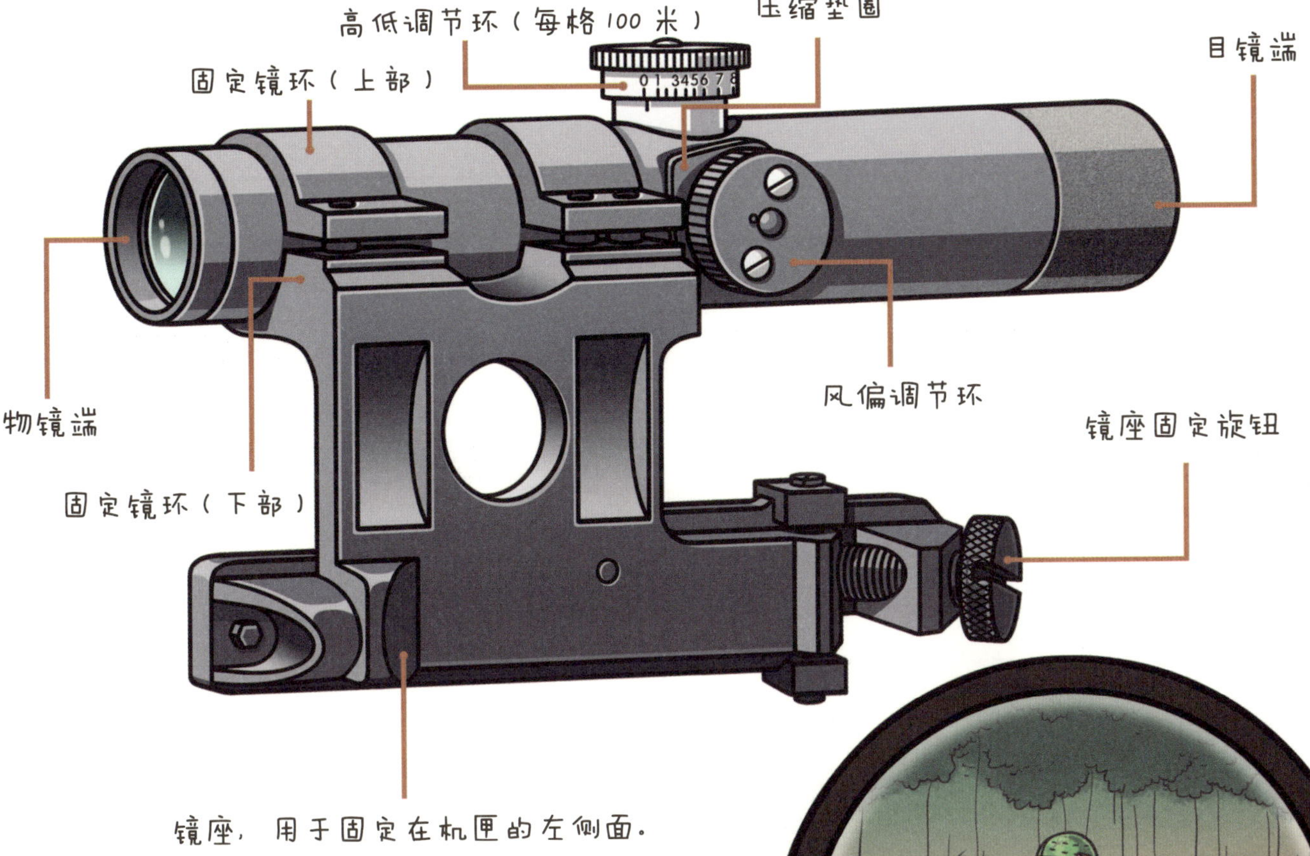


PU 型瞄准镜的划分与之前苏联的 PE/PEM 瞄准镜一样，均是仿自德国蔡司 Dialythan 瞄准镜的划分式样。

越战时的越共游击队狙击手一身轻装打扮，穿着越南乡间标志性特色的黑色农民装，身披用美军降落伞布制成的斗篷，手持配有 PU 型瞄准镜的莫辛·纳甘步枪，潜伏于丛林、田间或村庄，给予美军杀伤和恐慌。美军的降落伞布刚好也是“猎鸭”迷彩的，不论是在热带丛林还是在田间的伪装效果都极好。美军陆战队狙击手也穿着“猎鸭”迷彩战斗服，所以美国和越南双方的狙击手都利用同一款迷彩进行伪装。

## 越战三狙客之同台较量

最后，让我们对越战时美国和越南双方所装备的 3 种最强的狙击步枪，作一番性能对比吧。

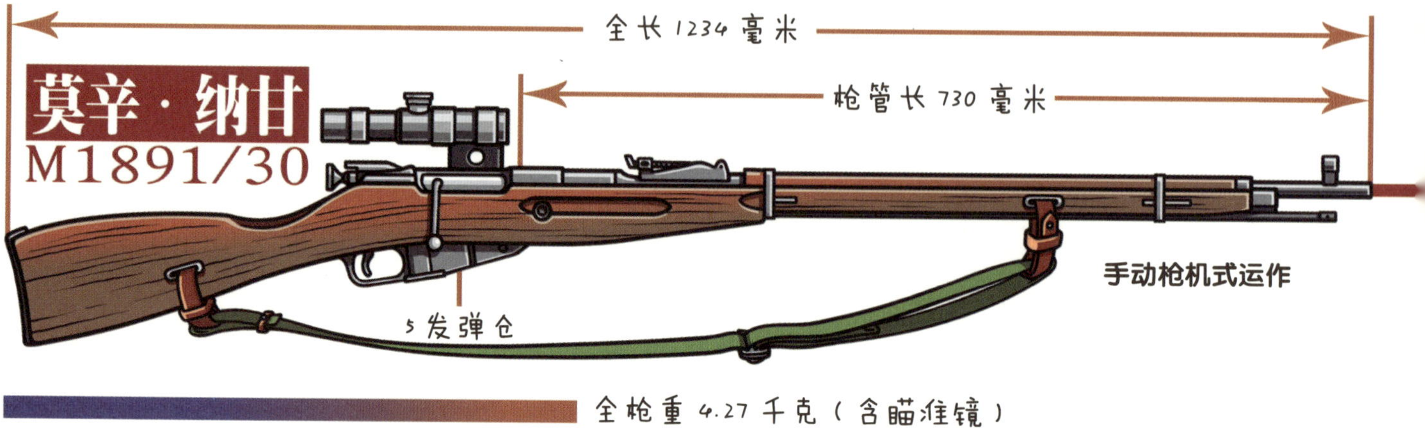


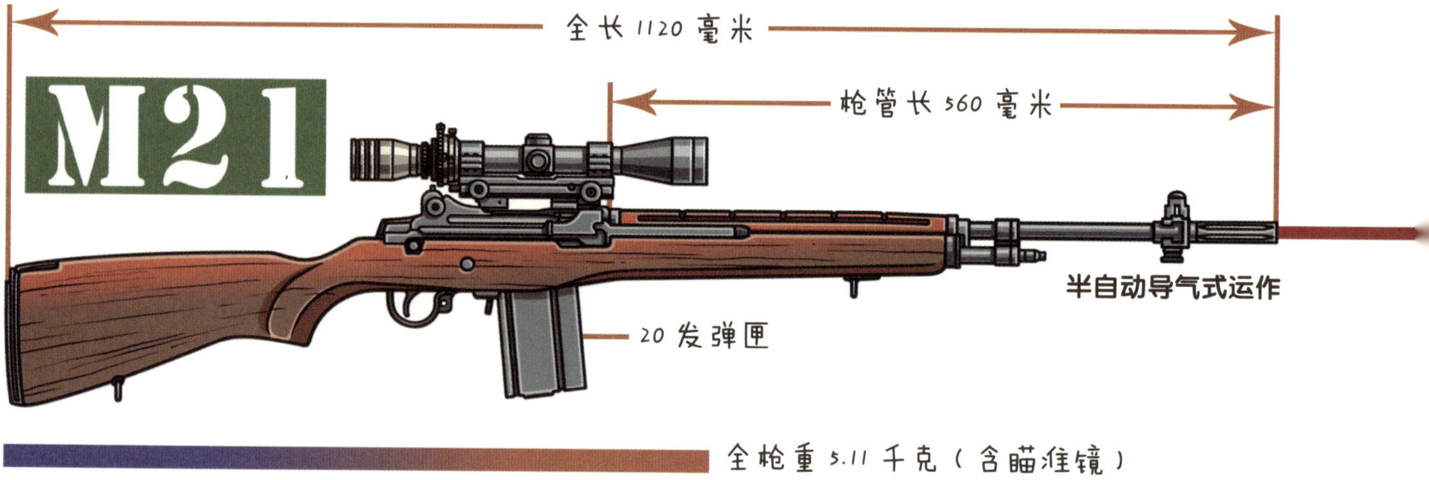


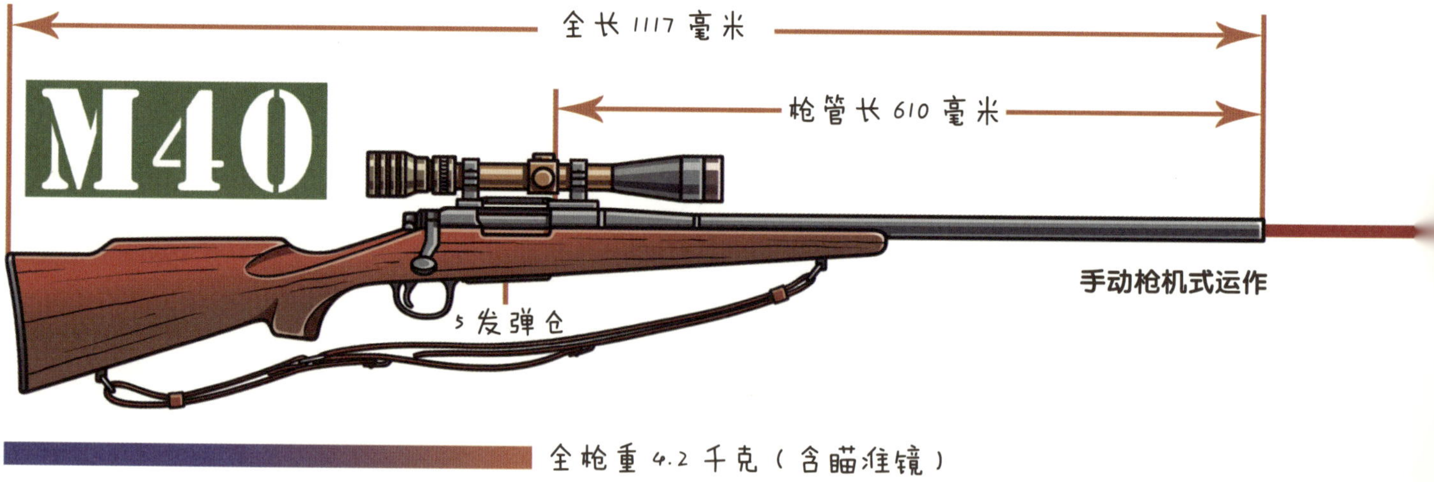


客观地说，将莫辛·纳甘与这两支美国狙击步枪放在一起比较，确实不公平，因为它与后两者是不同时代设计的，一支“过时”的“老爷枪”对两支采用当时最先进技术的“新秀”。但因为历史原因，这三者同时出现在一场二战后影响较大的局部战争中，所以我们姑且还是对这两个敌对阵营的代表作一番比较吧。

莫辛·纳甘狙击步枪在越战中的战果无从查起。但如果算上二战和朝鲜战争的话，那单是用于狙击作战的莫辛·纳甘步枪，就创造了一个战争史上的神话——狙杀总量位于各种步枪之首！

许多无法超越的王牌狙击手都是用莫辛·纳甘书写的纪录，包括世界头号狙击手——芬兰的西蒙·海耶；狙杀数量过百的二战苏军王牌狙击手们；还有无瞄准镜狙击的中国人民志愿军狙击手张桃芳。

这支百年“老爷枪”当之无愧称得上是战果上的“狙击之王”。

**最大有效射程 1000 米！**

**枪口初速：**860 米 / 秒

**优点：**射程远，精度高，保养简单，可靠性强。

**缺点：**人机工效陈旧，射速慢，老式瞄准镜倍率低，枪身过长，不太适用于丛林行动。

**点评：**作为一支创造过神话的老牌狙击步枪，我们对它更多的是抱有一种崇敬之情，毕竟当今时代它的设计已显得落后，但基本性能上却是体现了手动枪机式步枪作为狙击武器的强大之处。现在世界上偶尔还能见到它的身影，可谓“老兵不死”神话的延续！

**最大有效射程 800 米！**

**枪口初速：**853 米 / 秒

**优点：**瞄准镜先进，火力持续性高，综合性能适当。

**缺点：**枪身过长过重，不太适合丛林行动。

**点评：**依然是从步兵制式步枪发展来的狙击武器，虽然半自动运作相比手动式来说精度会有所降低，但通过精确化的生产仍然弥补了这种缺陷。中规中矩的综合性能加上一副先进的瞄准镜，使之使用起来非常可靠。经过改进和扩展后，直到现在还在装备军队，可见一支简单可靠的武器对于军队需求的重要性！

**最大有效射程 800 米！**

**枪口初速：**777 米 / 秒

**优点：**外形轻便，射程远，精度高（测试中 900 米外也可有效杀伤）。

**缺点：**早期瞄准镜落后，木制枪托和护木容易受潮，枪管过于精密、容易出现故障。

**点评：**以雷明顿的良好基础发展出来的狙击步枪，设计创新，基本性能优秀。虽然作为军用武器在初期有着或多或少不成熟的问题，但这不影响它成为日后专业狙击步枪理念的标杆，就如同 M16 系列一样。经过数次改进后，它仍然是世界头号军事强国的主力狙击步枪之一！

# 杂牌荟萃
## ——美军冲锋枪

冲锋枪是一种近战轻武器，诞生于第一次世界大战。它威力适中，体积较步枪小巧，射速又比手枪快，因此在二战和其他局部战争中得到长足发展，充分显示出其灵活性和突击威力。越战的丛林战、游击战和特种战模式，给了冲锋枪很好的表演舞台，交战双方都曾大量使用二战及战后初期的各种型号冲锋枪，产地来自不同国家，堪称二战后的又一个“万国牌冲锋枪博览会”。我们将在这里介绍美国及其他国家和越南所使用的这些琳琅满目的冲锋枪。

越战时期美国海军“海豹”特种部队打扮的露西小姐，挎着一支瑞典制造的古斯塔夫 M45B 型冲锋枪。它是“海豹”们在越战中最喜欢的一款冲锋枪，古斯塔夫兵工厂还专门为“海豹”设计了一个整体式消声器。

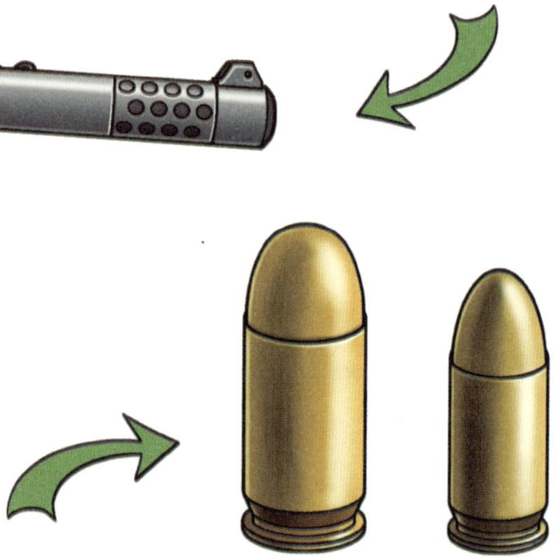

多数西方国家冲锋枪发射的是上面两种枪弹：口径 11.43 毫米的柯尔特自动手枪弹（左），以美国为主；9 毫米的帕拉贝鲁姆手枪弹（右），以西欧及亲英国和美国的国家为主，也是北约组织（NATO）的标准手枪弹。某些型号的冲锋枪则有上述两种口径的版本，比如 M3/M3A1 型和英格拉姆 M10。

## 古斯塔夫 M45 型

二战末期，瑞典人贡纳尔·约翰逊综合借鉴各参战国的优秀冲锋枪，设计出了一种 9 毫米冲锋枪，1945 年定型为 M45，由瑞典的卡尔·古斯塔夫兵工厂开始量产。该枪结构简单、性能可靠，受到很多国家的青睐。在其众多改进型中，M45B 被美国看中，于 20 世纪 60 年代与瑞典秘密交易了一批该枪，提供给越战中的美海军“海豹”特种部队使用。虽然 M45B 在美军中没有公开列装，但“海豹”们发现它在潮湿和泥泞的环境中非常可靠，出水后能立即射击，在丛林遭遇战中其近距离火力也足够应付，所以就在渗透和巡逻任务中被广泛地使用了。“海豹”还给它起了一个绰号叫“瑞典 K”。

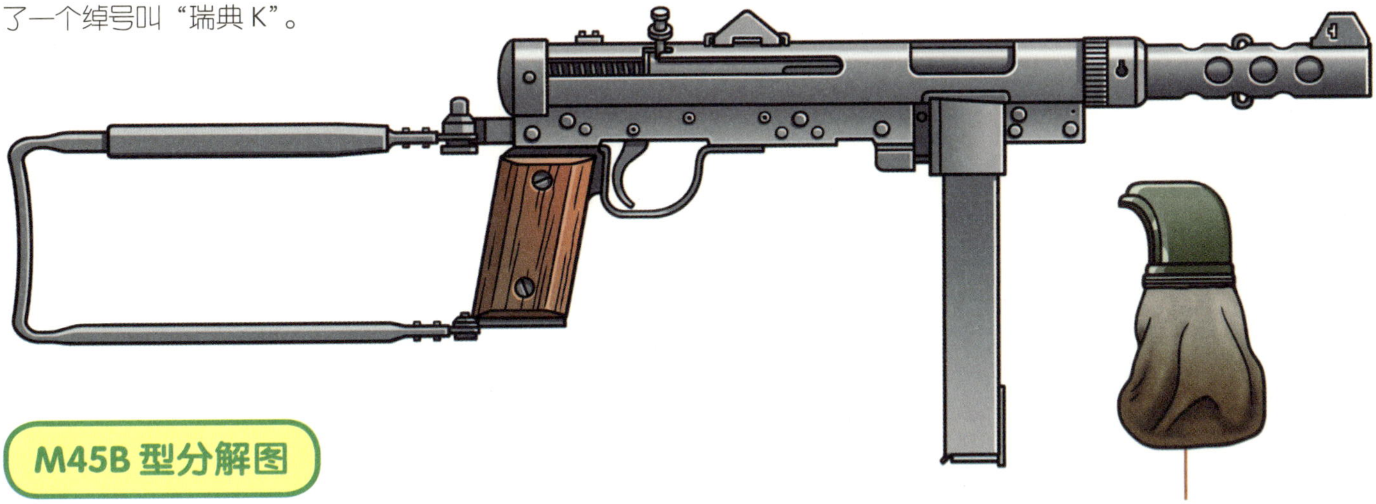


## M45B 型分解图

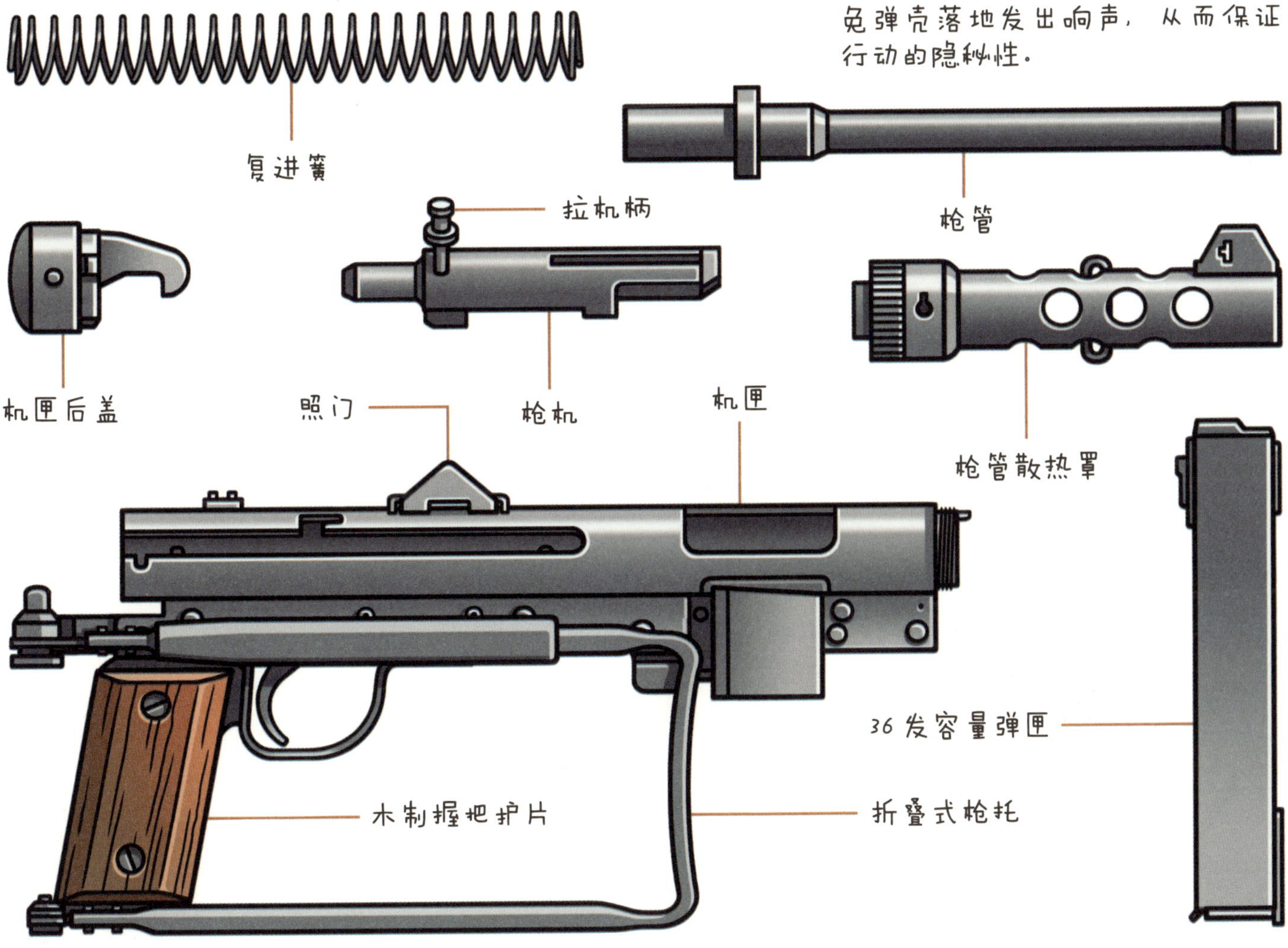

## 史密斯·威森 M76 型

美军在越南非公开地使用“瑞典 K”冲锋枪，被新闻照片曝光后，向往和平的瑞典民众不愿容忍本国武器加入到这场肮脏的战争中，立刻掀起反对越战的浪潮。于是这个北欧最大的军火输出国停止了与美国的秘密交易。但“海豹”很钟情这款武器，于是美国的史密斯·威森公司开始着手仿制古斯塔夫 M45B 型冲锋枪，1967 年定型为 M76 并开始量产。参加越战的美国陆军“绿色贝雷帽”和海军“海豹”特种部队都使用过 M76。当史密斯·威森公司试图扩大产量，把 M76 全力推销给军方时，美国已经决定从越南撤军了，最后 M76 型于 1974 年停产。

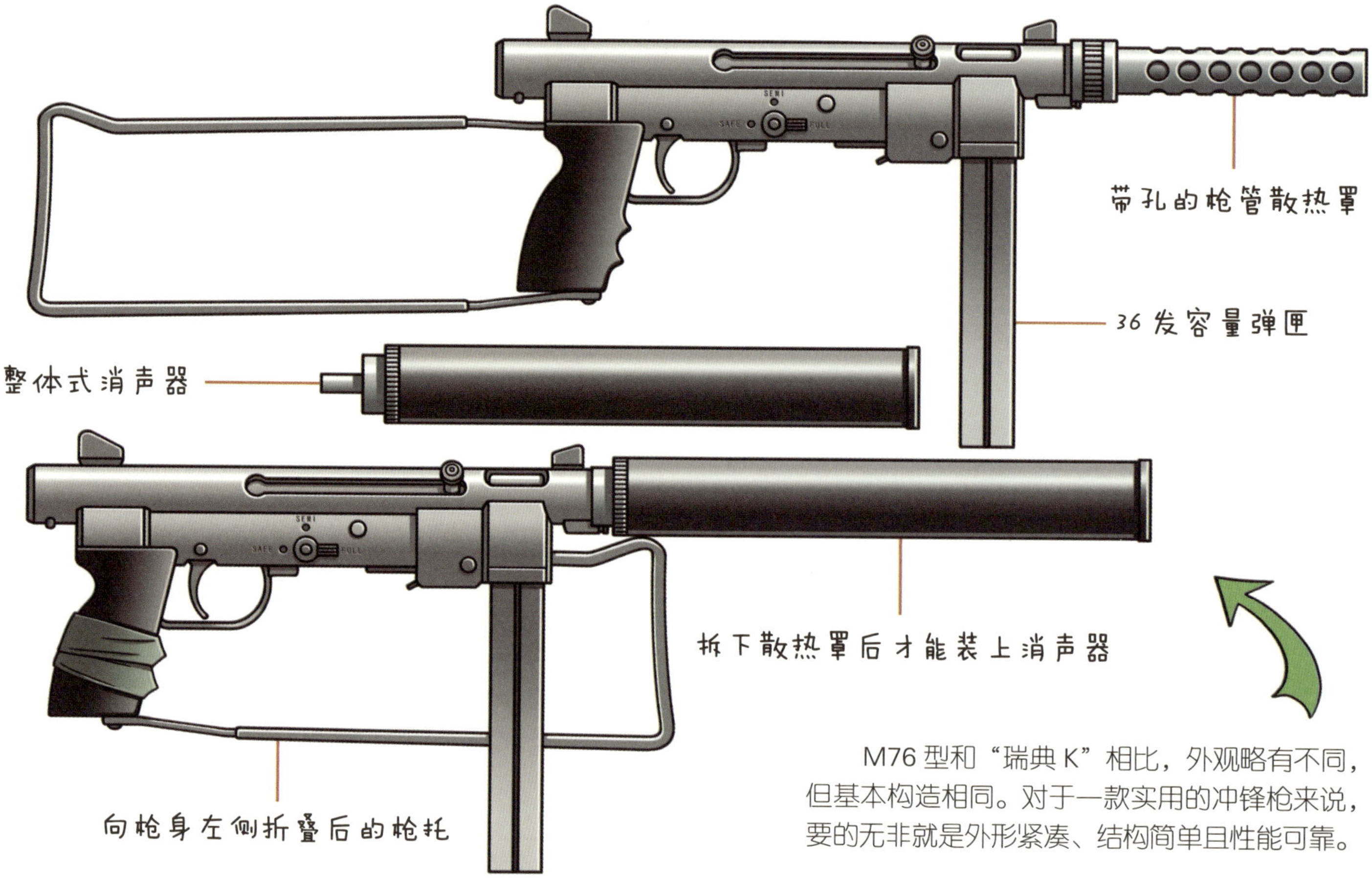


M76 型和“瑞典 K”相比，外观略有不同，但基本构造相同。对于一款实用的冲锋枪来说，要的无非就是外形紧凑、结构简单且性能可靠。

## 柯尔特 XM177 型

在著名的 M16 型自动步枪的原型 AR15 上，曾发展出一种名为 CAR15 的卡宾枪系列，其中有一种柯尔特公司生产的 M607 型冲锋枪，后来经改进后被美军定型为 XM177 型，装备给驻越美国空军。然而，陆军和特种部队被装备的是带有辅助推机柄的 XM177E1/E2 型。这支越战中很有名的冲锋枪与普通冲锋枪最大的区别是：由自动步枪发展而来，发射的是 5.56 毫米的小口径步枪弹，而非手枪弹。

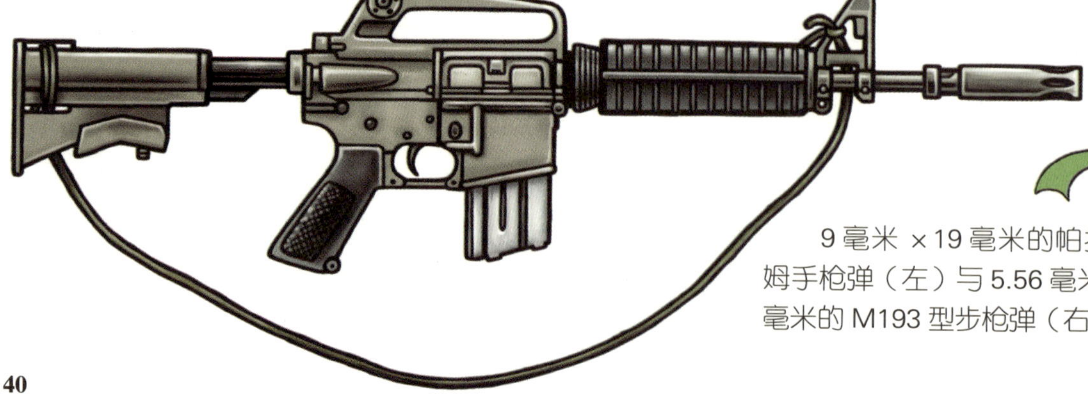

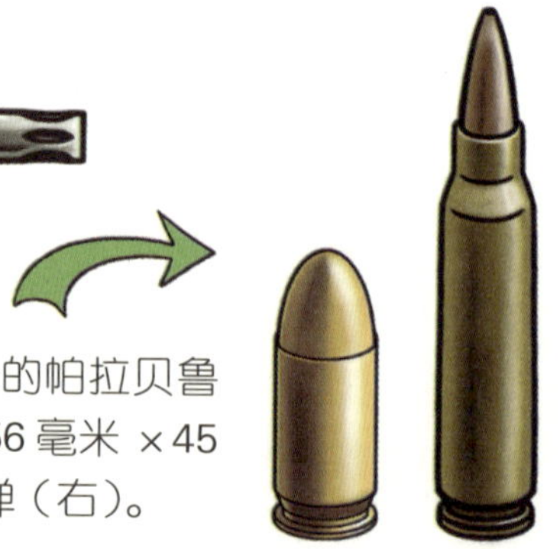

9 毫米 ×19 毫米的帕拉贝鲁姆手枪弹（左）与 5.56 毫米 ×45 毫米的 M193 型步枪弹（右）。

## 汤普森 M1A1 型

二战时期，美军及盟军普遍装备的汤普森 M1A1 型冲锋枪也曾加入越南战场。该枪的前身是汤普森 M1921 型，其最为著名的改进型是 20 世纪 30 年代美国黑帮使用的 M1928 型，凶悍的火力让它得到了一个绰号叫“芝加哥打字机”。M1A1 型则是二战时为了简化 M1928A1 型复杂的生产工艺而研制的改进型。由于它发射 11.43 毫米口径的柯尔特自动手枪弹（0.45ACP），所以继承了前身威力大的特点，缺点是精度差，外形笨重。

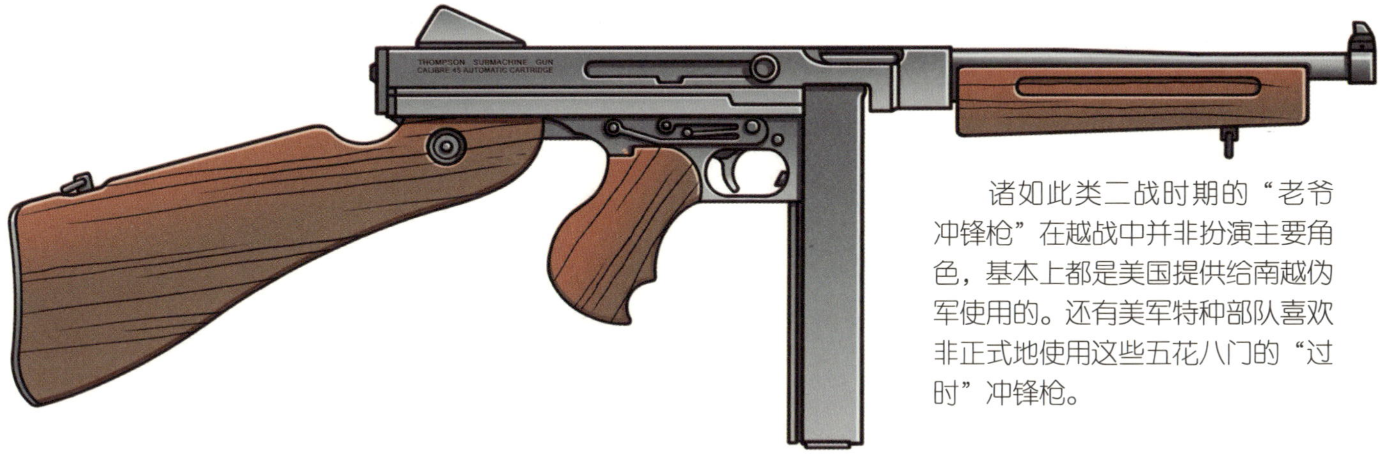


诸如此类二战时期的“老爷冲锋枪”在越战中并非扮演主要角色，基本上都是美国提供给南越伪军使用的。还有美军特种部队喜欢非正式地使用这些五花八门的“过时”冲锋枪。

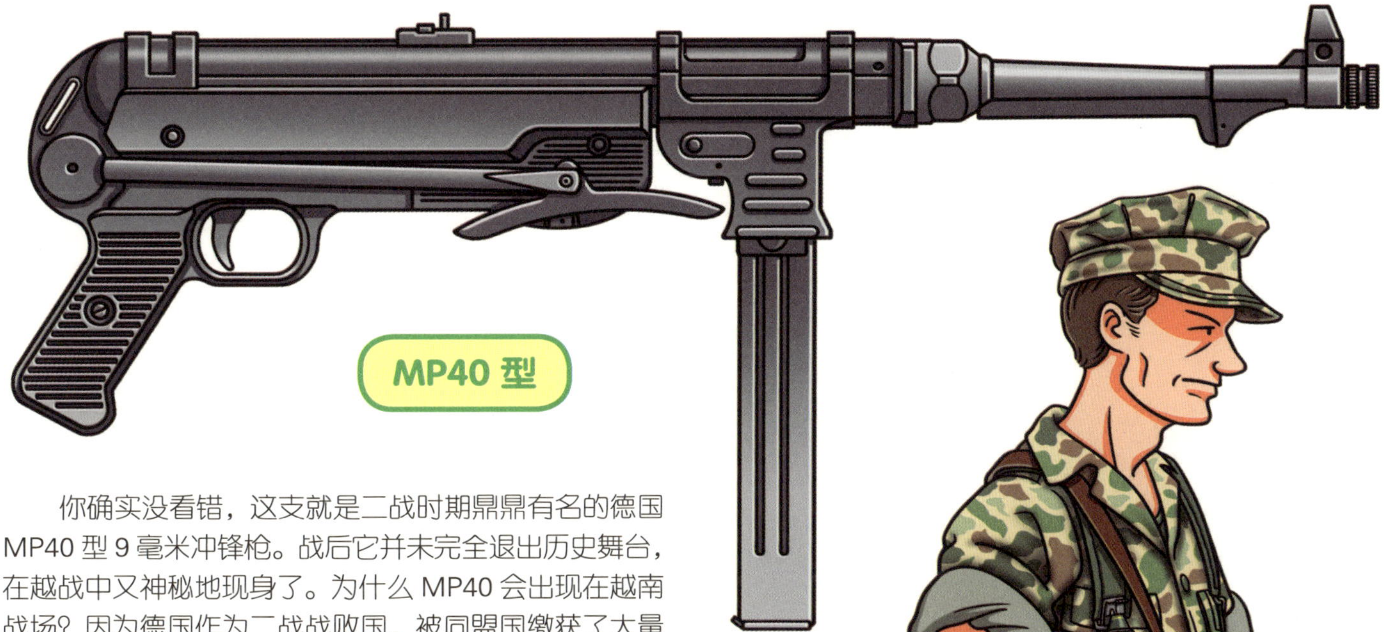

## MP40 型

你确实没看错，这支就是二战时期鼎鼎有名的德国 MP40 型 9 毫米冲锋枪。战后它并未完全退出历史舞台，在越战中又神秘地现身了。为什么 MP40 会出现在越南战场？因为德国作为二战战败国，被同盟国缴获了大量的武器装备，其中一批被法国在 20 世纪 50 年代的印度支那战争中带到越南，美国也把自身的一部分德国战利品带到越南。除了装备给南越伪军外，有些特种部队也曾少量使用。

越战时，一名身穿海军陆战队“猎鸭”迷彩战斗服的美国陆军“绿色贝雷帽”特种部队成员，携带着一支德制 MP40 型冲锋枪和一支柯尔特 M1911A1 型手枪。

## M3/M3A1 型

这是一种外形“丑陋”的冲锋枪，源于二战时美国陆军兵工总署对汤普森冲锋枪复杂的生产流程的不满，于是参考英国司登冲锋枪的设计，简化了结构和生产工艺，1942 年正式装备美军。M3 性能还算可靠，便于大量制造，后来又针对主要问题改进出 A1 型，在二战和朝鲜战争中都大量使用，并出口多个国家。越战时的美国陆军和海军特种部队也有使用。

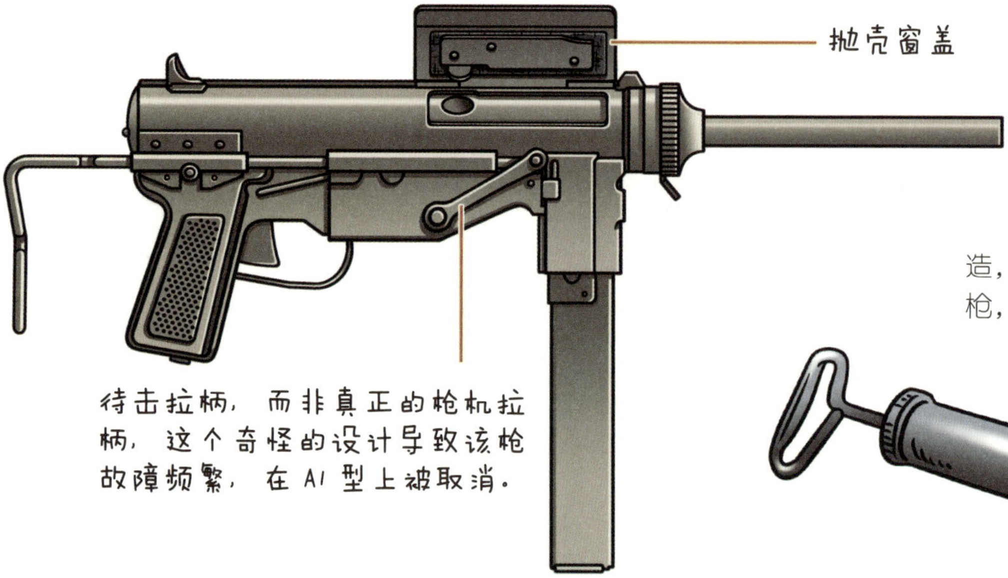


M3 具有简单的枪管和枪身构造，形似给机械加注润滑油的油枪，因此被俗称为“黄油枪”。

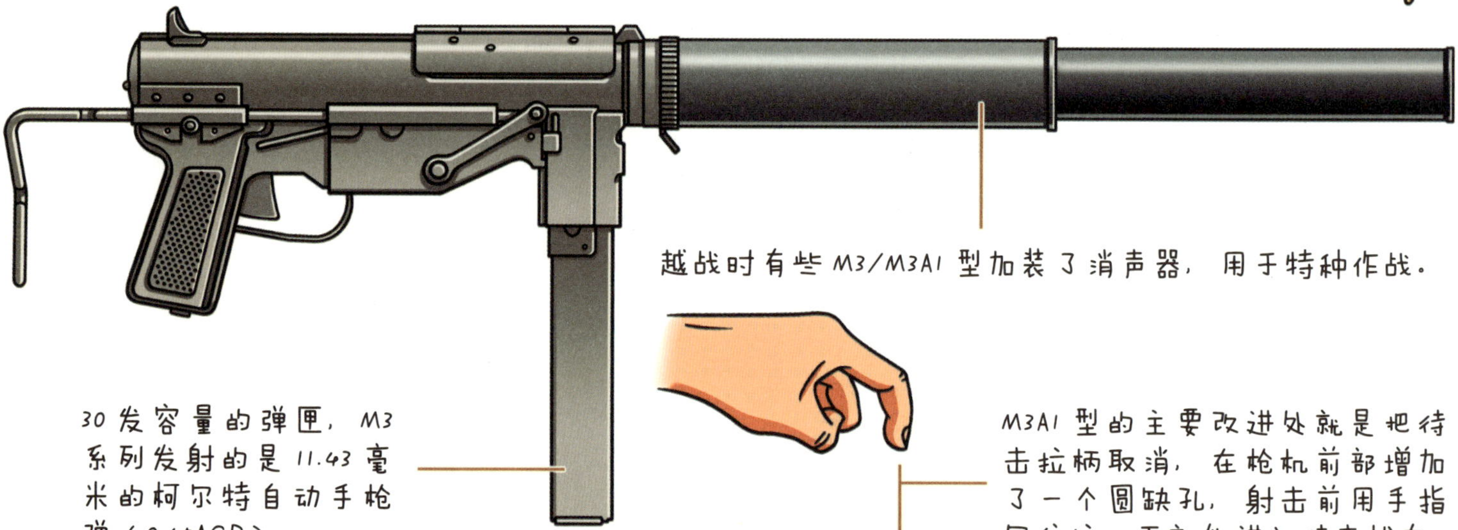


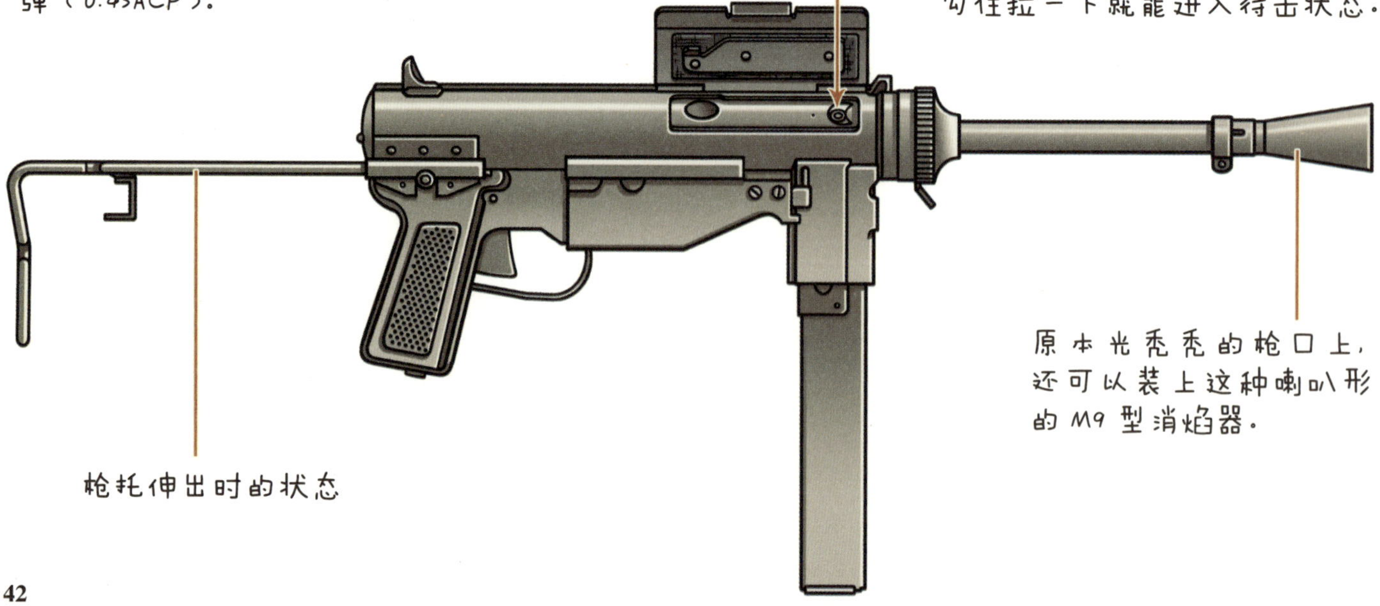

## 斯特林 L34A1 型

越战时作为美国盟友的澳大利亚和新西兰，也派遣军事力量到越南参战。这两个国家装备的武器以英国产品为主，斯特林冲锋枪就是其中的一个代表。1953年英国军队装备了斯特林 L2A1 型冲锋枪，1956 年在其基础上开发出了 L34A1 型微声型。该枪装有一根长长的固定式消声器，消声效果明显，很适合执行特种作战任务。越战期间澳军有 3 个分队的特种部队 SASR（澳大利亚特别空勤团）交替执行任务，他们手中的轻武器之一就有斯特林 L34A1 型微声冲锋枪。

标准型的 L34A1 型微声冲锋枪的消声器下面有一个木质的下护木以供握持。

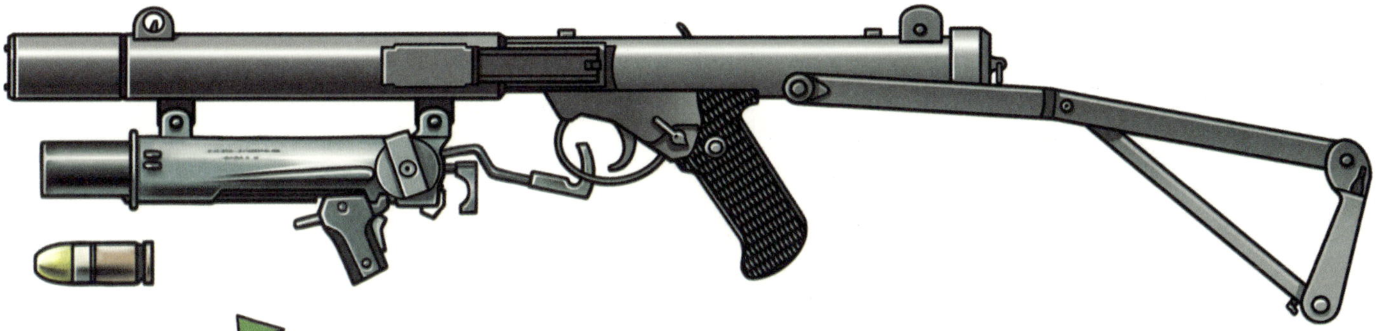

澳大利亚军队 SASR 特种部队将 L34A1 型加以改造，使之能挂装美国的 XM148 型 40 毫米枪挂式榴弹发射器，以便加强执行任务时的火力支援效果。

34 发容量的弧形弹匣从枪身左侧插入供弹。斯特林系列发射的是 9 毫米的帕拉贝鲁姆手枪弹。

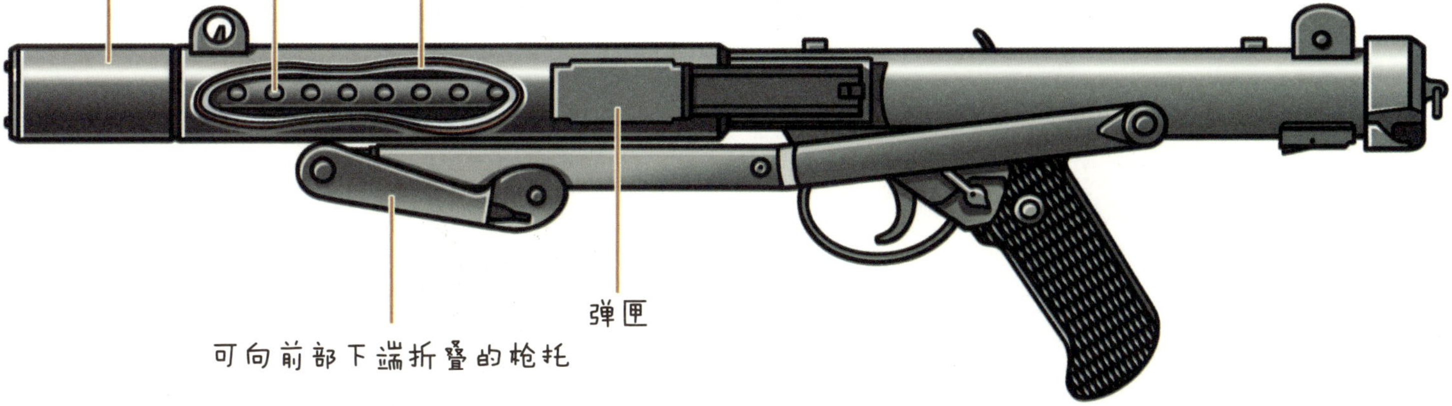

## 麦德森 M50 型

越战中的北欧冲锋枪不只来自瑞典的古斯塔夫，还来自丹麦的麦德森。二战后，丹麦本土的军工企业麦德森公司研发了一款构造简单、设计独特的 9 毫米冲锋枪，定型为 M46。1950 年和 1953 年又推出了改进型 M50 型和 M53 型。麦德森冲锋枪最大的特点是整体冲压而成的左右两半枪身，扳机等主要部件装在右侧部分，通过后部的铰链连接起来，拆装极为方便，而且枪身合拢时缝隙紧密，有很好的防沙尘效果。

不过该枪并未装备丹麦军队，而是大量卖给了南越伪军、美国陆军和海军特种部队使用。

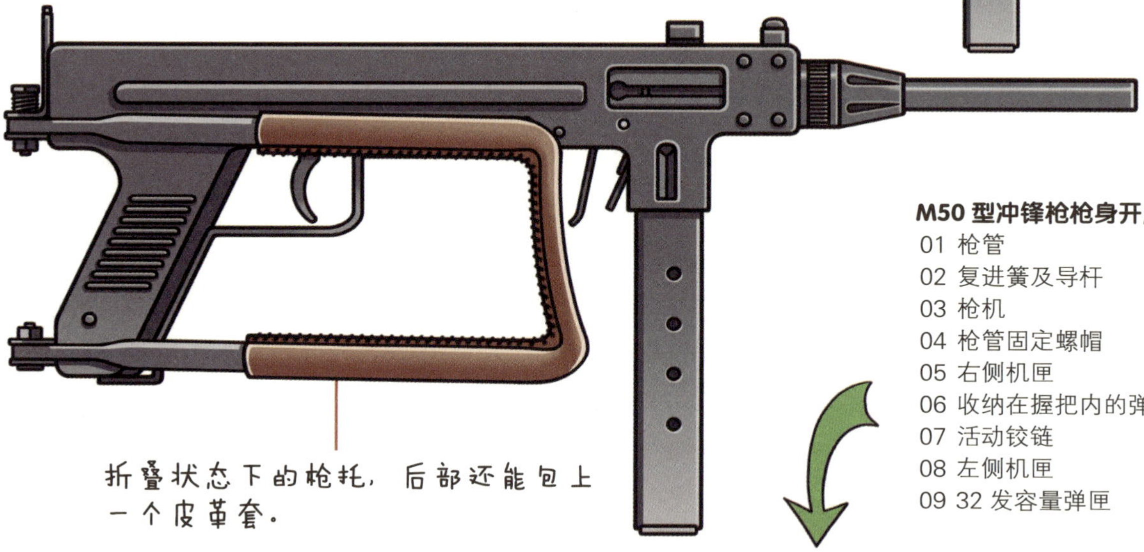


**M50 型冲锋枪枪身开启图：**

01 枪管
02 复进簧及导杆
03 枪机
04 枪管固定螺帽
05 右侧机匣
06 收纳在握把内的弹匣装填器
07 活动铰链
08 左侧机匣
09 32 发容量弹匣

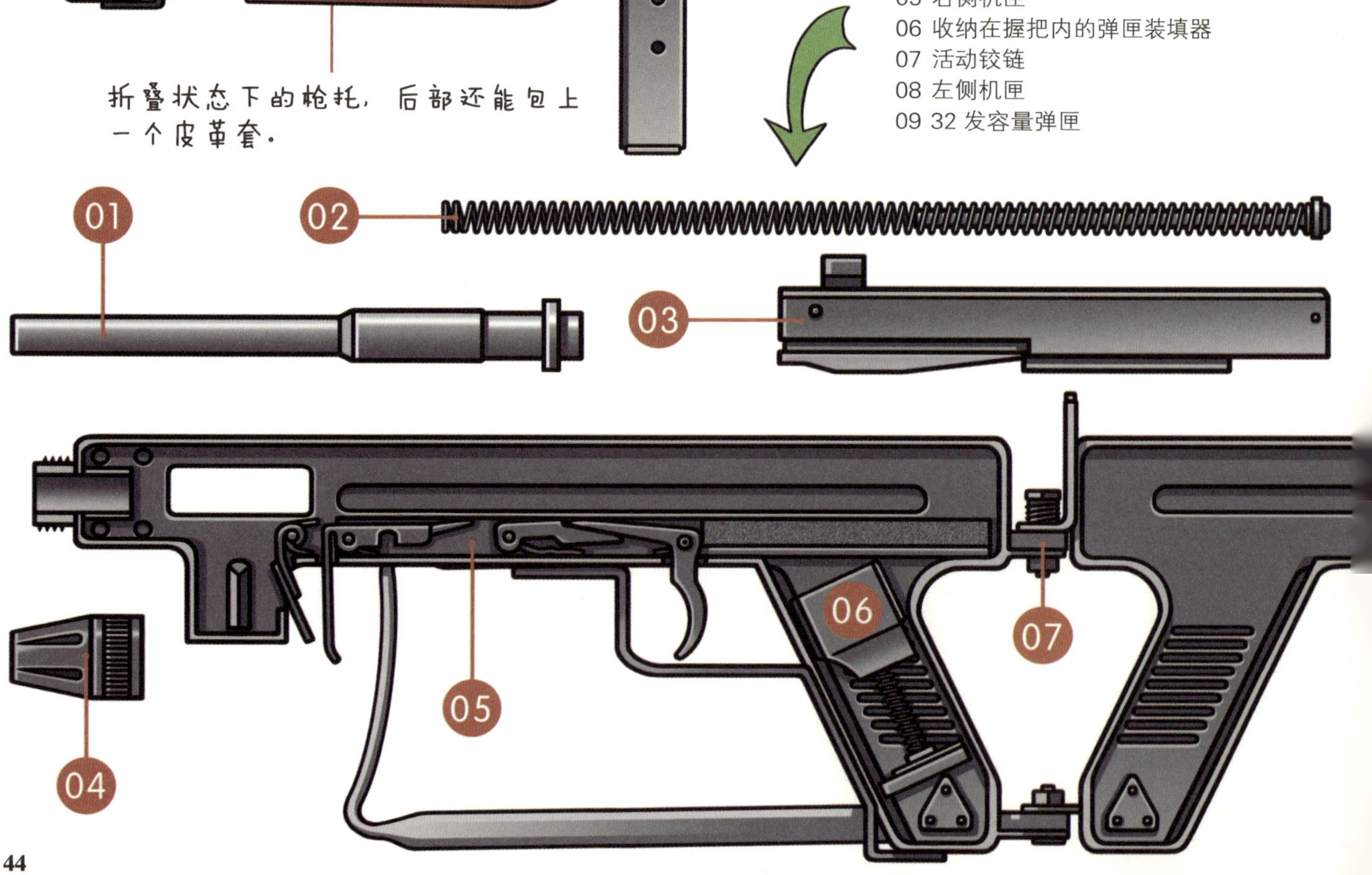

## 欧文 Mk2 型

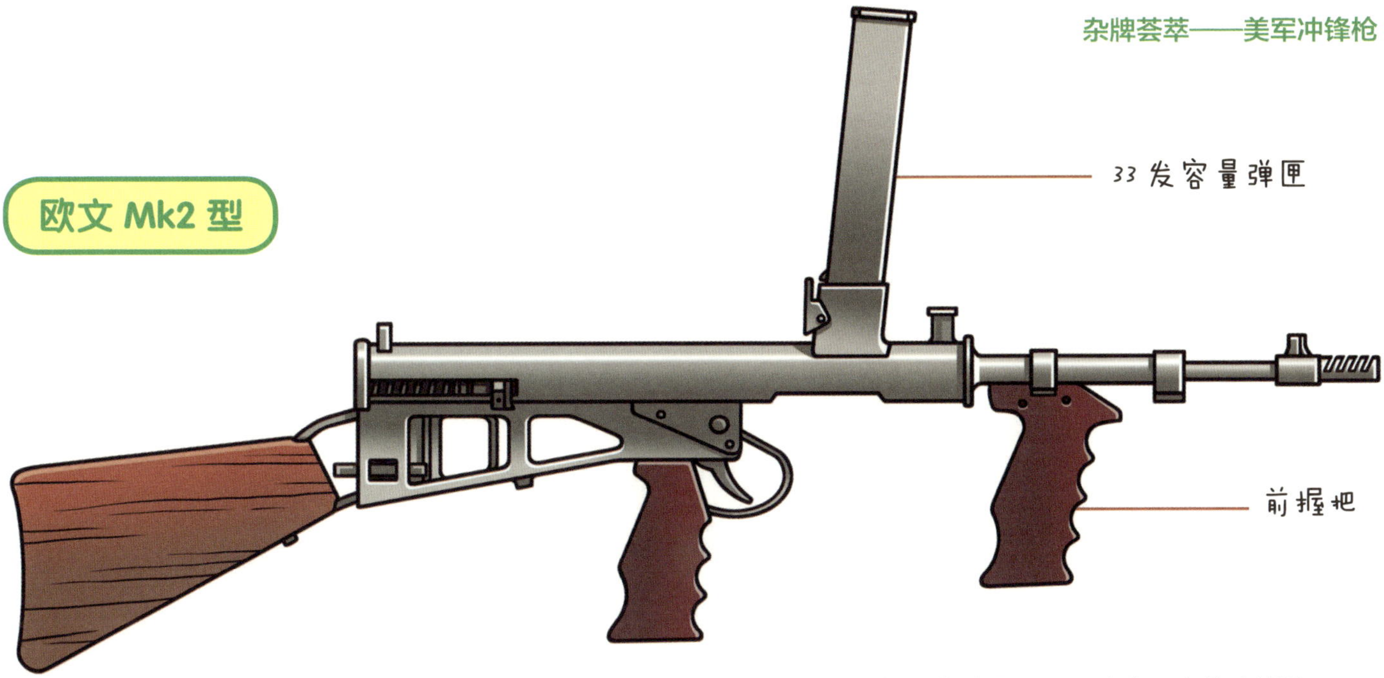


澳大利亚也跟随美国武力介入了越战，参战的不仅有特种部队，还有普通的陆军。上面这种“老爷冲锋枪”，就是澳大利亚军队的步兵武器之一。1939 年，澳大利亚的一个年轻士兵伊夫林·欧文设计了一种冲锋枪，经过数次改进后于 1941 年正式装备澳大利亚军队，并以他的名字命名。欧文冲锋枪性能可靠，特别适应东南亚湿热的丛林气候，缺点是外形过于丑陋笨重。二战中，该枪参与了新几内亚岛澳大利亚军队和日本军队的丛林恶战，后来又参加了朝鲜战争，最后一次参战就是在越南。当时一批翻新的欧文冲锋枪被交给澳大利亚陆军，但士兵们早已开始厌恶它，只有巡逻侦察队的尖兵才会拿着它去开路。

## F1 型

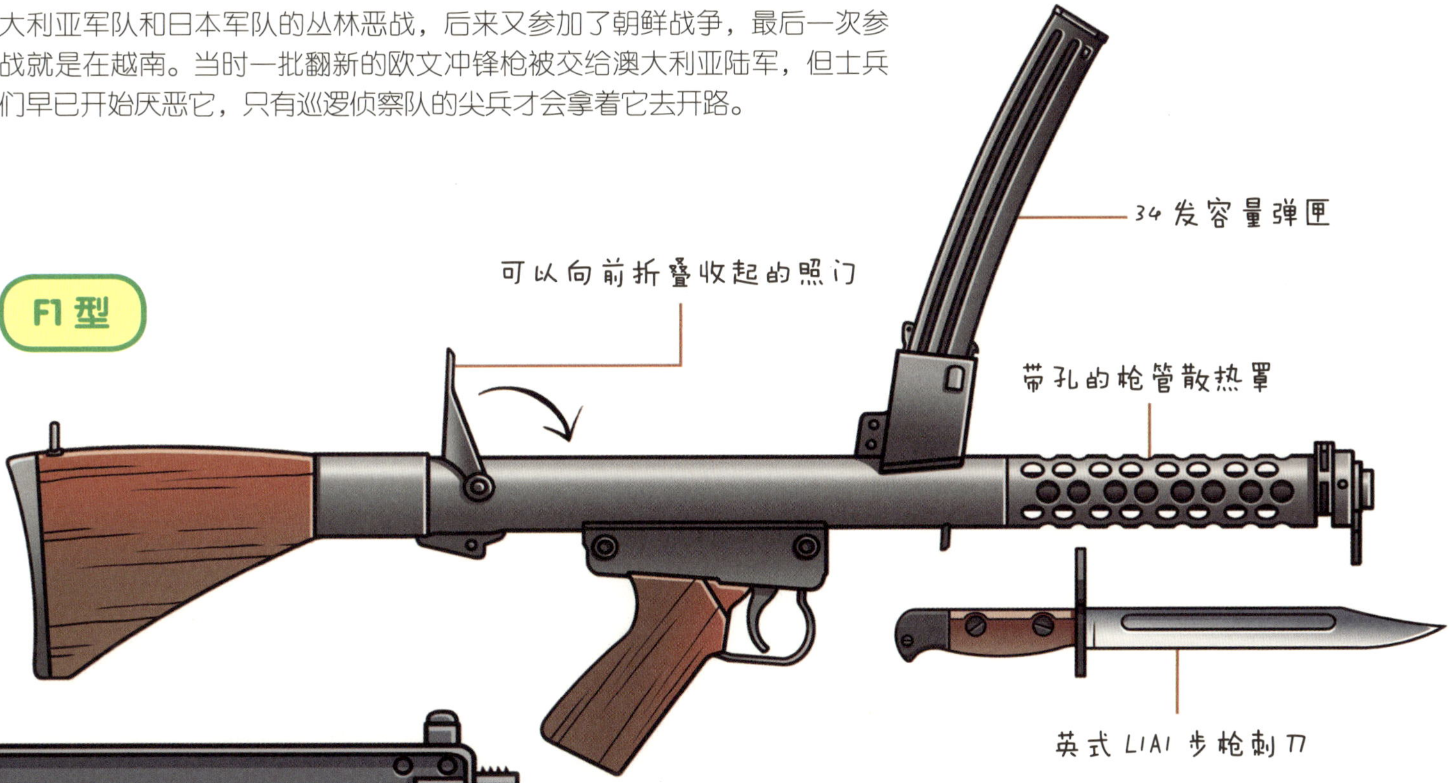


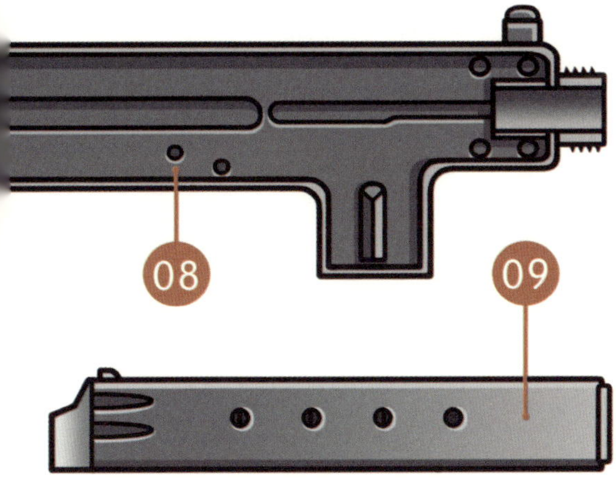


进入 20 世纪 50 年代，欧文冲锋枪已显得落后，于是澳大利亚军方开始研制一款新枪取而代之。在保留了欧文冲锋枪顶部供弹结构的同时，枪身还参考了英国斯特林冲锋枪的设计，后部则是一个木制的固定枪托，这样就诞生了一支所谓的新型“冲锋枪”，命名为 F1 型。F1 型配备和斯特林冲锋枪一样的 34 发弧形弹匣，还可以挂装刺刀，在澳大利亚军队中从 1962 年一直服役到 20 世纪 90 年代初，才被 MP5 替换。越战中，澳大利亚陆军和特种部队 SASR 都使用过 F1 型。

## 伯莱塔 M12 型

著名的意大利伯莱塔公司于 1959 年推出了 M12 型 9 毫米冲锋枪，1961 年成为意军制式装备，并大量出口。该枪结构紧凑、性能可靠、操作简便，但名气远不如同时代的 MP5 和 UZI 那么响亮。不过在越战中，还是没少了此款经典枪械的身影。

1968 年驻南越西贡的美国大使馆被越共游击队袭击时，使馆警卫曾手持 M12 型冲锋枪与之对抗。

但再好的冲锋枪，遇到卡拉什尼科夫突击步枪，也只有忍气吞声的份儿！

## UZI 型

以色列人乌齐·盖尔（Uziel Gal）设计的这款 9 毫米口径冲锋枪具有紧凑的外形，于 1951 年被以他的名字定名为 UZI 冲锋枪。这种枪以其灵活性和良好的性能赢得了很多国家的青睐，甚至连德国人都引进过它，命名为 MP2 型冲锋枪。UZI 冲锋枪参与过二战后的众多局部战争和军事冲突，越战中美军“海豹”特种部队也曾少量使用过它。

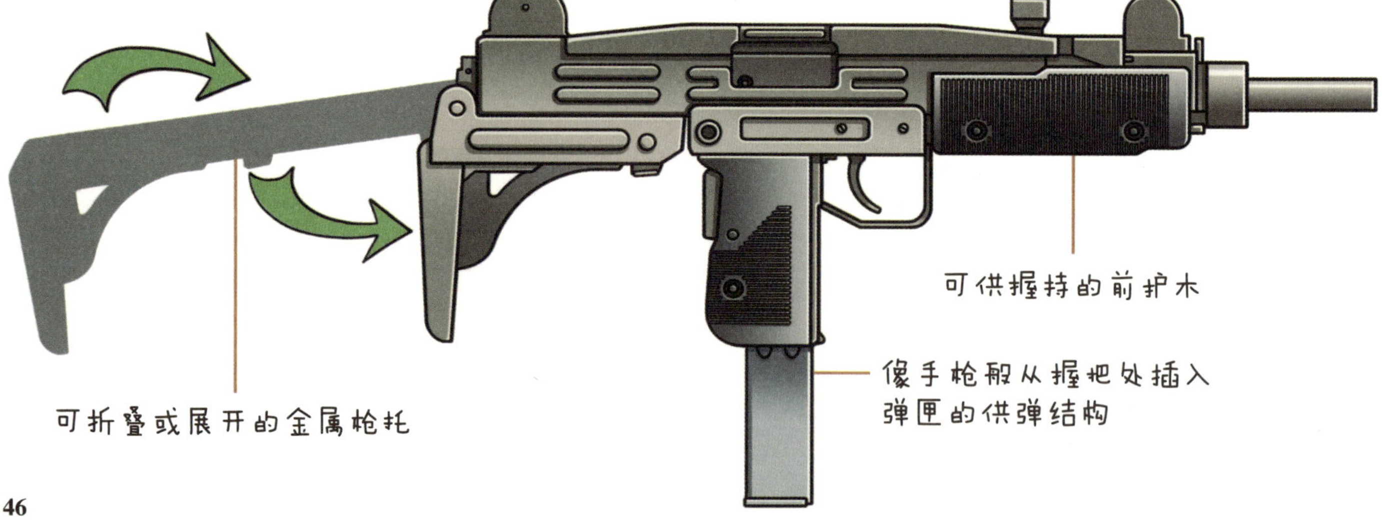

## 英格拉姆 MAC10/MAC11 型

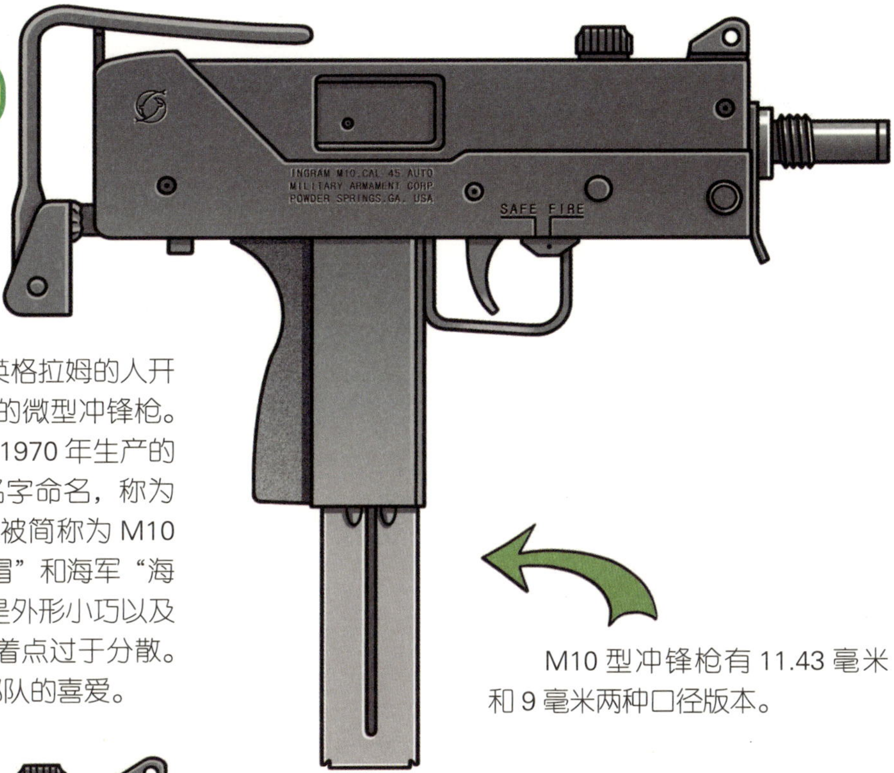


20 世纪 60 年代，一个名叫戈登·英格拉姆的人开始设计一种可供飞行员和车辆乘员使用的微型冲锋枪。后来他所在的军事装备公司（MAC）将 1970 年生产的 MAC10 和 MAC11 型冲锋枪都以他的名字命名，称为英格拉姆冲锋枪，这两种微型冲锋枪也被简称为 M10 和 M11。越战中的美国陆军“绿色贝雷帽”和海军“海豹”特种部队都采购了此枪。它的优点是外形小巧以及高射速，缺点是枪口上跳严重，造成弹着点过于分散。不过加装了消声器后，其反而受到特种部队的喜爱。

M10 型冲锋枪有 11.43 毫米和 9 毫米两种口径版本。

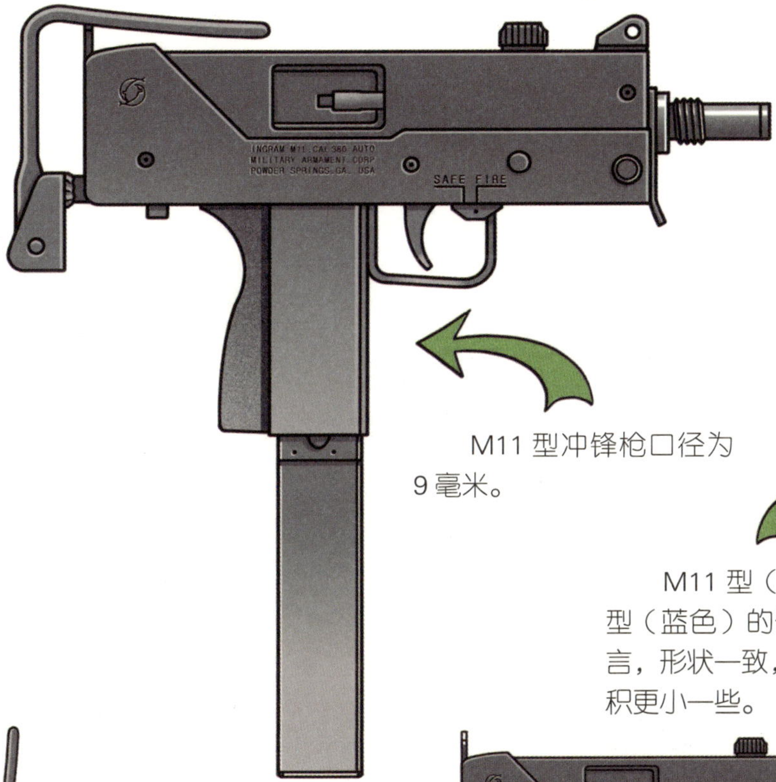


M11 型冲锋枪口径为 9 毫米。

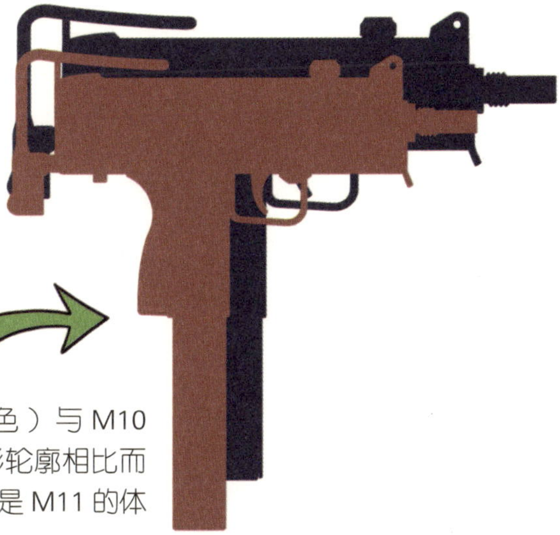

M11 型（红色）与 M10 型（蓝色）的外形轮廓相比而言，形状一致，只是 M11 的体积更小一些。

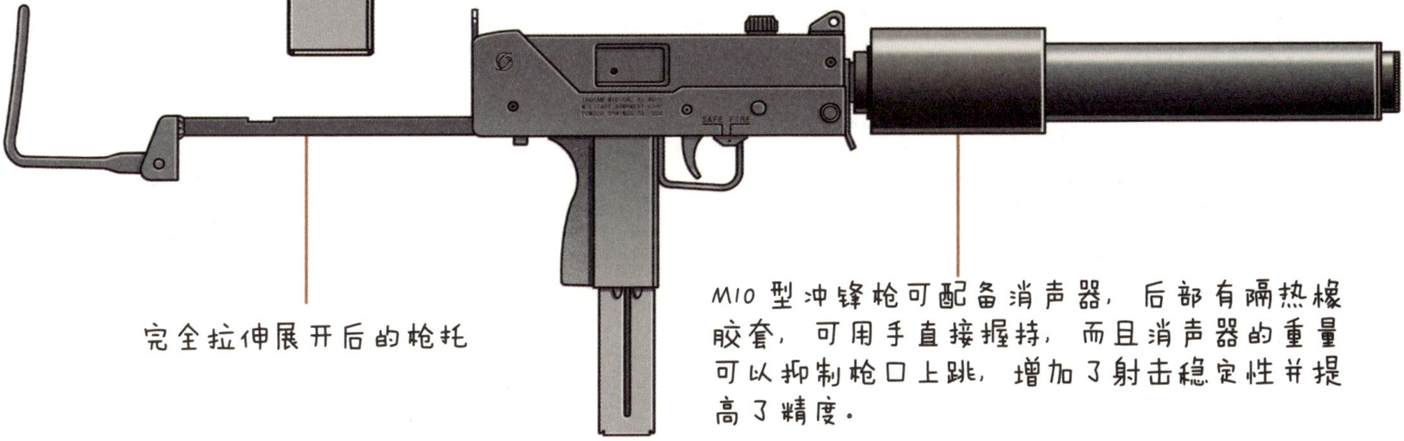

完全拉伸展开后的枪托

M10 型冲锋枪可配备消声器，后部有隔热橡胶套，可用手直接握持，而且消声器的重量可以抑制枪口上跳，增加了射击稳定性并提高了精度。

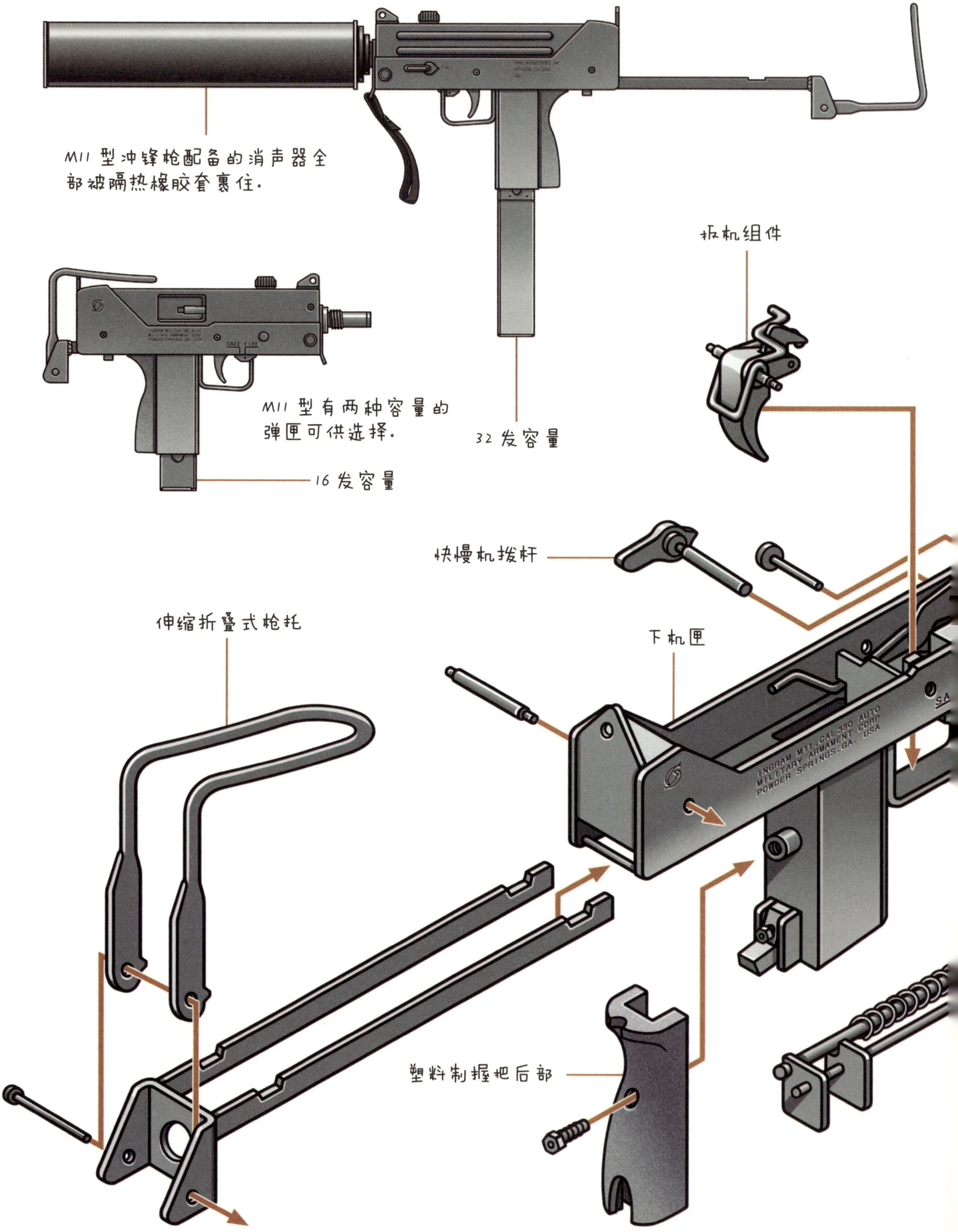

M11型冲锋枪配备的消声器全部被隔热橡胶套裹住。
M11型有两种容量的弹匣可供选择。
32发容量
16发容量
扳机组件
快慢机拨杆
伸缩折叠式枪托
下机匣
INGRAM M11 CAL 380 AUTO
MILITARY ARMAMENT CORP
POWDER SPRINGS GA. USA
塑料制握把后部

## MAC11 型分解图

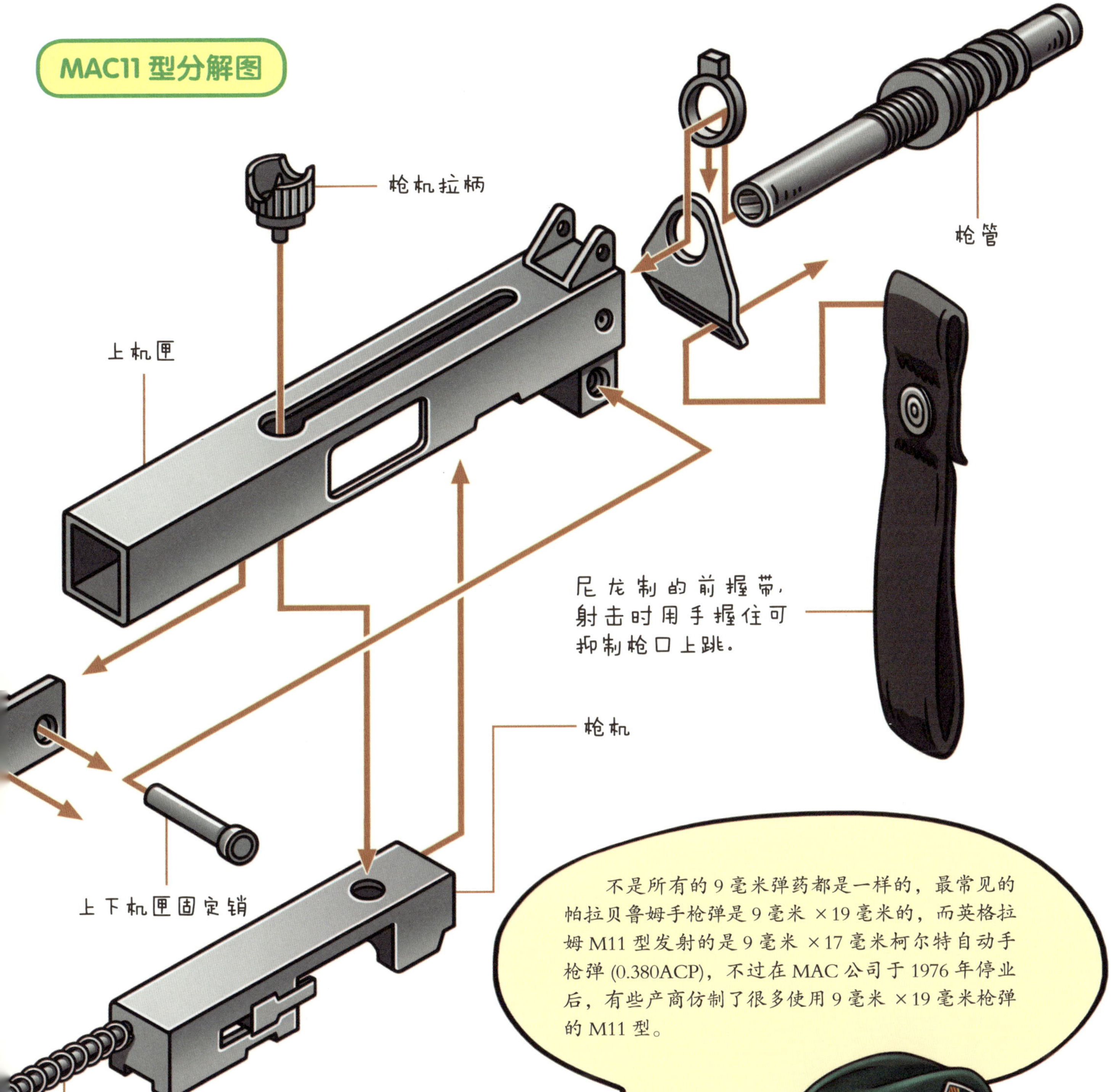

帕拉贝鲁姆手枪弹（左）的弹壳长度是 19 毫米，而 9 毫米柯尔特自动手枪弹（右）弹壳长为 17 毫米，而且后者的弹头比前者的更为短粗一些。

# 敌友兼用
## ——越军冲锋枪

越战中美国及其他国家装备的杂牌冲锋枪五花八门，而作为另一方的北越人民军和越共游击队手中使用的也是各种来自缴获敌方与盟友援助的冲锋枪：印度支那战争中侵越失败的法军被北越人民军缴获了一批军火；越战中美国军队及南越伪军也白“送”了很多战利品给越共游击队；来自社会主义阵营苏联的支援、中国的“援越抗美”运动，则极大地增强了越军的武器装备数量和技术水平，现在就让我们来认识一下越战中北越人民军及越共游击队的各种冲锋枪。

身着黑色农民装的越共“解放阵线”女游击队员，头戴京族的传统斗笠，脚上穿着俗称为“胡志明拖鞋”的黑色胶凉鞋，这身装束可以很容易地融入越南的乡村田间，使美军不易察觉。她的装备是一支法国制造的 MAT49 型冲锋枪、中国制造的手榴弹和携行袋以及缴获自美国或南越伪军的帆布腰带与汤普森冲锋枪弹匣包。MAT49 型冲锋枪短小精悍，很适合身材瘦小的越南女性使用。她们通常的任务并非第一线的战斗，而是进行敌后侦察、传递情报或是进行偷袭。

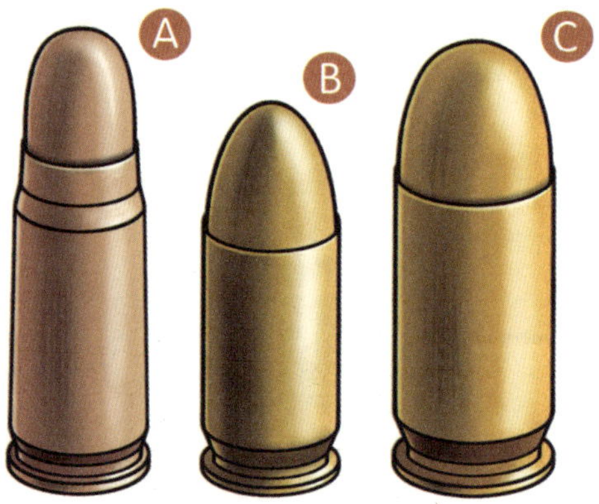


越战中的北越人民军和越共游击队装备的冲锋枪主要发射的是苏联和中国制造的口径为 7.62 毫米 ×25 毫米的托卡列夫 /51 式手枪弹（A），还有缴获自法国与美国的 9 毫米 ×19 毫米帕拉贝鲁姆手枪弹（B），右边是与 11.43 毫米 ×23 毫米柯尔特自动手枪弹（C）的外形对比。从威力上来说，近距离对目标停止作用最大的是外形粗大的 11.43 毫米的柯尔特自动手枪弹（0.45ACP），而细长的托卡列夫 /51 式手枪弹的优点是对物体具有很强的穿透力，帕拉贝鲁姆手枪弹的威力则比较适中。

## MAT49 型

二战结束后，曾经沦陷的法国百废待兴，蒂尔兵工厂开始研制一种新的制式冲锋枪以装备法军。新枪于 1949 年定型，命名为 MAT49 型，口径 9 毫米，有两大特征：便于携行的折叠式前握把兼弹匣插槽；封闭式的枪机在射击时能包住枪膛以防止炸膛。MAT49 总体结构简单、外形小巧、便于生产。恰逢 20 世纪 50 年代的印度支那战争，法国急于靠武力镇压海外殖民地的独立，这支“小枪”就来到越南。不料法军在越南大败而归，白送了很多军火给越共游击队，于是 MAT49 成了他们的宝贝，用它来教训随后而至的美国人。

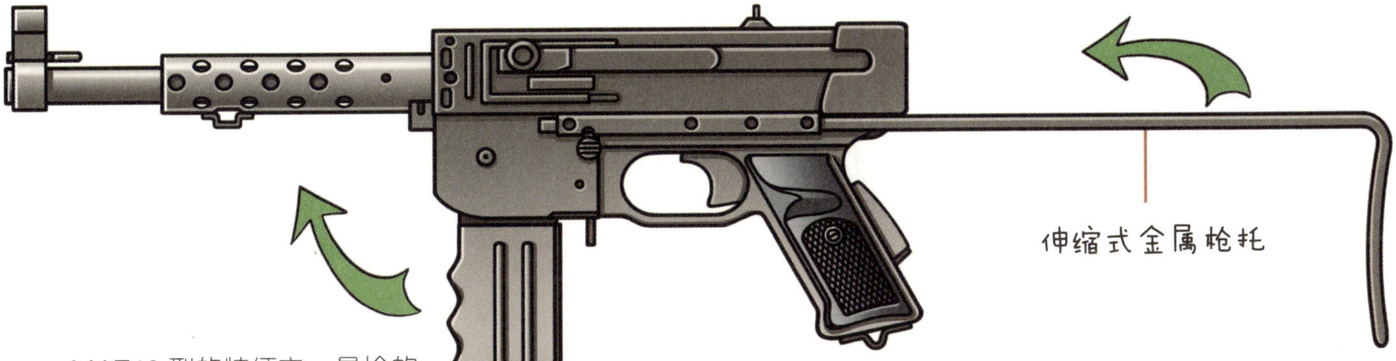


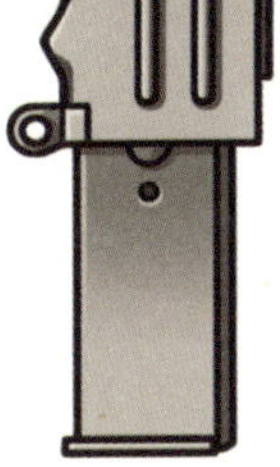

MAT49 型的特征之一是枪的前握把（弹匣插槽）在非射击状态时可以向前折叠，以便于携带和运输。

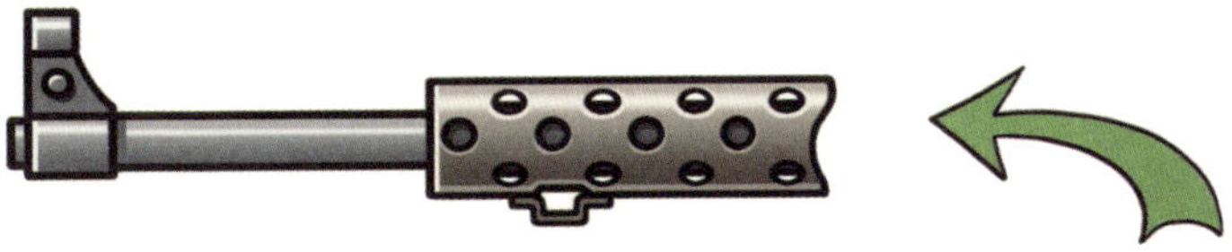

当越南人把缴获的 9 毫米帕拉贝鲁姆手枪弹库存用完后，就把 MAT49 型换装上了自制的 7.62 毫米口径 K50 型冲锋枪枪管，以便发射供应充足的托卡列夫 /51 式手枪弹。

## MAT49 型分解图

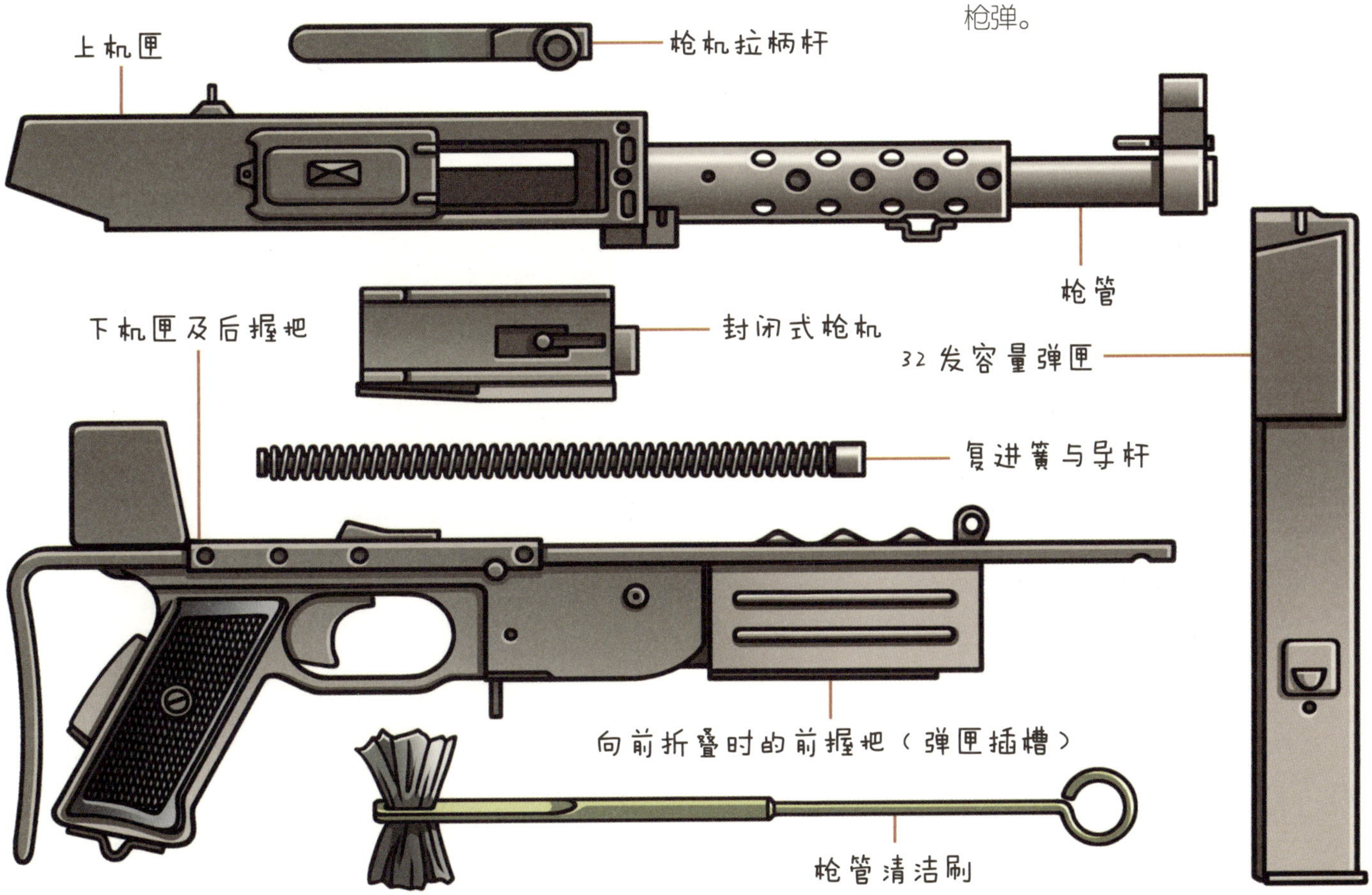

## PPSh41 型

PPSh41 型冲锋枪是二战中苏联为取代 PPD 系列冲锋枪于 1941 年研制的，以其设计者的名字命名为“斯帕金冲锋枪”（PPSh），俗称“波波莎”。该枪发射 7.62 毫米的托卡列夫手枪弹，整体结构简单，配备弹鼓时火力持续性强，理论射速高达 900 发，是二战中近战火力最猛的冲锋枪。中国后来根据它仿制出了第一种国产冲锋枪——50 式。在 20 世纪 50 年代的印度支那战争中，苏联和中国都支援了大量的“波波莎”和 50 式给北越人民军使用。随后的越战中，这些“老枪”继续参战，成为打击法国和美国帝国主义的功臣。

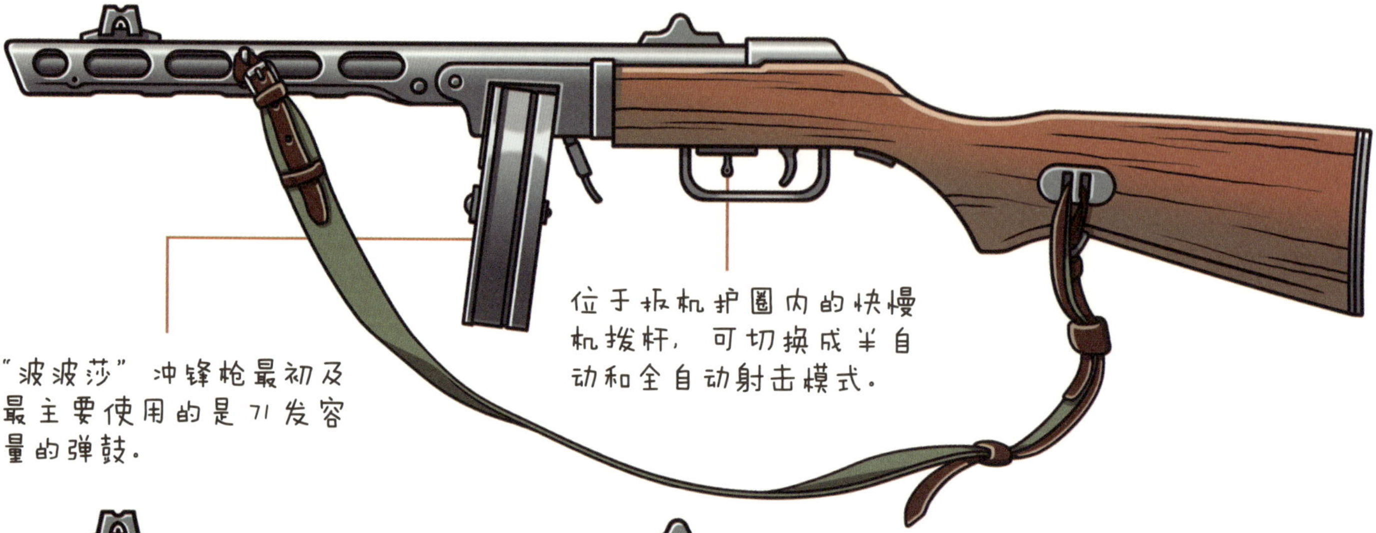


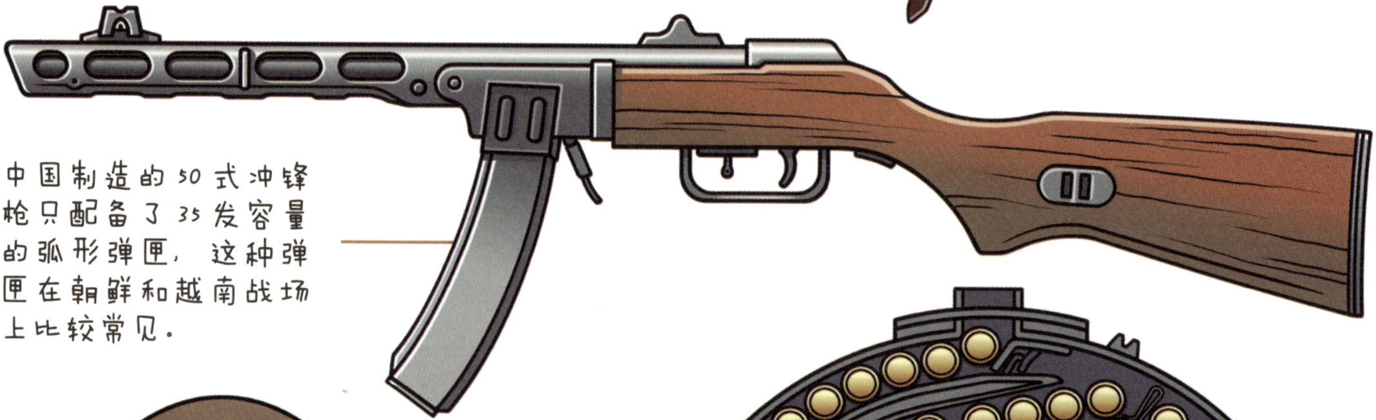

**“波波莎”冲锋枪的设计者，苏联功勋武器设计师乔基·西姆扬诺维奇·斯帕金（1897—1952）**

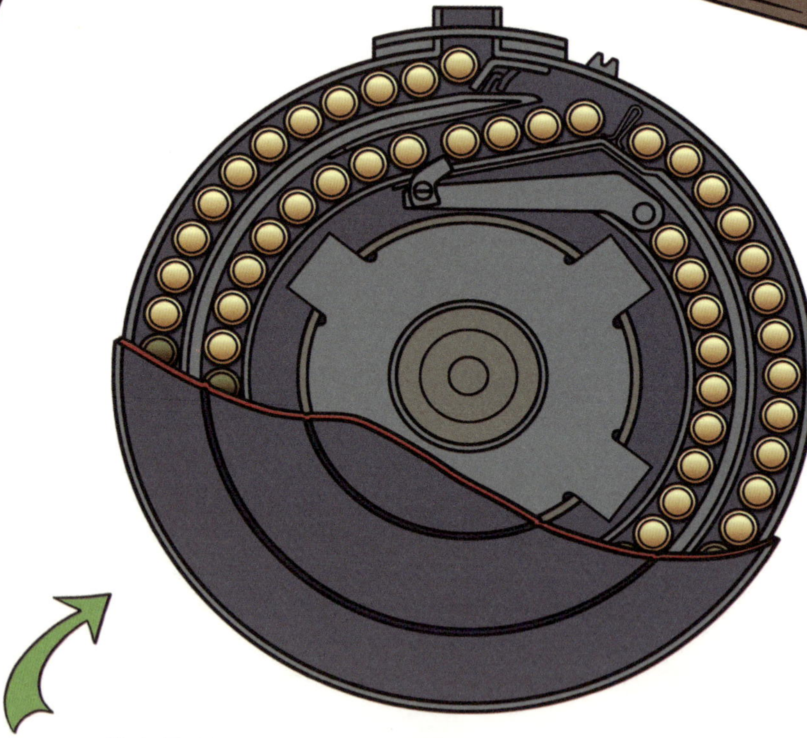

71 发容量弹鼓的内部剖视示意图。它是“波波莎”旺盛火力的源泉，但该弹鼓在越战中一般很少见。

## PPS43“波波斯”型

1942年德军围困苏联列宁格勒时，城内物资紧缺，为了和敌人持续战斗，一名叫苏达列夫的工程师利用兵工厂里现有的材料和设备设计出一款全金属结构的简易冲锋枪，并以他的名字命名为“苏达列夫冲锋枪”，俗称“波波斯”（PPS）。后来因为该枪性能可靠、结构简单，易于大量制造，遂在1943年成为苏军的制式装备之一，和“波波莎”一起并肩战斗在反法西斯的第一线。

“波波斯”冲锋枪在二战后也没休息，又参加了朝鲜、越南两场战争。中国在1954年仿制了该枪，定型为54式冲锋枪。越战中，苏联和中国都向北越提供了已退居二线的“波波斯”和54式冲锋枪。

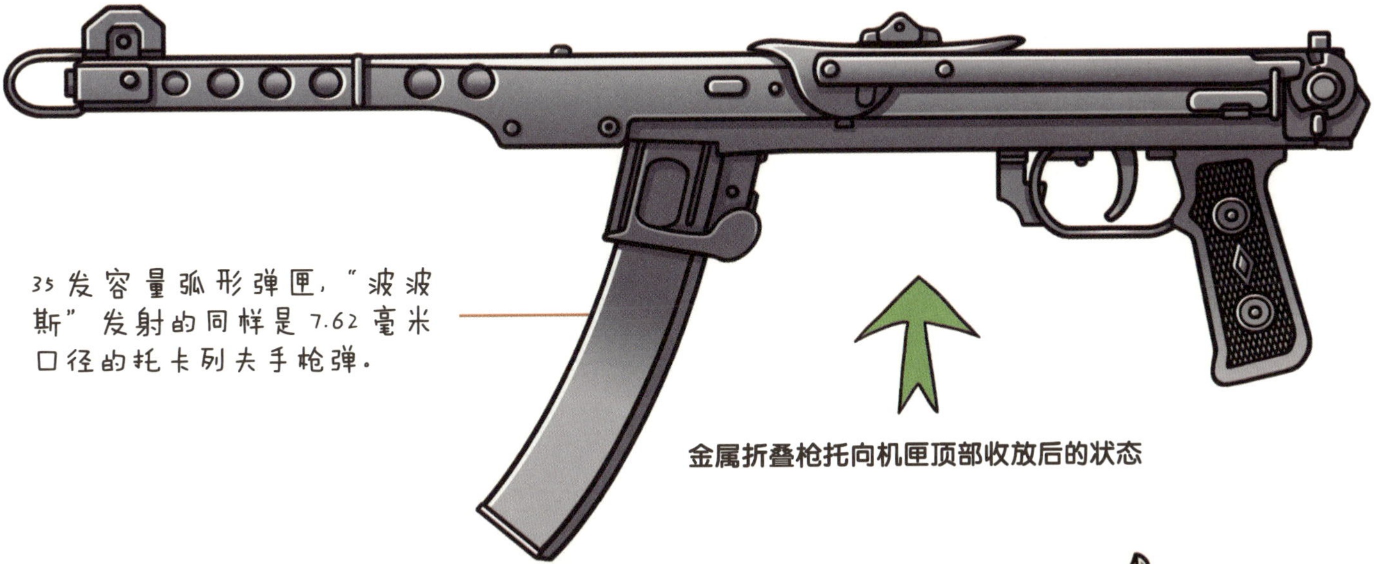


## M3型

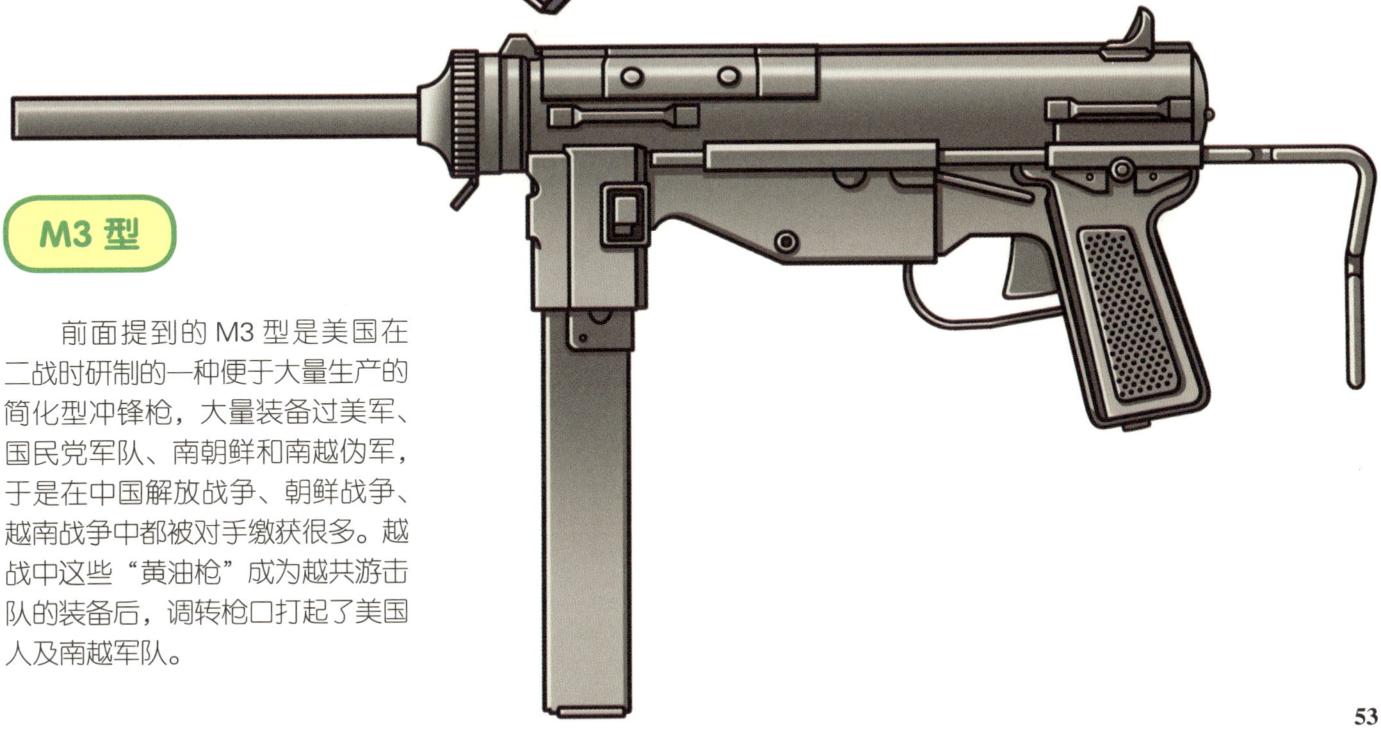

前面提到的M3型是美国在二战时研制的一种便于大量生产的简化型冲锋枪，大量装备过美军、国民党军队、南朝鲜和南越伪军，于是在中国解放战争、朝鲜战争、越南战争中都被对手缴获很多。越战中这些“黄油枪”成为越共游击队的装备后，调转枪口打起了美国人及南越军队。

## 56 式

20 世纪 50 年代，中国对当时世界先进水平的苏联 AK47 型突击步枪进行了仿制，命名为“56 式冲锋枪”。之所以把这支自动步枪称为“冲锋枪”，是因为当时解放军步兵中以 56 式半自动步枪为主要中远程火力，56 式冲锋枪是作为近距离火力来补充搭配的产物，同时它又是之前 50、54 式冲锋枪的换代枪型。根据资料显示，从越战前夕到 1973 年，中国共提供了 20 万支 56 式冲锋枪及大量组装部件给北越，有力地支援了越南的抗美斗争、国家统一和军队建设。

中国特有的 56 式冲锋枪折叠式三棱枪刺

中国专为 56 式冲锋枪配套设计的帆布制胸挂弹匣袋，中间为三联式弹匣袋，两侧各有 2 个手榴弹袋。此弹匣袋穿戴使用极为方便，具有现代战术背心的雏形，越战中除北越军和越共游击队大量装备外，美军也对缴获的 56 式弹匣袋爱不释手。阿富汗战争中，苏军和阿富汗游击队也各自有一些 56 式弹匣袋给 AK47/74 使用。

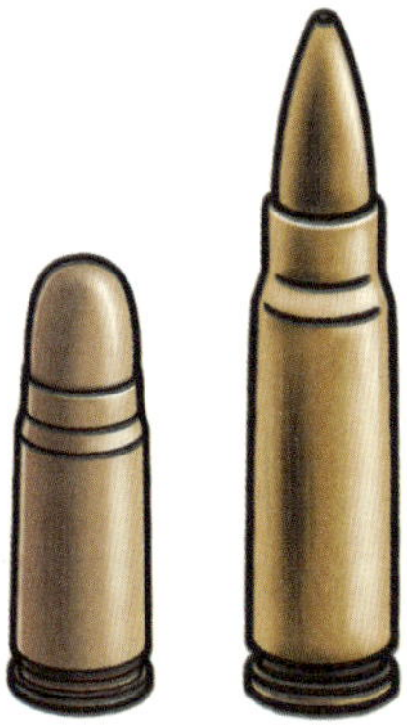

20 世纪后半叶，中国制造得最多的两种枪弹为：左边是仿制苏联托卡列夫手枪弹的 51 式 7.62 毫米 ×25 毫米手枪弹；右边是仿制苏联 M43 型步枪弹的 56 式 7.62 毫米 ×39 毫米普通弹，56 式半自动步枪和 56 式冲锋枪发射的就是 56 式普通弹。

当北越人民军发起令美军闻风丧胆的步兵冲锋时，一旦突破到防线阵地内，56 式冲锋枪的强大火力与三棱枪刺的组合绝对是近战的利器！

## K50 型

K50 型冲锋枪是北越以中国 50 式冲锋枪的枪身基础部件仿制改装而成的，口径仍是 7.62 毫米，在 1958—1965 年间批量制造，装备给北越军步兵和游击队作为单兵自卫、作战武器使用。仿制改装步骤是把 50 式的枪管隔热罩截掉 76 毫米，并在露出的枪口上加装一个类似 AK47 型突击步枪的自制准星，去掉后面的木制下机匣外壳及枪托，换成金属下机匣外壳，下面还装了一个 AK47 的木制握把，然后配上一个 MAT49 型的伸缩式金属枪托，可谓是利用敌友的各种物资东拼西凑出来的“新枪”。

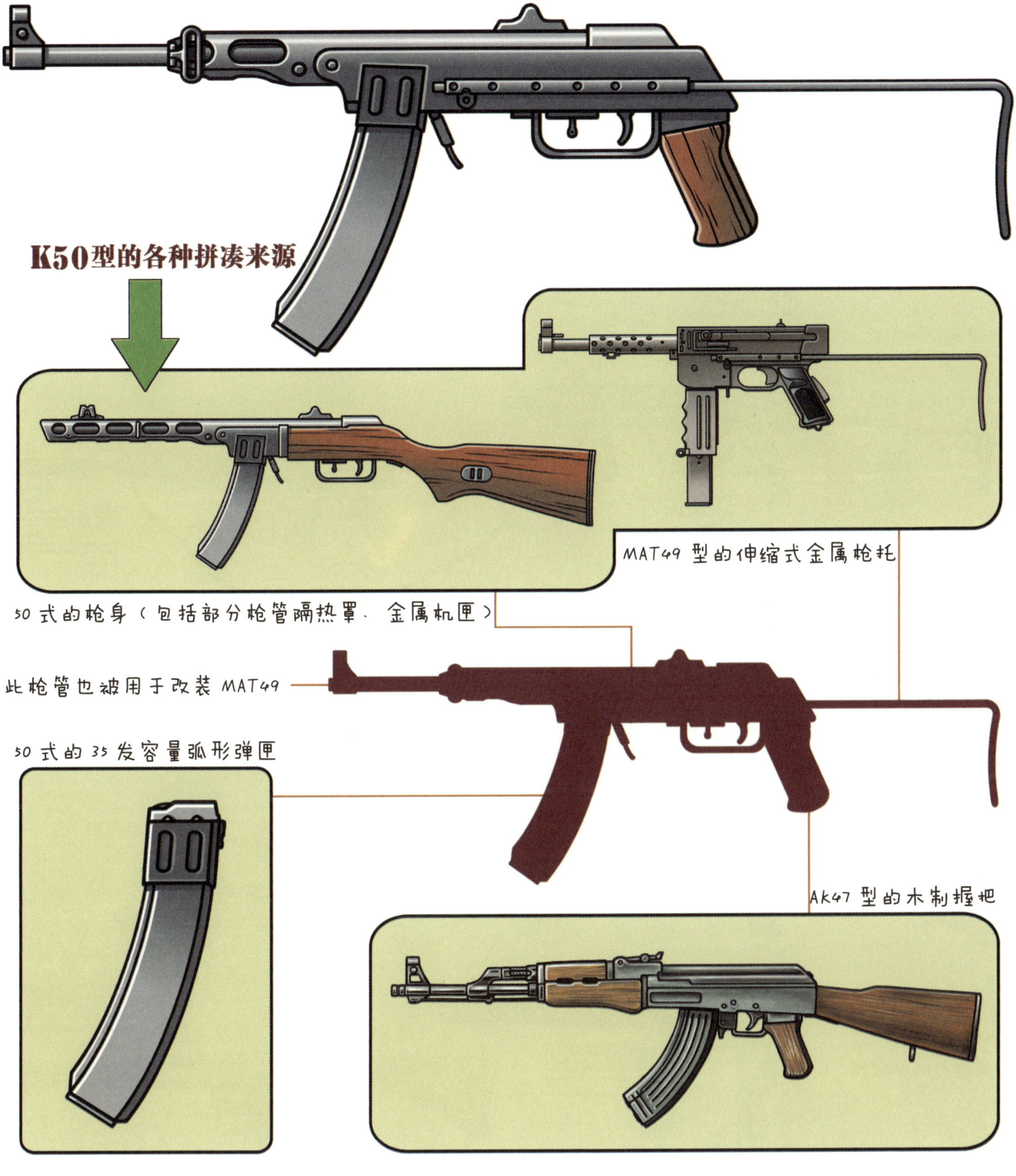

古斯塔夫 M45B
史密斯 · 威森 M76
M3A1
汤普森 M1A1
MP40
麦德森 M50
伯莱塔 M12
柯尔特 XM177
UZI
斯特林 L34A1
欧文 Mk2
英格拉姆 MAC11
英格拉姆 MAC10
F1

面对美国及其他国家丰富多样的冲锋枪型号，越共一方依靠简单可靠的枪型战胜了强大的对手，这其中与苏联、中国所提供的大量援助密不可分，还有那些缴获自对手的武器装备也发挥了一定的作用。

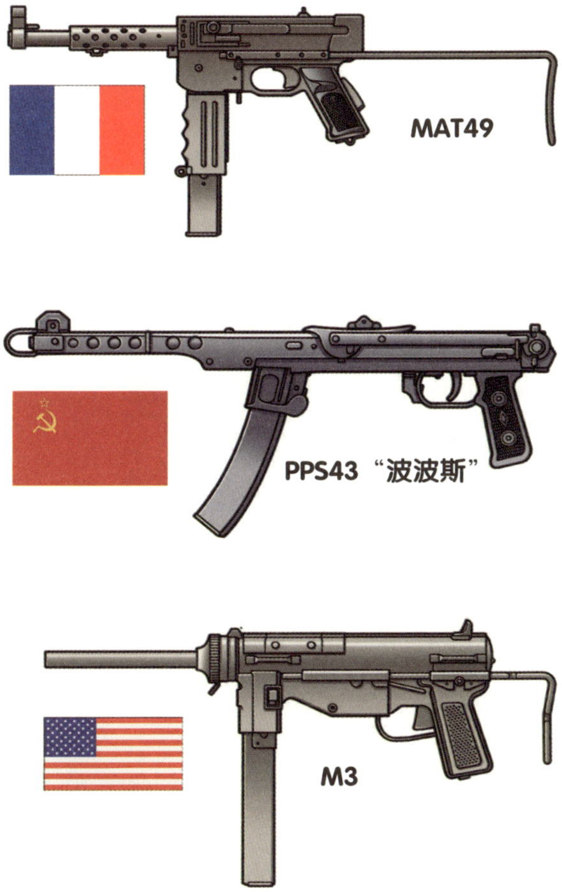

# 丛林大乱斗
# 越战冲锋枪博览图

越战中的冲锋枪真的是五花八门，我们把当时交战双方所使用的各型“万国牌”冲锋枪简略汇总，希望能给大家一个更加简单直观的认识！

# 抄袭与经典
## ——M63 轻机枪和 M60 通用机枪

机枪是步兵手中压制敌人的主要火器，诞生之初就对现代战争产生了重大影响。现在让我们来认识一下在越南战争中，美军所使用的两款著名机枪。

**身着 M51 型野战风衣、手持斯通纳 63 型步枪的尤金·斯通纳**

尤金·斯通纳设计出 AR15（也就是大名鼎鼎的 M16 的前身）后，阿玛莱特公司对它的前景却不看好。1959 年把专利卖给了柯尔特公司，斯通纳本人也在 1960 年离开阿玛莱特，转而加入卡迪拉克仪表公司。当柯尔特成功地把 AR15 卖给军方并装备驻越美军部队时，斯通纳在卡迪拉克仪表公司供职，于 1962 年设计了一款全新的枪械——M69W。其最大特点是采用一个通用机匣，更换不同部件，就能在步枪和轻机枪之间转换。斯通纳对其稍作改进后，命名为“斯通纳 62”。它们均为 7.62 毫米口径。随后受 M16 成功的影响，公司决定让这种新枪也能发射 5.56 毫米 ×45 毫米的 M193 步枪弹，于是斯通纳在 1963 年改进出小口径型号，命名为“斯通纳 63”。

但与 M16 不同，斯通纳 63 系列的产量很小，1971 年停产前仅生产了 2400 支 63 型、850 支 63A 型和 100 支 Mk23 Mod 0 型。它们只装备给了美国海军和陆战队，因此也蒙上了一层神秘色彩。

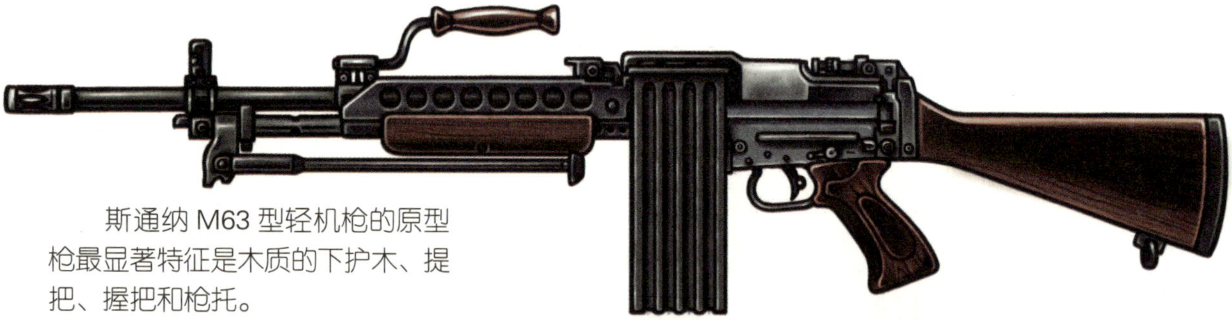

斯通纳 M63 型轻机枪的原型枪最显著特征是木质的下护木、提把、握把和枪托。

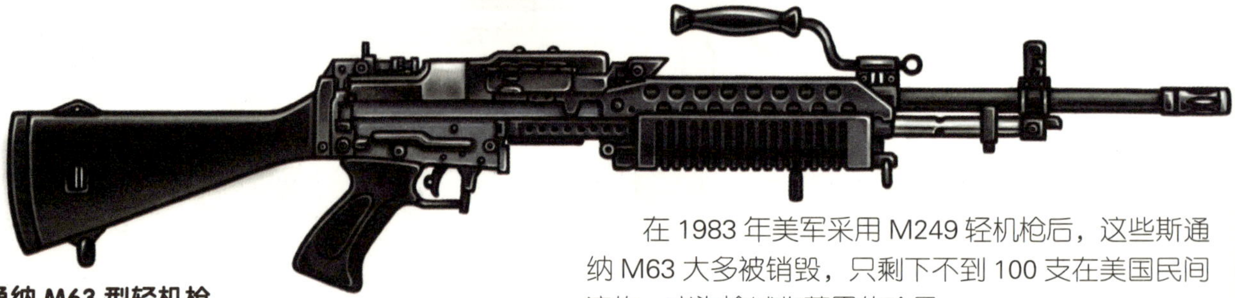

**5.56 毫米口径的斯通纳 M63 型轻机枪**

在 1983 年美军采用 M249 轻机枪后，这些斯通纳 M63 大多被销毁，只剩下不到 100 支在美国民间流传，成为枪械收藏界的珍品。

**斯通纳 M63A 型轻机枪的局部细节**

轻机枪型的表尺和步枪型有所不同，是可折叠收放的立框式，刻度从 200 米到 1000 米，每 100 米一个分划。

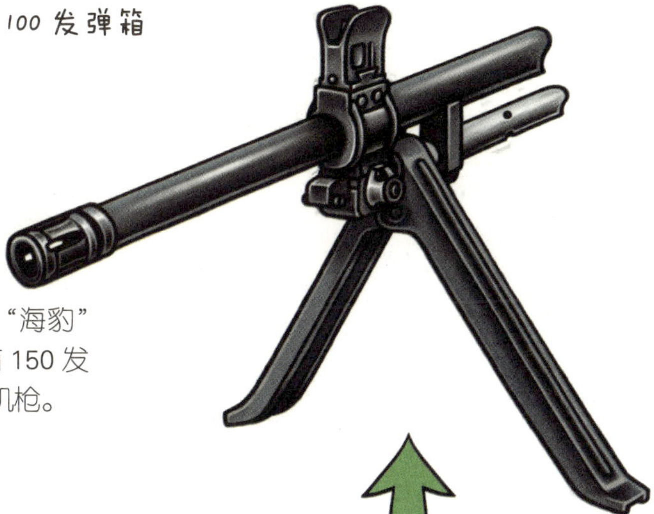

执行远程渗透任务的“海豹”特种部队机枪手手持装有 150 发弹鼓的 Mk23 Mod 0 型轻机枪。

Mk23 Mod 0 可配挂 100 发弹箱、150 发弹鼓，弹鼓只能挂装在左侧供弹的型号上，弹箱则左右皆可。

斯通纳 M63/63A 型轻机枪采用重型枪管，枪口防火帽和双脚架都能和 M16 系列步枪通用，毕竟是“同门兄弟”！

## “海豹机枪”

该枪专为执行渗透任务的“海豹”特种部队设计，主要为侦察小队提供火力压制以便随时脱离战区。最初它被海军陆战队定型为 XM207，经过改进后被海军定型为 Mk23 Mod 0。由于缩短了枪管，因此它外形轻巧，受到“海豹”们的欢迎。当然它也有缺陷：容易走火，小口径弹用在机枪上显得威力不足。

**快慢机和扳机部位的特写**

说完“名家之手、数量稀有”的 M63 轻机枪，下面说说“抄袭之作、多产不衰”的 M60 通用机枪。

二战中，德国人发明的通用机枪给美国人留下深刻印象，于是 1944 年美国春田兵工厂对缴获的 MG42 进行研究，设计出美国第一款通用机枪的原型 T44。后来又把改进过的 MG42 的弹链式供弹结构，结合改进自德国 FG42 伞兵步枪的导气系统，组成了一支新的通用机枪 T161。1959 年正式定型为 M60，此后生产了 25 万挺，装备到 30 多个国家和地区。

在越战中，M60 也暴露出不少问题，例如枪管发热过快，更换枪管的过程相当麻烦。还有在持续战斗中剧烈射击后，M60 往往会失控，结果射手只能把“发疯”的枪指向没人的地方，倾泻光弹药。因此 M60 也“赢得”了“杂种”的不雅外号。

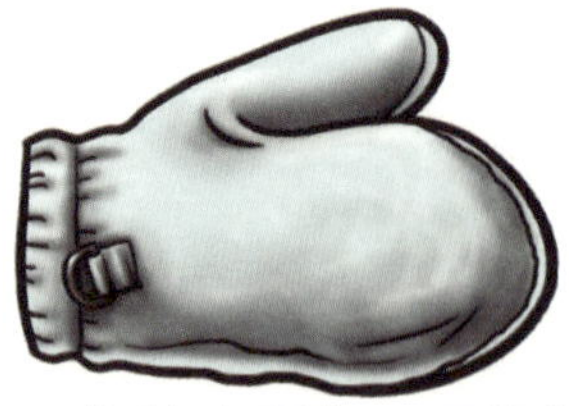

为防止烫伤，更换枪管时要戴上这种又厚又笨的石棉手套。

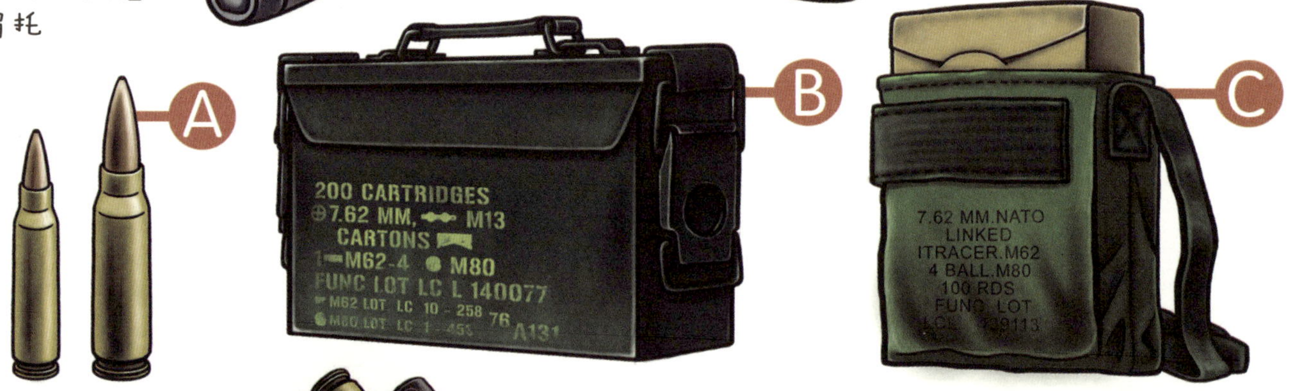


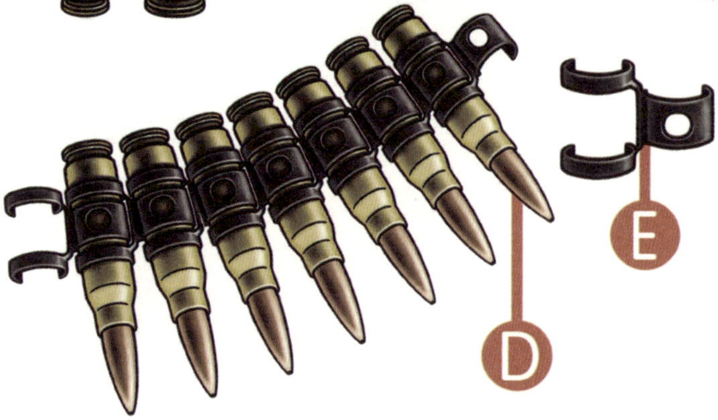


**M60 型机枪的弹药及携行具：**

A. M63 轻机枪使用的 5.56 毫米步枪弹（左）与 M60 通用机枪使用的 7.62 毫米步枪弹（右）。
B. 200 发弹箱，可装入两个满载的帆布弹袋。
C. 100 发帆布弹袋，有背带可以挎在身上，里面的弹药装在一个经防水处理的牛皮纸箱里。
D. 通过 M13 型弹链连接起来的机枪弹药。
E. M13 型金属弹链，两端同时扣住两发子弹，依次连成一串。

红色涂装的 M13A1 型枪口制退器，M16 步枪上也有类似附件，都是插进枪管里，在发射空包弹时保证该枪还能正常连发。

作为重机枪使用的 M60 加装了 M122 型三脚架。

“海豹”特种部队使用的短枪管型 M60 没有准星，将枪托抵在腰间扫射。

M60 广泛应用在各式车辆上作为车载机枪。上图就是越战时，美军 M113ACAV 型装甲骑兵突击车顶上的 M60，左右各 1 挺，带防盾。

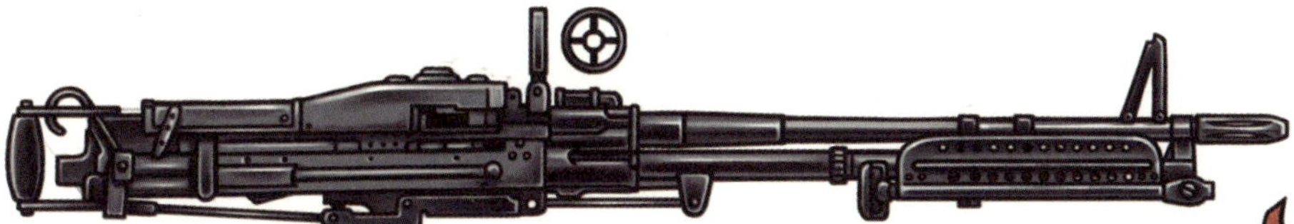

M60D 是一种航空机枪改进型，去掉了护木、枪托，改为 D 形握把，加装扳机联动装置；照门由框形表尺改为瞄准环，但保留了原枪的双脚架。

装在 UH1D 直升机侧面舱口处的 M23 武器系统，由 M60D 型机枪、旋转枪架、500 发弹箱和弹壳收集袋组成，俗称“门枪”。机枪用柔性输弹滑槽供弹，弹壳收集袋的作用是避免弹壳在机舱内乱飞或打到桨叶上。在战区降落、起飞撤离时，武器操作员用 M23 系统压制敌人、提供掩护。

# 上天下水多能
## ——M2HB 重机枪

前面我们介绍了越战中的轻机枪和通用机枪，现在我们再来认识一款美军著名的重机枪——勃朗宁重机枪。它也是美军中最长寿的机枪，用途广泛，经历过二战以来的很多战争和军事行动，是一棵不倒的“常青树”。

第一次世界大战后，美军根据战时经验，决定研发一款可以摧毁轻型装甲与飞行目标的重机枪。1917—1918 年，勃朗宁依据之前设计的 M1917 型 7.62 毫米水冷式重机枪，把口径放大为 12.7 毫米，设计了新机枪。经过一系列试射和改进后，1921 年定型为 M1921 型。为了扩大该枪的使用范围，即更多的通用性，美国陆军后来开始试验稍加改进的 M1921A1 型，关键的设计部分由陆军兵器部的塞缪尔 · 格林博士负责。他重新设计了机匣，使它既可以安装水冷套筒，又能安装风冷套筒和枪管。柯尔特公司也做了一些细节上的改进。该种试验型最初称为 T1 型机枪，后改进为 T2 型。T2 型机枪被美国陆军采用后，正式命名为 M2 型重机枪。

这位像西部影片里的绅士的老头不是别人，就是大名鼎鼎的约翰 · 摩西 · 勃朗宁（1855—1926）。他虽然是美国人，但大部分枪械作品出自比利时的赫斯塔尔国家兵工厂。因为早年身在美国不受重视，只好跑到欧洲去发展。后来他也有两款著名作品成为美军的制式武器，一款是 M1911 型手枪，另一款就是 M2HB 型重机枪，而且这两种枪械至今经久不衰。

M2 重机枪的水冷式前身 M1921 型，12.7 毫米口径的它和同时代其他水冷式机枪比起来，要显得更大也更重，操作起来相当麻烦。

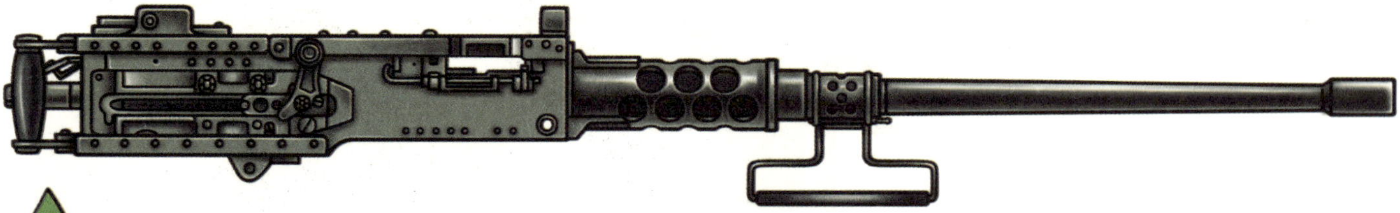

早期的 M2 型重机枪都是轻型枪管，容易发热，在战斗中无法更换。1933 年改装重型枪管，称为“M2 重枪管型”，英文简称为 M2HB，射速为 450~550 发 / 分钟，有效射程约 1.5 千米，成为地面版的标准型号。从二战到现在，美军所装备的 M2 基本是这款。

M2 系列重机枪在越战中主要有 3 种型号被使用：航空型 AN/M2 和 XM213/M213，用于突击直升机和武装直升机上；还有最为常见的地面型 M2HB，装备给步兵和各种车辆。

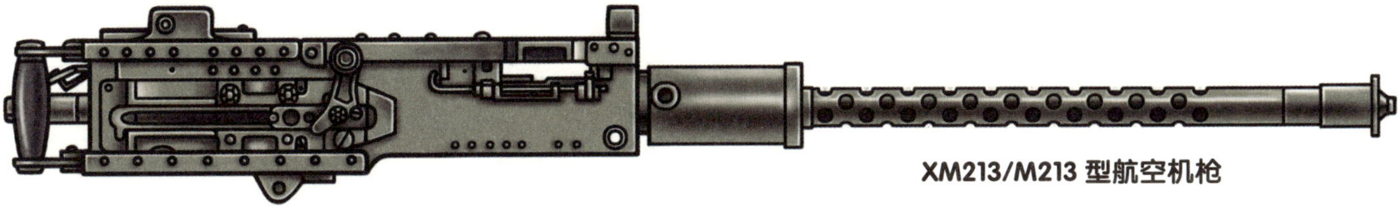

**XM213/M213 型航空机枪**

越战中使用的 XM213/M213 来自二战中大量使用的 AN/M2 型，有些是新生产的，也有用库存的 AN/M2 改造而成的。XM213/M213 的枪口形状不同于 AN/M2 型，像个圆盘似的。美军现役的一些直升机上仍在使用 M213 的轻量化改进型 GAU15/A。

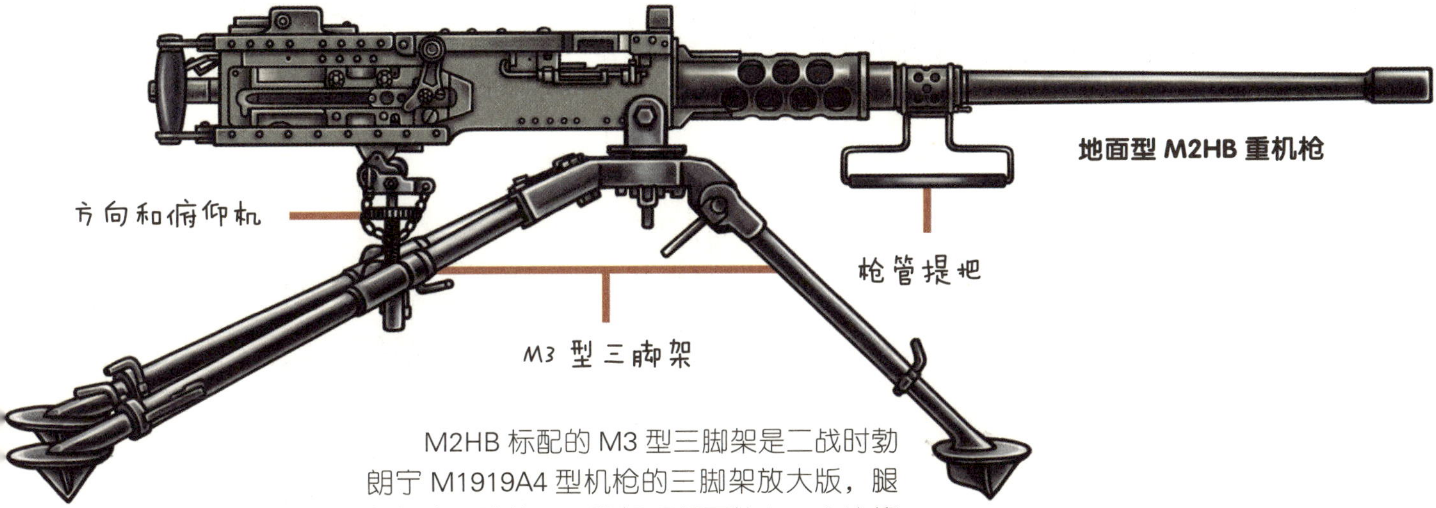


**地面型 M2HB 重机枪**

M2HB 标配的 M3 型三脚架是二战时勃朗宁 M1919A4 型机枪的三脚架放大版，腿架长度可伸缩。三脚架后部可装上一个俯仰机，与机匣后部下的小孔固定在一起，使机枪完全固定在三脚架上，然后通过调节俯仰机的拨盘来进行方向、水平细节的瞄准与锁定，有利于提高对远程目标的命中率。

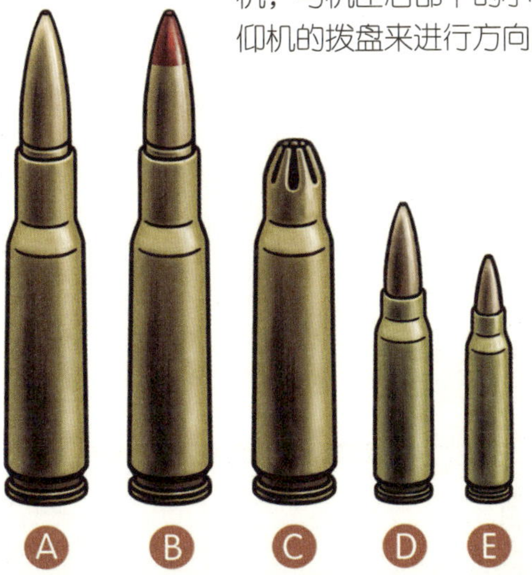


**M2 重机枪的 12.7 毫米 ×99 毫米口径 BMG 机枪弹与其他北约制式步枪弹的外形比较：**

A. 12.7 毫米标准机枪弹
B. 12.7 毫米曳光弹（红色弹尖）
C. 12.7 毫米空包弹
D. 7.62 毫米步枪弹
E. 5.56 毫米步枪弹

M2HB 型重机枪在越战时装备的是这种 100 发金属弹箱，翻盖是向单侧打开的。

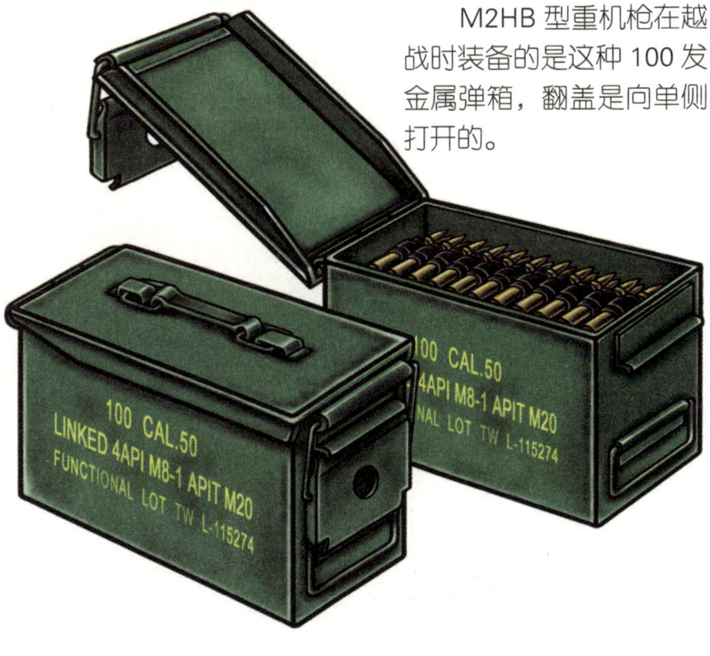

越战中 M2HB 型重机枪使用得最多的方式就是被当作车辆与航空器的武器，下面让我们来看看几个典型情况。

在 M113 型 AVCV 装甲骑兵突击车上，安装在车长舱门前的 M2HB 型重机枪，可对地面部队进行近距离火力支援。车长门周围加装了装甲护圈，机枪本身也带有防盾，大大提高了乘员的生存能力。

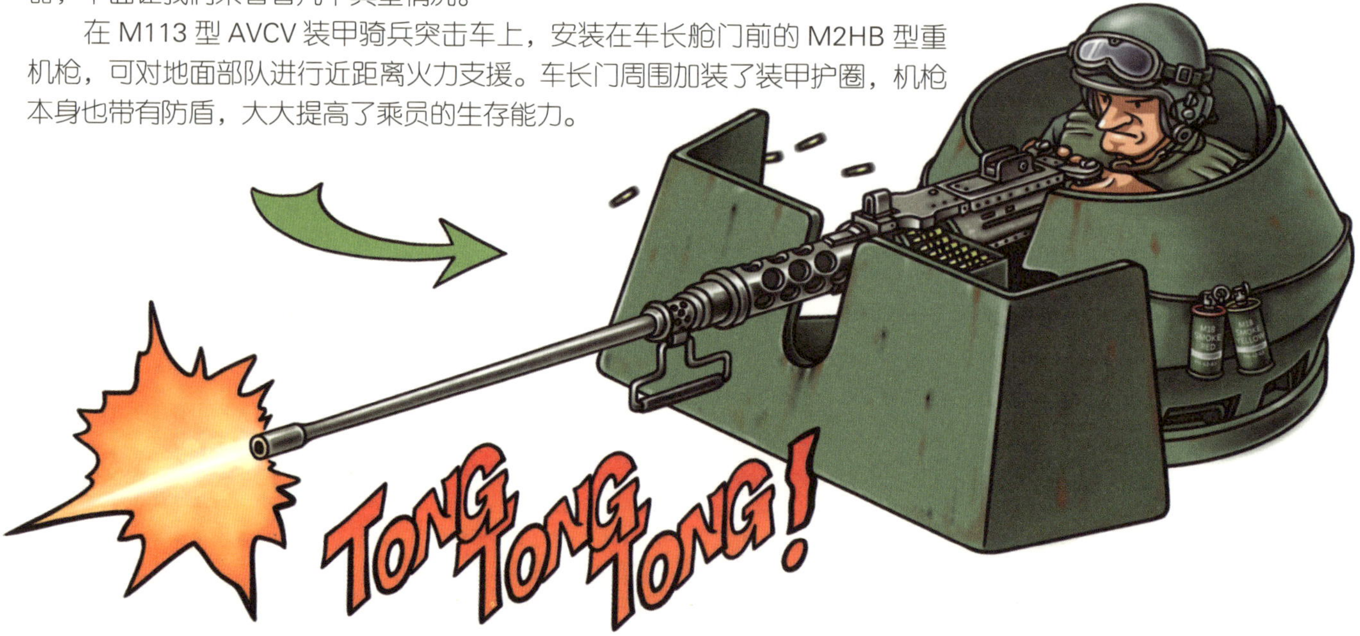


安装在 M551 “谢里登” 轻型坦克车长舱门前的 M2HB 型重机枪，在 M48 型坦克上也有。图中这辆 M551 没有在车长门周围加装一些装甲板，使车长容易暴露在敌方火力之下。炮塔周围挂满了重机枪弹箱。别以为里面是子弹，而是装满砂石，充当 “附加装甲”。

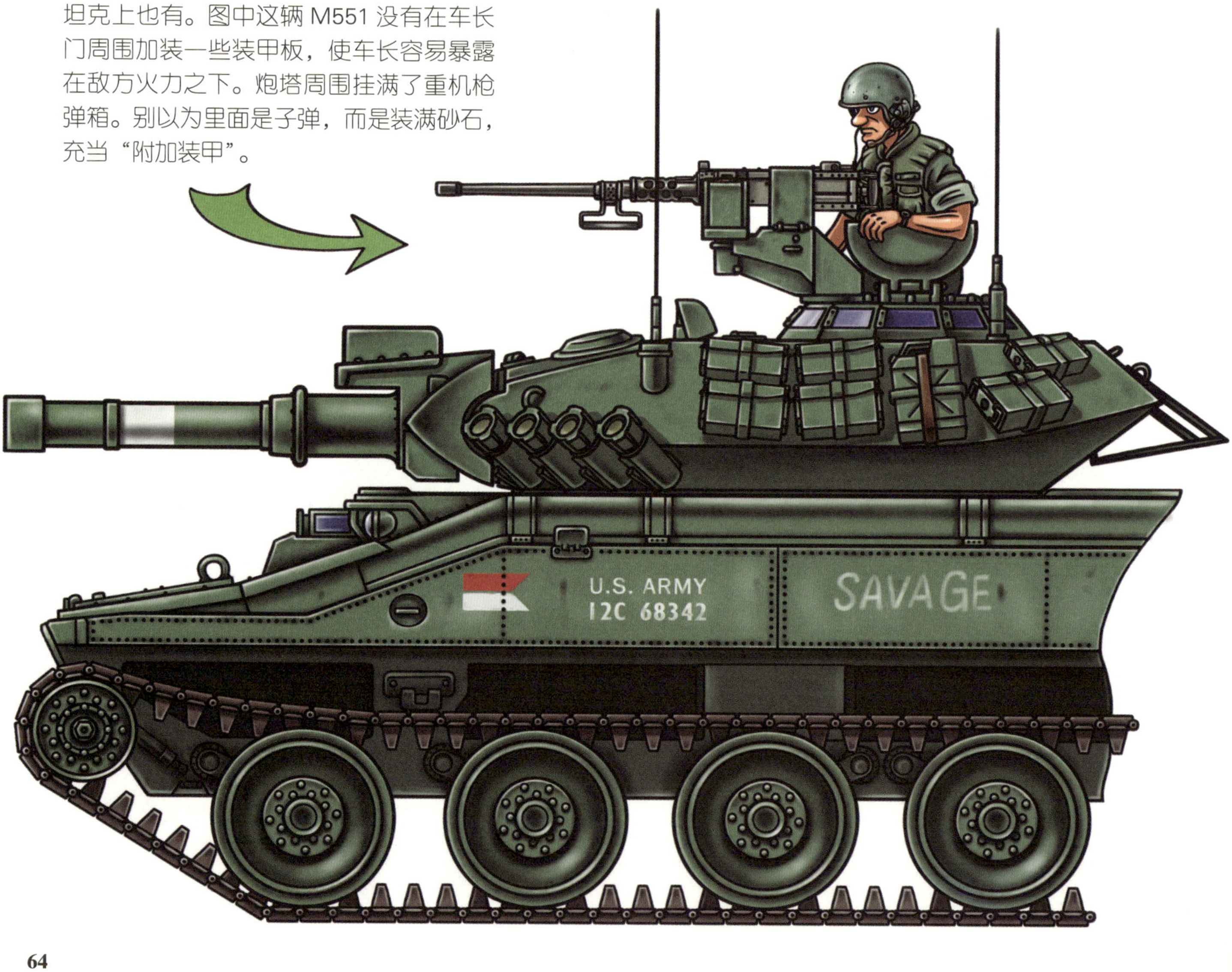

UH1 型直升机上的“门枪”，即 M59 武器系统，是将一挺 XM213/213 型航空机枪装在旋转枪架上，作为直升机对地压制火力，类似于 M60D 通用机枪上的 M23 武器系统。

ACH47“支奴干”重型武装直升机上共配备 5 挺 AN/M2 型航空机枪：机舱左右各 2 挺，机尾跳板 1 挺。

机枪上装有抛壳偏转器，弹壳、弹链都会掉落在下方的收集袋里。如果机枪手晕机，这个袋子就当作“呕吐袋”吧！

## M2HB 型重型远程狙击机枪

在 RAI500、麦克米兰 M88 以及著名的巴雷特 M82A1 大口径狙击枪出现以前，M2HB 是美军中最早使用的 12.7 毫米远程狙击枪。这种用法可追溯到朝鲜战争时期，并在越战中创造了当时最高的远程狙杀纪录。

但用重机枪来远程狙击并非易事。机枪本身得要装上高倍的瞄准镜，并通过和三脚架固定，调整到最为精确的位置，再用训练弹试射以便再次校正。再下来考验的就是射手在实战中的发挥了。

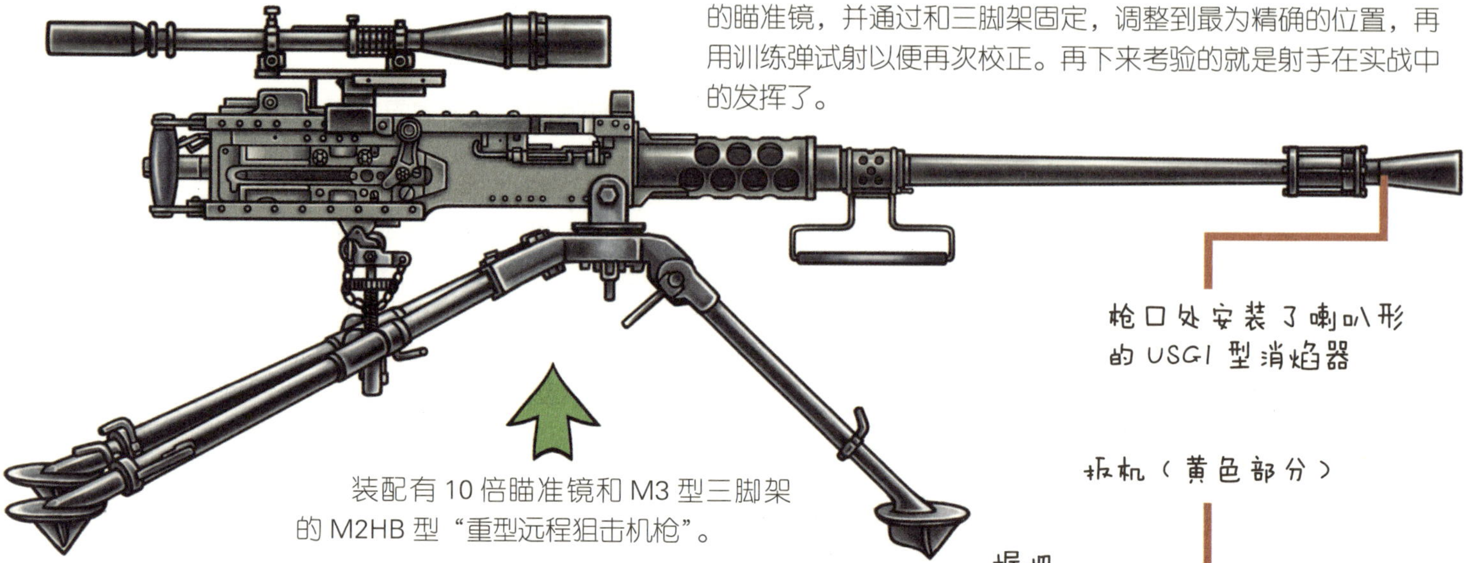


装配有 10 倍瞄准镜和 M3 型三脚架的 M2HB 型“重型远程狙击机枪”。

M2HB 型重机枪尾部的枪机卡榫开关（红色部分），左为关闭状态，右为释放状态。

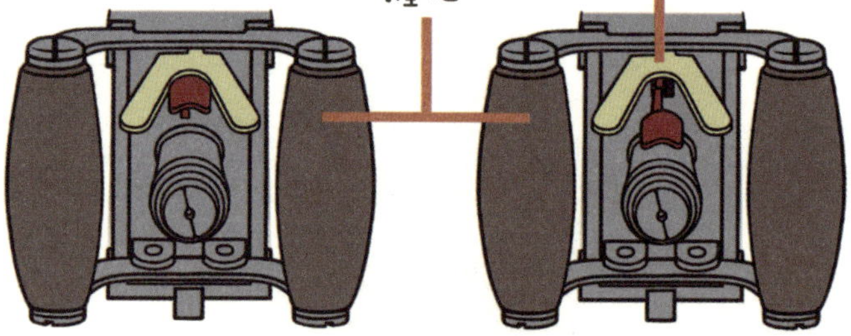


地面型 M2HB 有一个枪机卡榫，通过扳机中间的一个开关（相当于快慢机）来操作，因此具有半自动功能。当需要提高射击精度时，把开关向下压，释放出枪机卡榫，这样枪机拉到最后（或射击后坐到最后）位置时，就会被卡住，然后得手动上膛，变成了单发射击。

这种设计对机枪来说意义不大，但在朝鲜战争和越战期间，个别狙击手把 M2HB 用作应急的远程狙击枪时，就利用了该功能来提高精度。用 M2HB 单发射击，在 1000 米内有较好的命中率。

美国陆战队的狙击手卡洛斯·海斯科克二世和他的观测手在基地内的防御阵地上进行远距离狙击。海斯科克二世的军方战时射杀纪录为 93 人。

## M2HB 型暴力四联装

M55 型武器系统的前身是二战时的 M45 型，后者是一种装在 M16 型半履带式装甲车上的四联装防空机枪，由单人坐在中间操作，前端还配有一块可拆卸的弧形防盾。M55 基本保留了 M45 的枪塔设计，而它的两轮牵引式外形改进自战后的四轮牵引式 M51 型，显得更为轻便，用吉普车或人力就能将其拖到指定阵位当作固定火力点。

M55 型武器系统在越战中并非用于防空，而是基地防御的利器，对当面来袭的大批步兵具有如同“粉碎机”般的杀伤效果。这恐怕也是 M2HB 重机枪“最暴力”的用法了。

除了阵地防御外，M55 型武器系统也被安装在 M35A1 型 6×6 武装卡车上，绰号“炮车”。

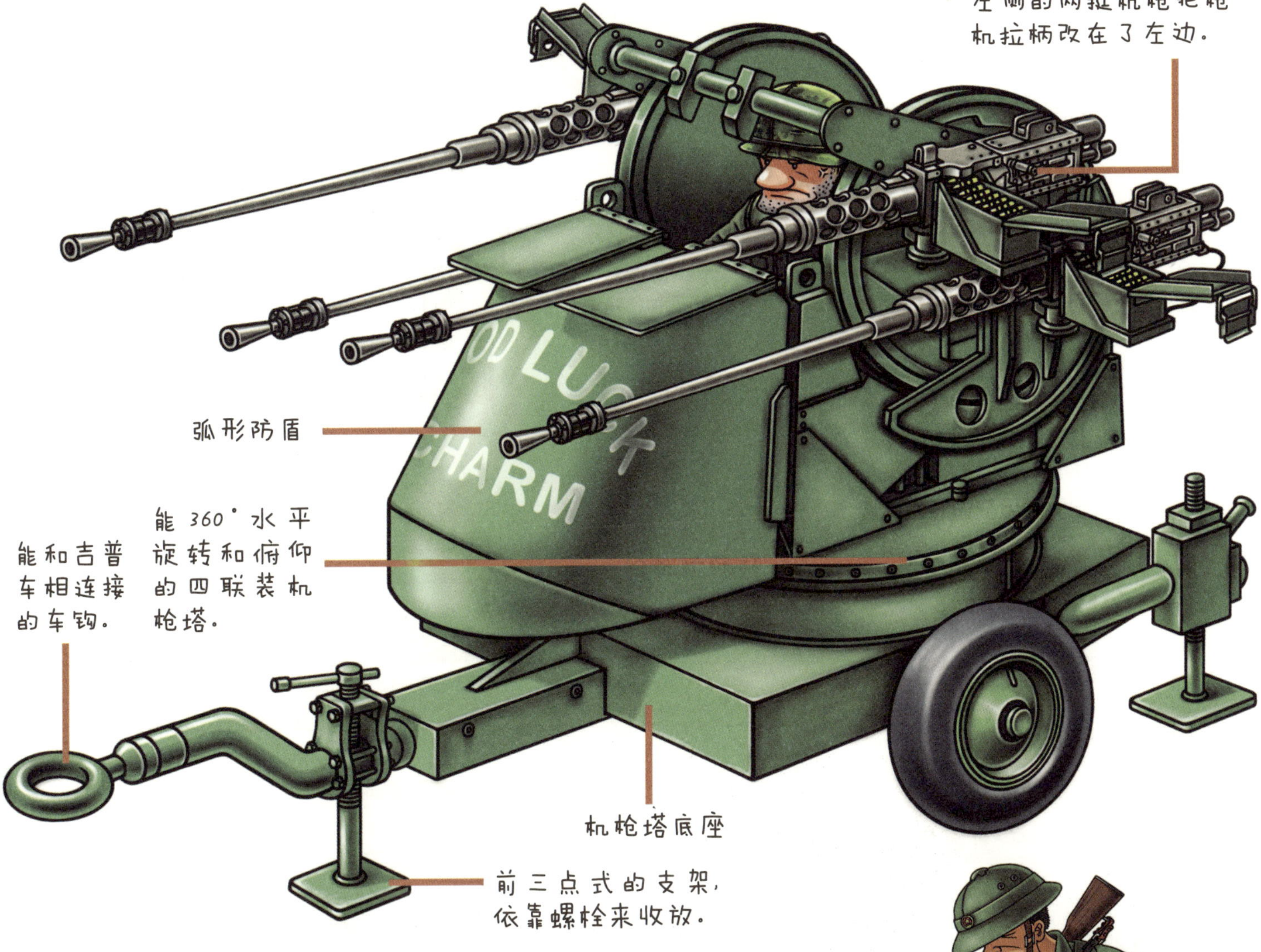


## 2286米！

这曾经是最远距离的狙击纪录，在 1967 年越战中由卡洛斯·海斯科克二世创造。他操作加装了 10 倍瞄准镜的 M2HB，发现并击中了一名越军。这个纪录直到 2002 年，才被一位加拿大狙击手在阿富汗打破，新纪录是 2430 米。

# 弹如雨下
## ——M134 加特林机枪

越南战争中，美军开始在战斗机、直升机等航空器上使用一种射速很高的机枪，用超级猛烈的弹雨压制对手。根据基本的结构原理，它们都被叫作加特林机枪。它是典型的“老树开新花”，因为加特林机枪其实在 100 多年前就发明出来了，后来被原理更新颖、结构更轻便的马克沁机枪所淘汰。马克沁机枪也被定义为真正的自动枪械，它利用火药燃气实现自动退壳、装弹、射击等一系列循环动作。而比它早发明 30 多年的加特林机枪是靠外部力量转动排列一圈的枪管，轮流完成装弹、射击动作。子弹从上面插的一个弹匣里压入枪管，枪管旋转则是靠人力完成，能达到 250 发 / 分钟的射速。美国南北战争时期，加特林枪和潜艇都是非常著名的新发明。19 世纪末，中国也引进过加特林机枪，称之为“格林快炮”。叫“炮”，是因为它有车轮和架子，发射时得几个人操作，跟当时的火炮一样。

理查德·乔丹·加特林（1818—1903）

加特林机枪，顾名思义是以其设计者的名字命名的。加特林是一名医生，但是喜欢搞些机械发明。1861 年美国南北战争爆发时，医院里的死伤官兵给了他极大震撼，因此他决心设计出一种能快速结束战争的武器。加特林机枪以其高射速凌驾于步枪阵列之上，一时间名声大噪，加特林本人也从救死扶伤的医生变成了新型杀人武器的发明者。

但凭人力来驱动让早期加特林机枪的效率不高，至少需要一人摇曲柄一人瞄准，而且容易卡壳，弹匣的容量也不算多。后来出现的马克沁机枪，一个人瞄准扣扳机就能射击，666 发的子弹带持续供弹。因此加特林机枪沦为“过时”的武器，直到 20 世纪中叶的越南战争，美国人重新把它请出江湖。

早期的加特林机枪

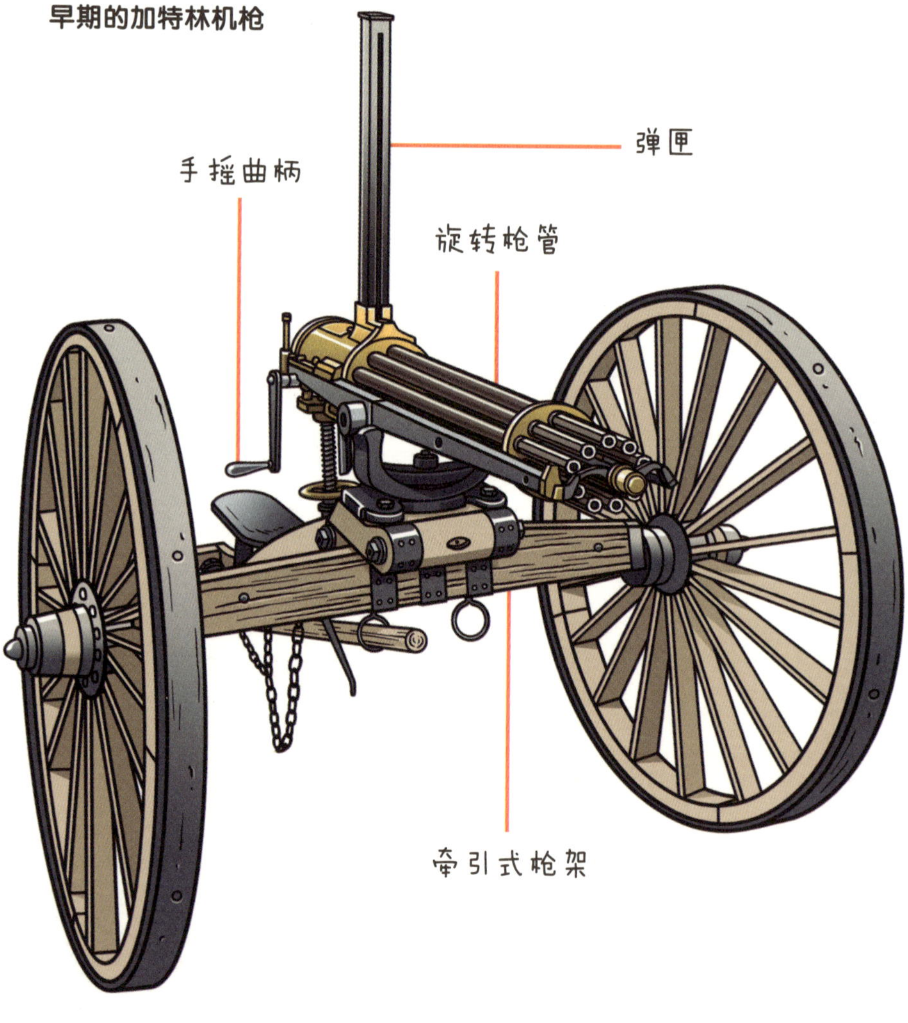

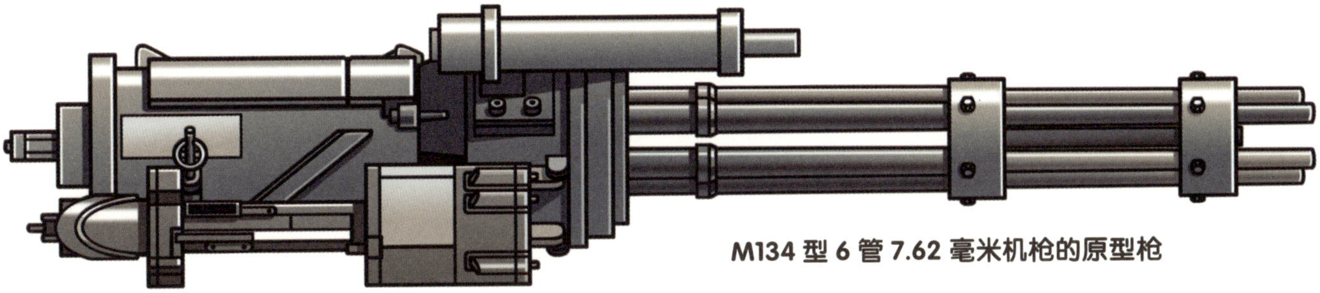

M134 型 6 管 7.62 毫米机枪的原型枪

美国人把加特林机枪重新搬出来，当然不会再手动去摇，而是用电动机带动枪管旋转。其实早期加特林机枪也尝试过电力驱动，射速很容易超过 1000 发 / 分钟。可当时的电动机体积太大，战场上也不需要那么高的射速，因此在第一次世界大战和第二次世界大战中，我们就看不到加特林武器的身影了。二战后，随着战斗机变成喷气式飞机，飞行速度更快，普通机枪和航炮的射速显得太慢，难以捕捉稍纵即逝的开火机会。于是在 20 世纪 50 年代，美国战斗机率先采用了 6 管 20 毫米的 M61 型“火神”航炮——一种电气化的现代加特林武器。随后通用电气公司根据美军要求，把它缩小成机枪版，这就是 M134 型机枪。美国大兵们给它起了个绰号，“minigun”，英文“小炮”的意思，音译过来就成了“迷你岗”。

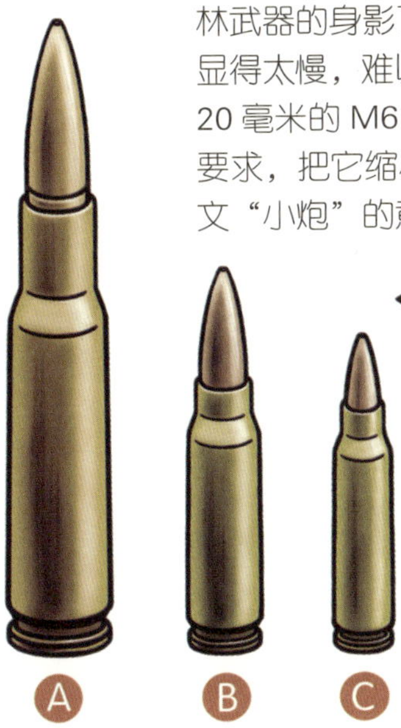


**M134 型机枪发射的 7.62 毫米 ×51 毫米步枪弹与美军在越战中使用的其他几种枪弹的外形比较：**

A. 12.7 毫米 ×99 毫米 BMG 机枪弹（勃朗宁 M2HB 型重机枪用）

B. 7.62 毫米 ×51 毫米北约标准步枪弹（M14 型半自动步枪、M60 型通用机枪、M134 型加特林机枪用）

C. 5.56 毫米 ×45 毫米 M193 步枪弹（M16 型自动步枪、斯通纳 M63 型轻机枪用）

**M134 型机枪的加特林原理平面展开示意图**

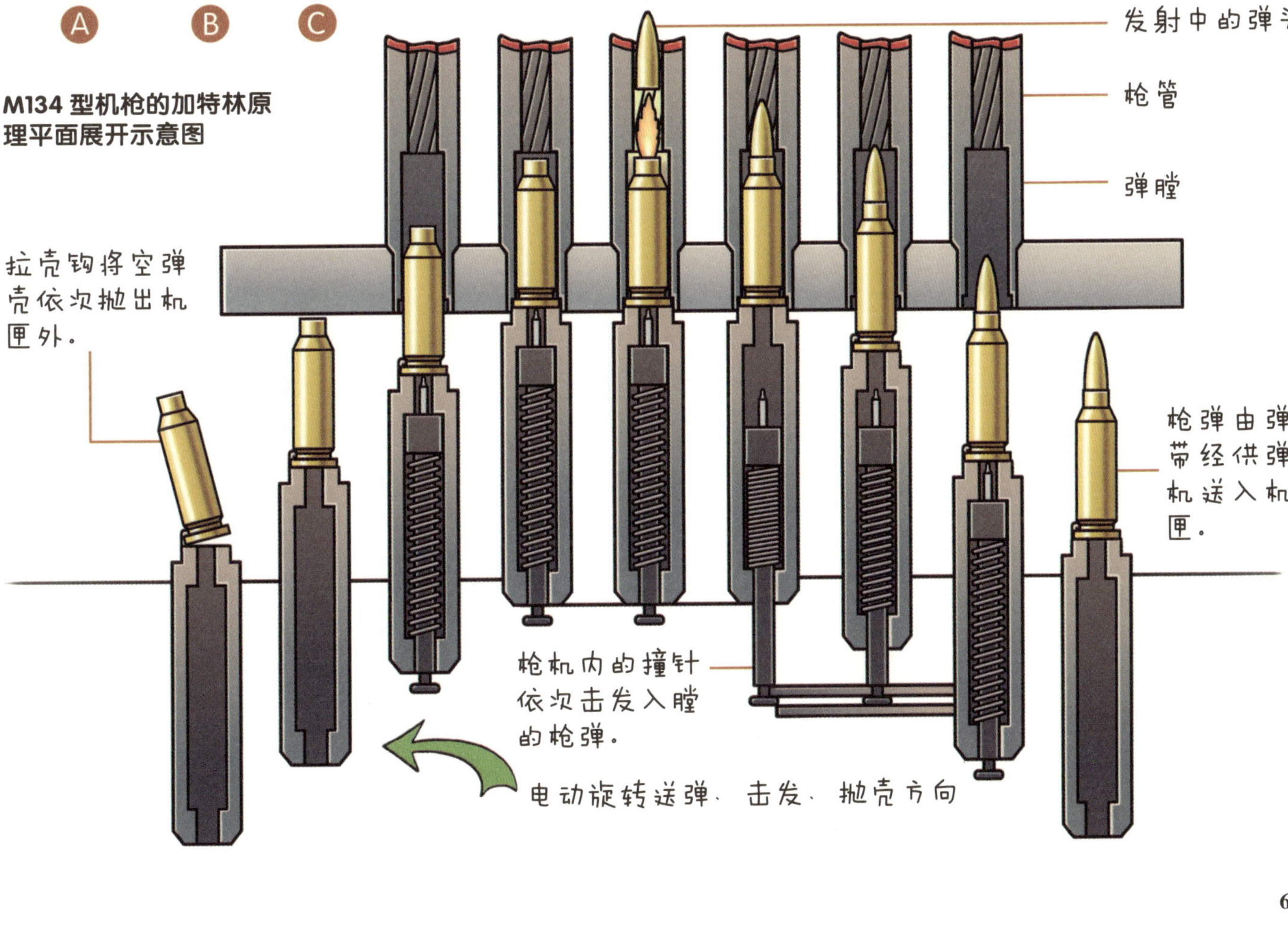

## XM93 型武器系统

M134 型机枪主要由 6 根枪管、机匣、供弹机、枪管驱动电机和摇架等组成，在越战中通常是以直升机为载具的。另外，地面与水面的某些装备，如 M113 型装甲输送车和内河炮艇也安装有“迷你岗”。下面先简单介绍几种越战中比较典型的直升机用加特林武器系统。

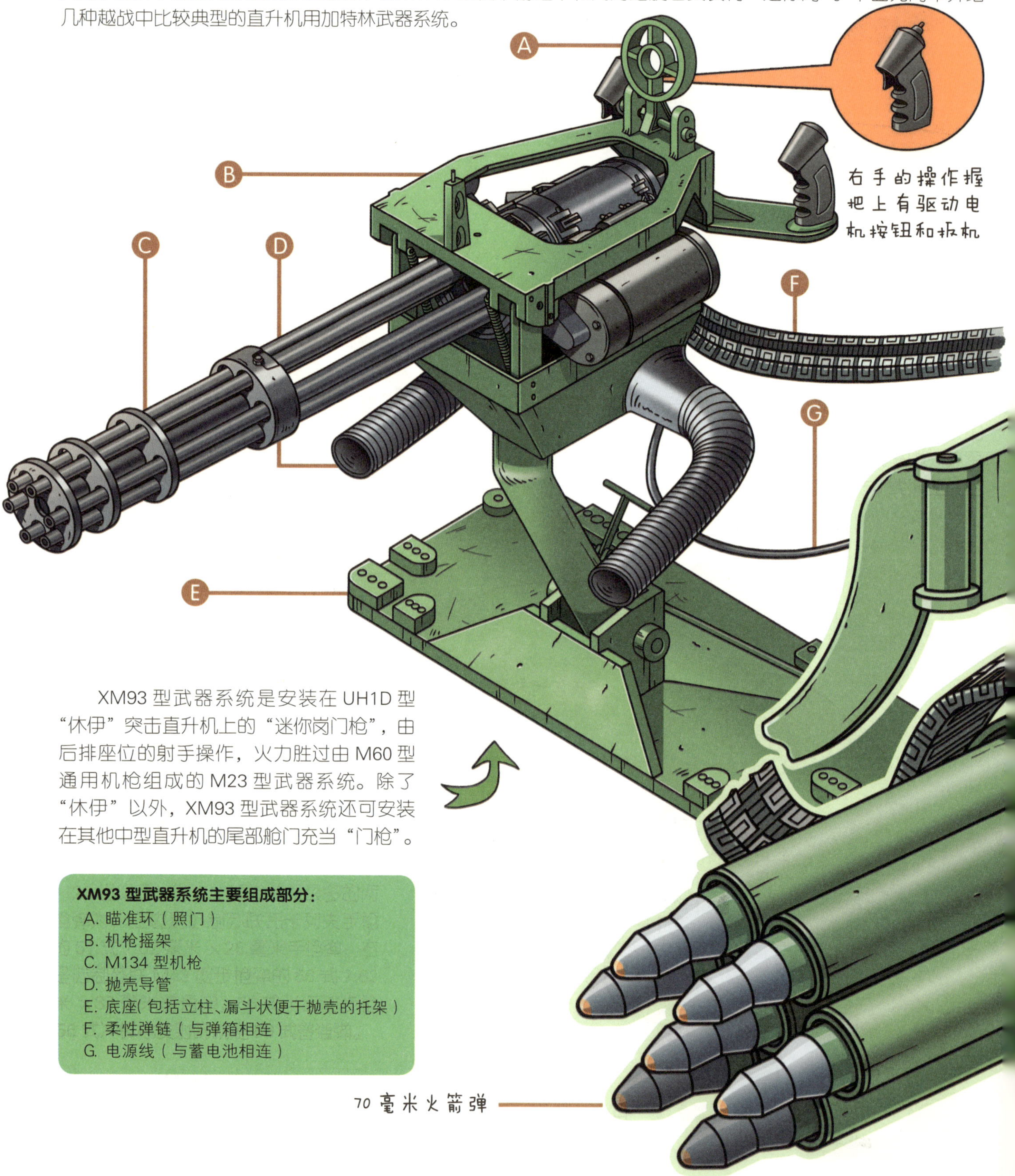


XM93 型武器系统是安装在 UH1D 型“休伊”突击直升机上的“迷你岗门枪”，由后排座位的射手操作，火力胜过由 M60 型通用机枪组成的 M23 型武器系统。除了“休伊”以外，XM93 型武器系统还可安装在其他中型直升机的尾部舱门充当“门枪”。

**XM93 型武器系统主要组成部分：**

A. 瞄准环（照门）
B. 机枪摇架
C. M134 型机枪
D. 抛壳导管
E. 底座（包括立柱、漏斗状便于抛壳的托架）
F. 柔性弹链（与弹箱相连）
G. 电源线（与蓄电池相连）

## M21 型武器系统

“休伊”直升机另一种比较常用的“迷你岗”型式是 M21 型武器系统，它是挂装在机身侧面并由驾驶舱摇控的一座电动武器站。其下面还可加挂 1 个 7 管 70 毫米口径的火箭发射巢，机舱内为“迷你岗”配置了 12 组弹箱来供弹，整个武器系统可以俯仰射击。M21 型武器系统是用来代替初期的 M6 型武器系统（只有可怜的 2 挺 M60 型摇控机枪）而设计的，对于像“休伊”这种轻型突击直升机来说，M21 型武器系统可谓火力强大。

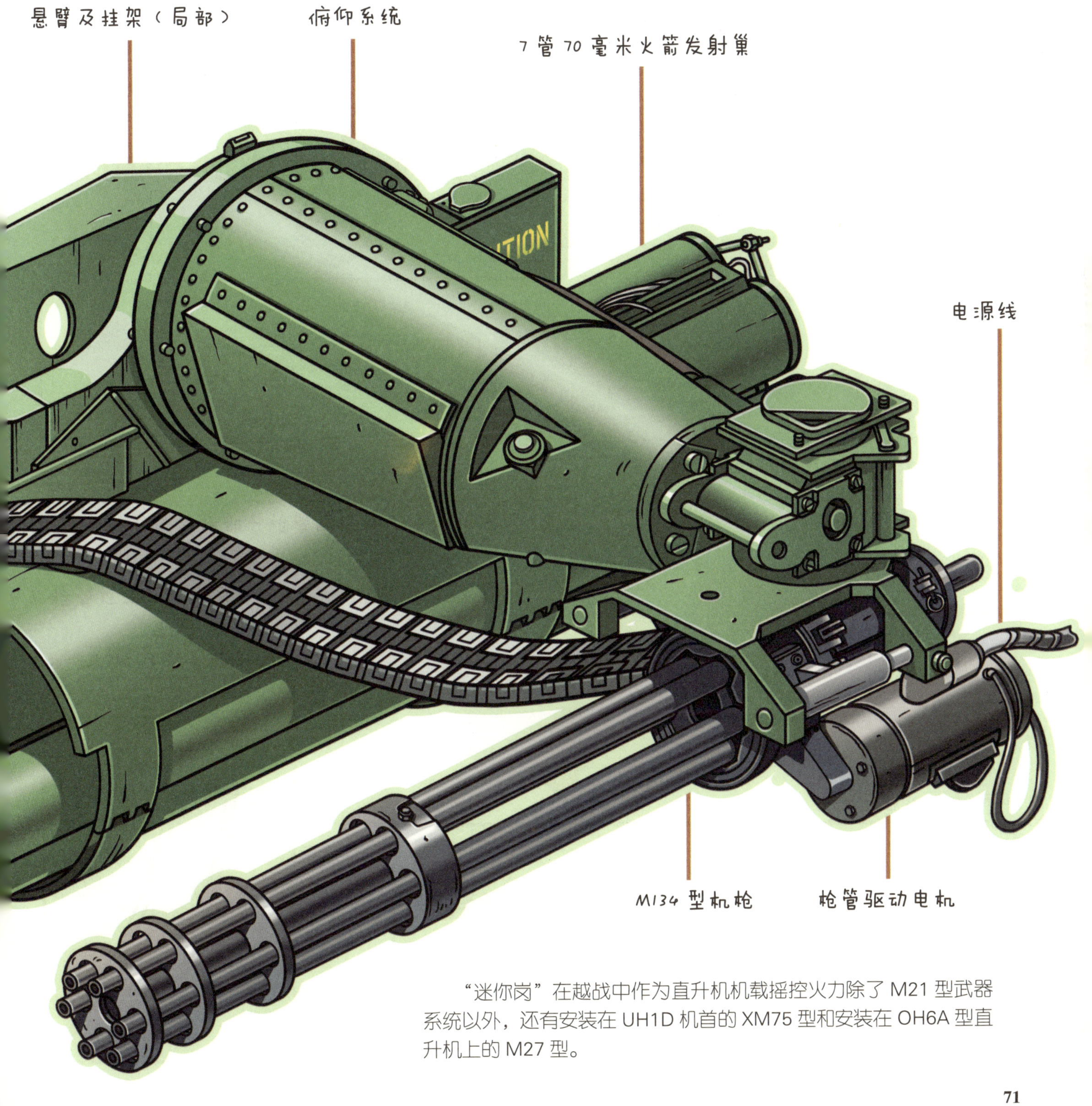


“迷你岗”在越战中作为直升机机载摇控火力除了 M21 型武器系统以外，还有安装在 UH1D 机首的 XM75 型和安装在 OH6A 型直升机上的 M27 型。

## XM28 型武器系统

世界上最早的专用武装直升机是美军 AH1“眼镜蛇”系列，它的武器配置中自然少不了火力强大的加特林机枪，于是 M134 型又以一些特殊的改进型号成为武装直升机机载火力的首选。XM28 是最早安装在“眼镜蛇”机鼻下的电动旋转炮塔，最初只是 1 挺 M134 型机枪，后来加了 1 具 40 毫米自动榴弹发射器，不过也有双联装机枪的版本。

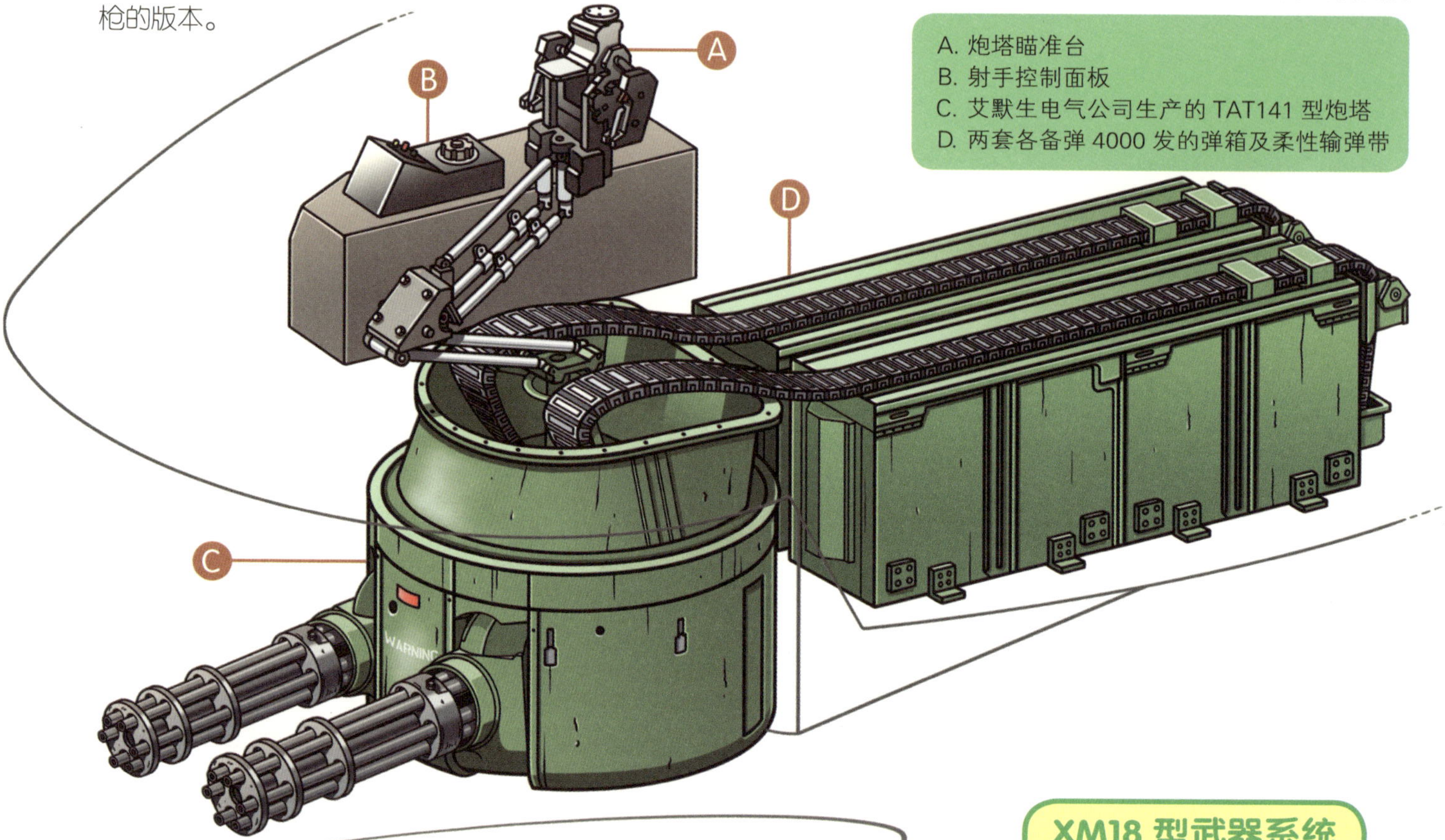


A. 炮塔瞄准台
B. 射手控制面板
C. 艾默生电气公司生产的 TAT141 型炮塔
D. 两套各备弹 4000 发的弹箱及柔性输弹带

## XM18 型武器系统

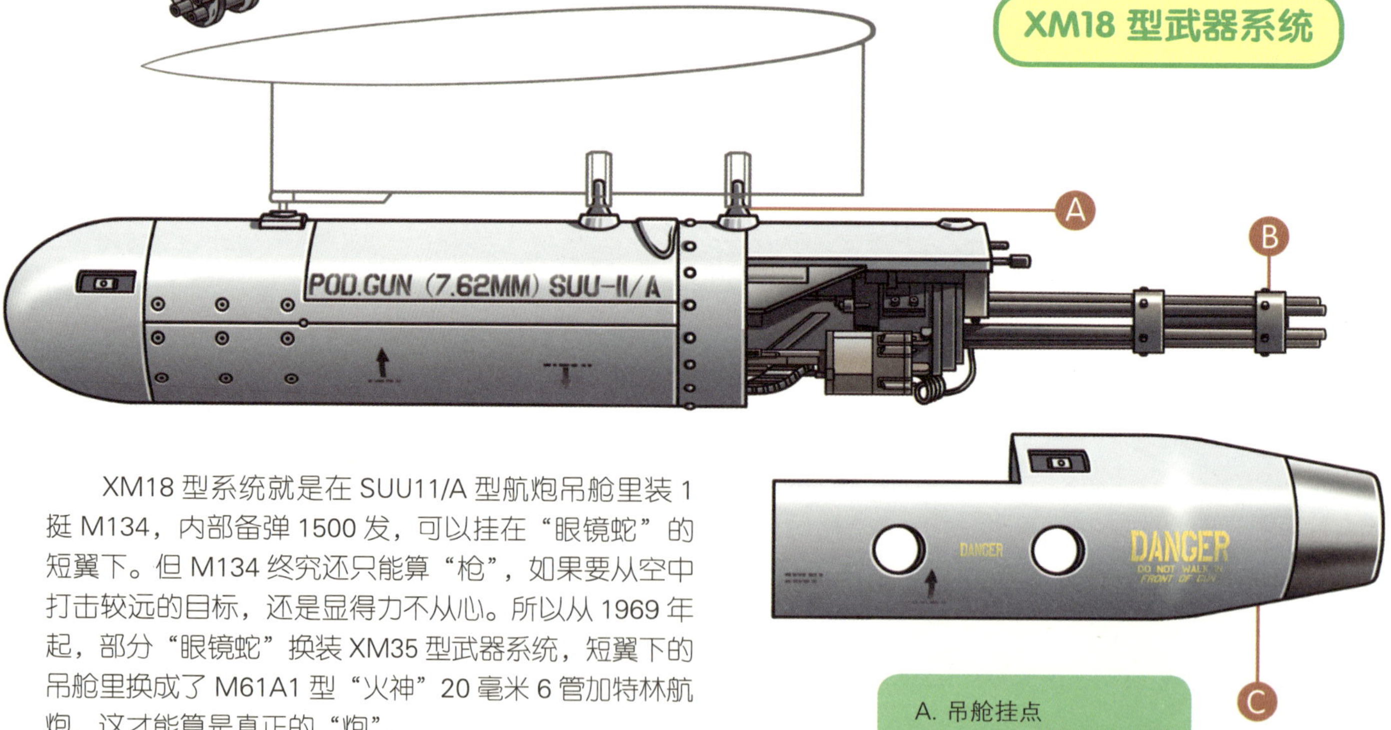


XM18 型系统就是在 SUU11/A 型航炮吊舱里装 1 挺 M134，内部备弹 1500 发，可以挂在“眼镜蛇”的短翼下。但 M134 终究还只能算“枪”，如果要从空中打击较远的目标，还是显得力不从心。所以从 1969 年起，部分“眼镜蛇”换装 XM35 型武器系统，短翼下的吊舱里换成了 M61A1 型“火神”20 毫米 6 管加特林航炮，这才能算是真正的“炮”。

A. 吊舱挂点
B. M134 型加特林机枪
C. 吊舱前部外罩

## 影视作品中的手提式“迷你岗”

很多电影和游戏中都出现过手提式 M134 型机枪。其实这种手提式用法过于笨重，单兵使用难以保证其正常发挥，所以并非现实中的军用制式。手提式“迷你岗”源于阿诺德·施瓦辛格主演的科幻片《铁血战士》，不过他在该片中并未使用这挺机枪，而是由另一位特种部队成员操作。直升机上的弹箱被装在一副电台背架上，依旧通过柔性弹链供弹，机枪本身则拆除了原来的摇架，替换成一个前面带提把、后面只有一个握柄的另类摇架。操作者一般都是“肌肉男”。

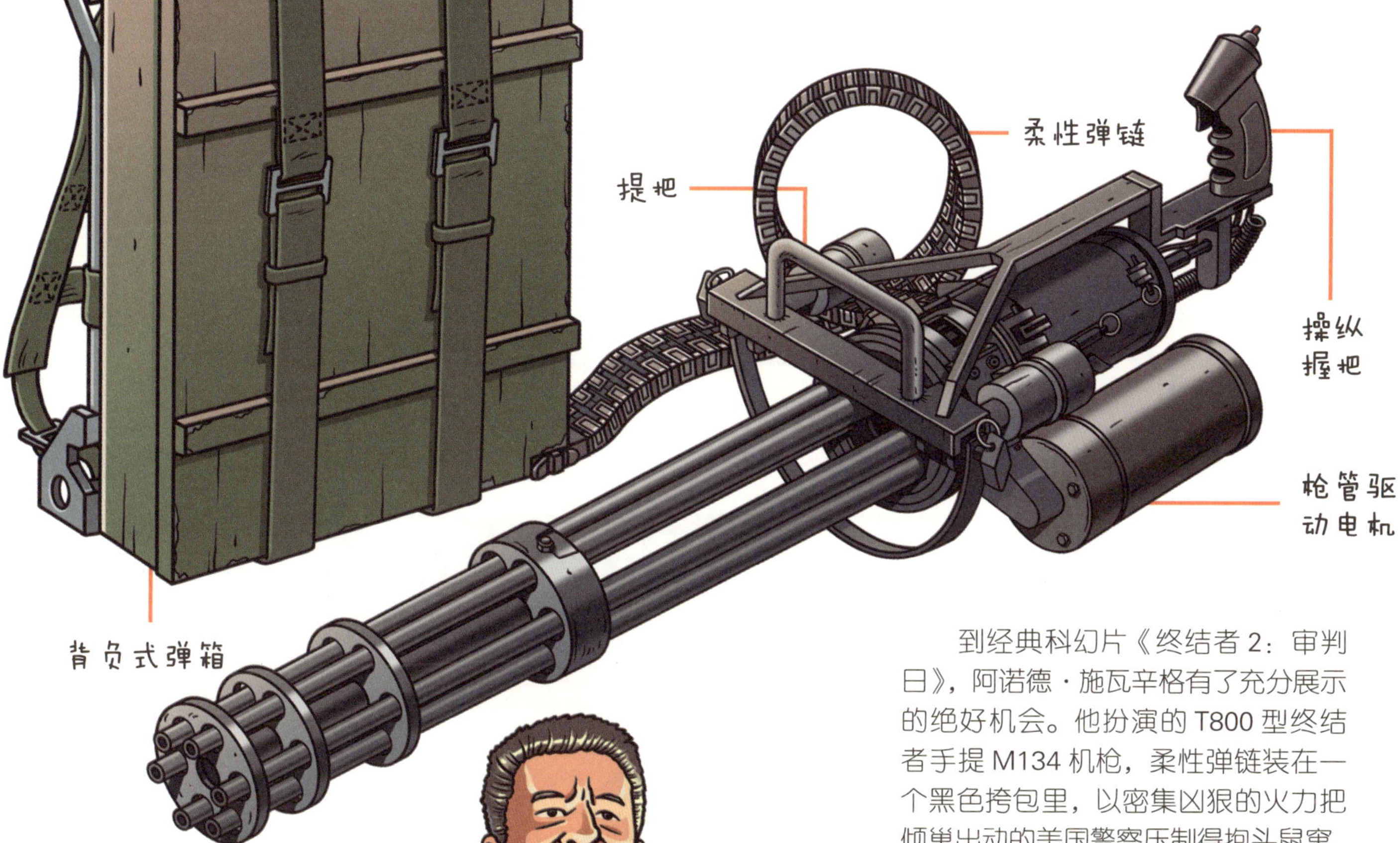


到经典科幻片《终结者 2：审判日》，阿诺德·施瓦辛格有了充分展示的绝好机会。他扮演的 T800 型终结者手提 M134 机枪，柔性弹链装在一个黑色挎包里，以密集凶狠的火力把倾巢出动的美国警察压制得抱头鼠窜、鬼哭狼嚎。拍片时为了营造猛烈的火光，还把“迷你岗”的射速调慢到了 2000 发 / 分钟。

# 丛林“喷子”
## ——霰弹枪

美国人对发射霰弹的猎枪一直情有独钟。第一次世界大战时，美军装备了 M1917 型堑壕枪。它是温彻斯特 M1897 型霰弹枪的军用型，近距离杀伤威力巨大，犹如一支会爆钢珠的“喷子”，能轻易撂倒近前的敌人，一出场就令敌人又恨又怕。温彻斯特 M1897 型后来还参加了二战，在太平洋战场上又狠狠地教训了日军。到越战时，这种型号的霰弹枪虽然也有使用，但此时已是各种品牌的霰弹枪百花齐放的时代。现在就让我们来认识一下越战中美军使用的几款霰弹枪，它们的后续型号直到今天依然在军警单位中服役。

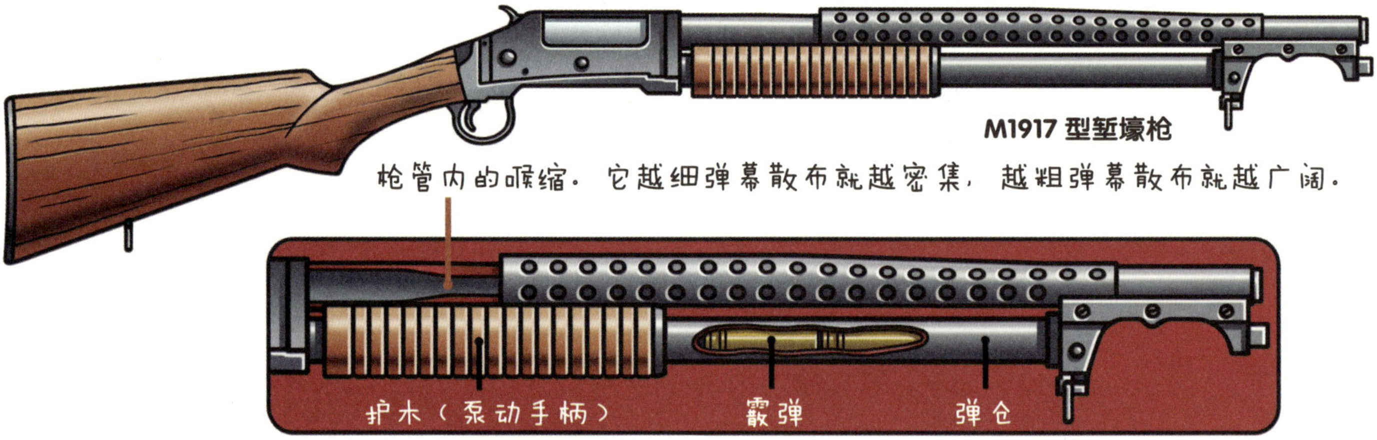


像温彻斯特这种在枪管下面设一个管状弹仓，依靠滑动护木来供弹和抛壳的霰弹枪，被称为泵动式霰弹枪。

作为一种近战利器，霰弹枪能在短时间内向敌人迎面喷撒出大量弹丸予以杀伤，所以在近现代特别受美军的重视。M1917 型堑壕枪及其改型温彻斯特 M12，从一战时期一直用到了越战，成为美军服役时间最长的一款霰弹枪。

美国参加一战后，把军用霰弹枪的可怕威力展示给了世人。它还设有刺刀座，近战中除了当“喷子”外，还能进行白刃战。德国人将霰弹作为非人道的武器加以斥责。

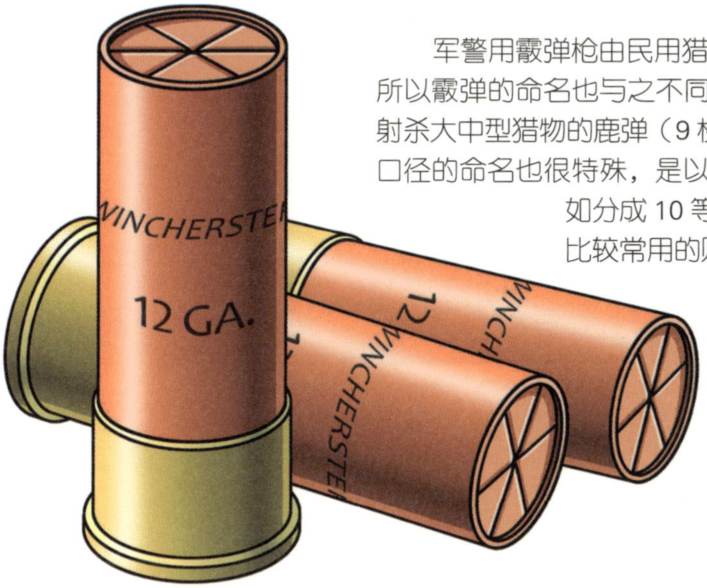


军警用霰弹枪由民用猎枪发展而来，由于其弹药不同于常规的手枪弹、步枪弹，所以霰弹的命名也与之不同。一般霰弹分为射击飞行物体的鸟弹（数百枚细弹丸），射杀大中型猎物的鹿弹（9 枚及以上弹丸），还有大威力的独头弹（单枚弹头）。霰弹口径的命名也很特殊，是以 1 英磅（0.45 千克）铅块平均分成几等分来命名的，例如分成 10 等分就是 10 号霰弹，表示它装有 0.1 英磅的铅弹丸，军警比较常用的则是左图这种 12 号猎鹿弹。

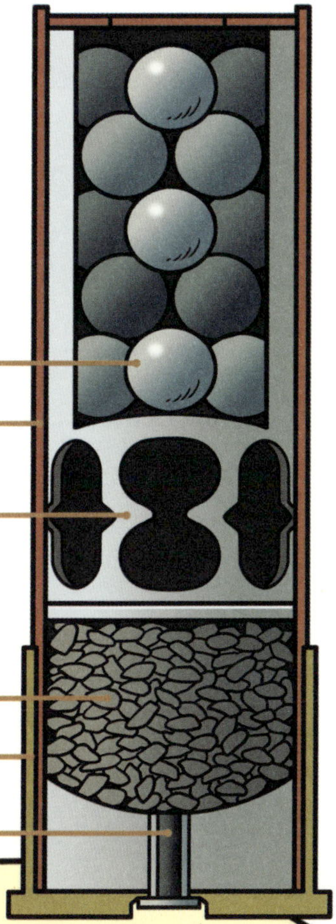


**12 号猎鹿弹结构剖视图**

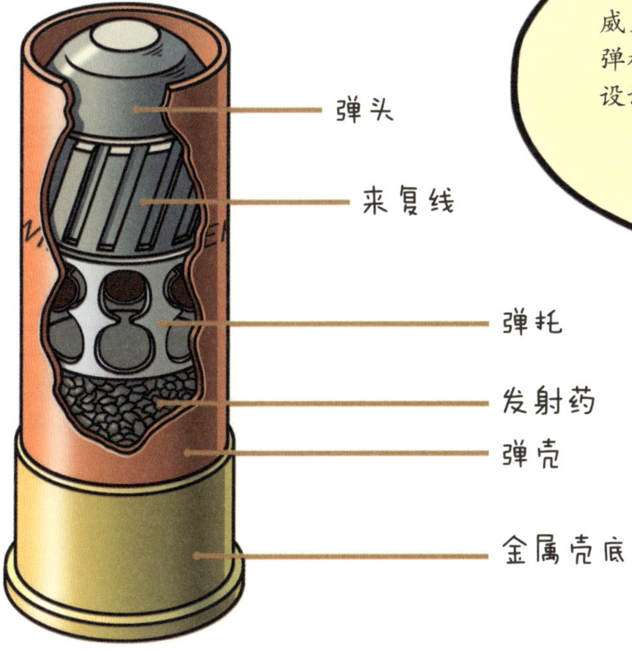

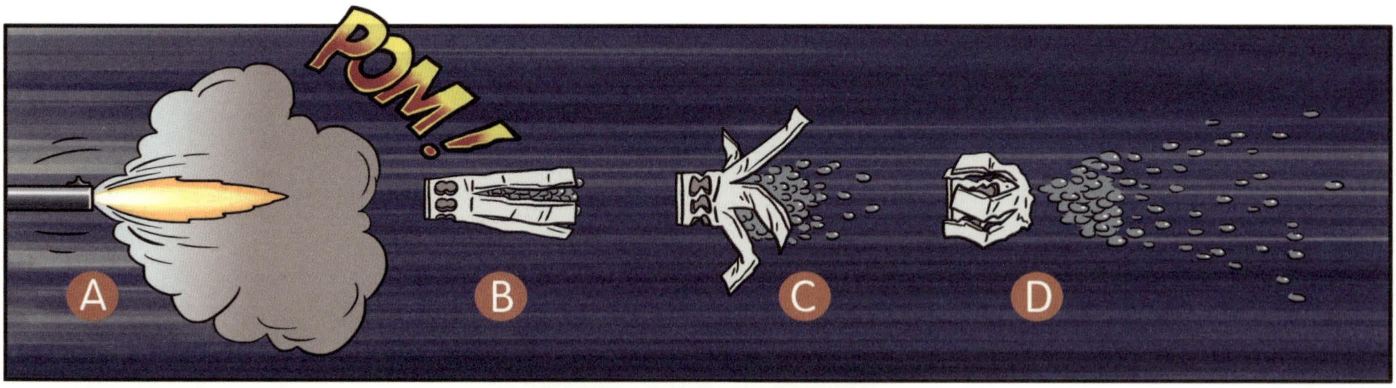


**“喷子”的喷射过程示意图：**

A. 霰弹枪开火，火药气体将弹托包裹着弹丸推出膛。
B. 弹托前端受迎面空气的阻力逐渐展开。
C. 弹托受空气挤压开始像剥香蕉皮一般变形，里面的钢珠开始飞出。
D. 弹托完全向后压缩变形，钢珠“无情”地散射开来，把目标打成“马蜂窝”！

## 伊萨卡 MODEL37 型

1883 年成立的伊萨卡猎枪公司，其代表产品是 1937 年定型的 37 型泵动式霰弹枪，但它其实是枪械大师勃朗宁设计的雷明顿 17 型霰弹枪（20 号口径）的 12 号口径版山寨产品。伊萨卡 37 型在二战前美国军警中的装备数量很多，直到二战后才慢慢被雷明顿 870 型和莫斯伯格 500 型所超越。不过伊萨卡 37 作为一支较早装备美军的霰弹枪，久经沙场，包括二战太平洋战场和越战中的丛林战。

**美国枪械设计大师**
**约翰 · 摩西 · 勃朗宁**
**（1855—1926）**

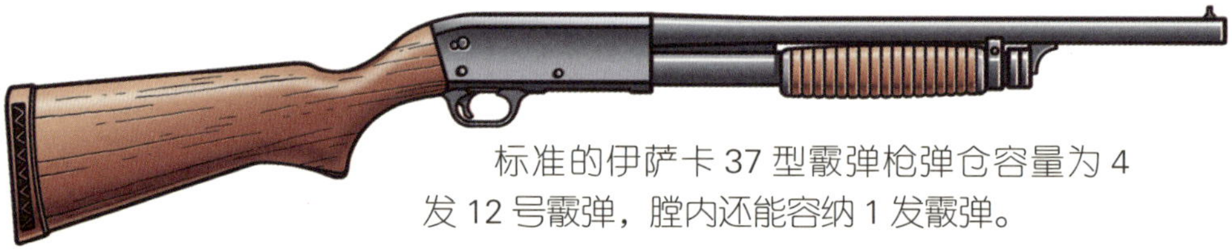

标准的伊萨卡 37 型霰弹枪弹仓容量为 4 发 12 号霰弹，膛内还能容纳 1 发霰弹。

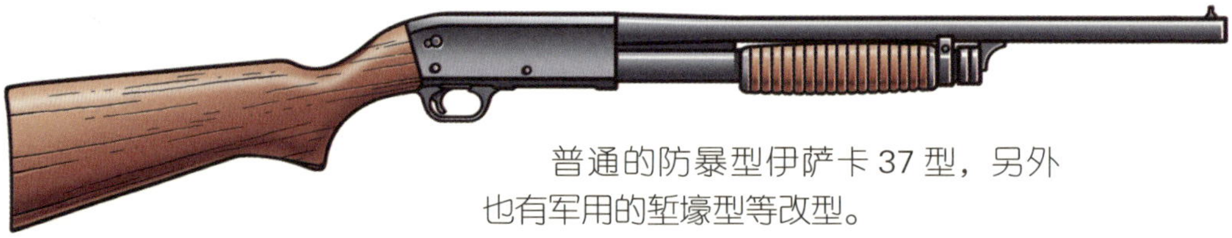

普通的防暴型伊萨卡 37 型，另外也有军用的堑壕型等改型。

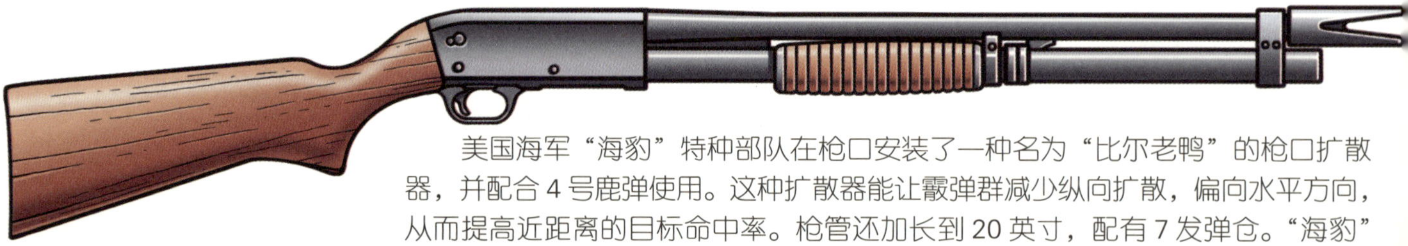

美国海军“海豹”特种部队在枪口安装了一种名为“比尔老鸭”的枪口扩散器，并配合 4 号鹿弹使用。这种扩散器能让霰弹群减少纵向扩散，偏向水平方向，从而提高近距离的目标命中率。枪管还加长到 20 英寸，配有 7 发弹仓。“海豹”们把这种霰弹枪称为“战斗霰弹枪”。

## 雷明顿 M870 型

二战前后，伊萨卡 37 型霰弹枪大卖特卖。为夺回市场，雷明顿公司于 1950 年推出一种新枪，就是著名的雷明顿 870。它最初作为猎枪，有不同的型号和口径。1966 年，美国海军陆战队试验性地采购了一批 870Mk1 型，随后雷明顿 870 开始被美军大量采用。军用型的雷明顿 870 多数把弹仓容量增加到 7~8 发。除了军用外，雷明顿 870 也是警用和民间居家自卫的“良品”，在各种影视剧里频繁亮相。

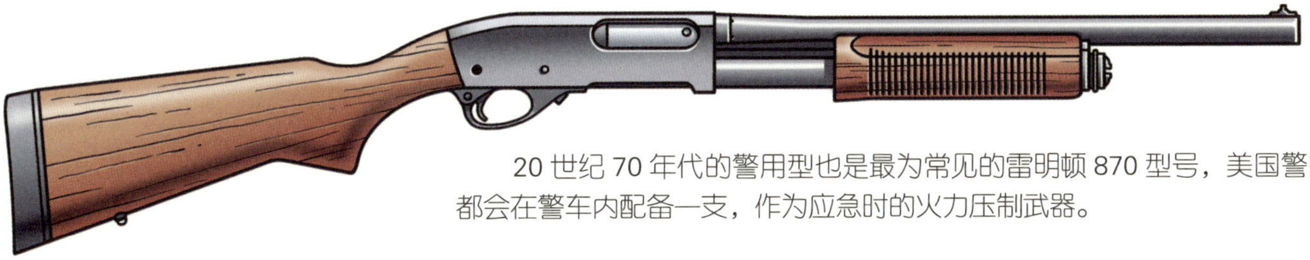

20 世纪 70 年代的警用型也是最为常见的雷明顿 870 型号，美国警察都会在警车内配备一支，作为应急时的火力压制武器。

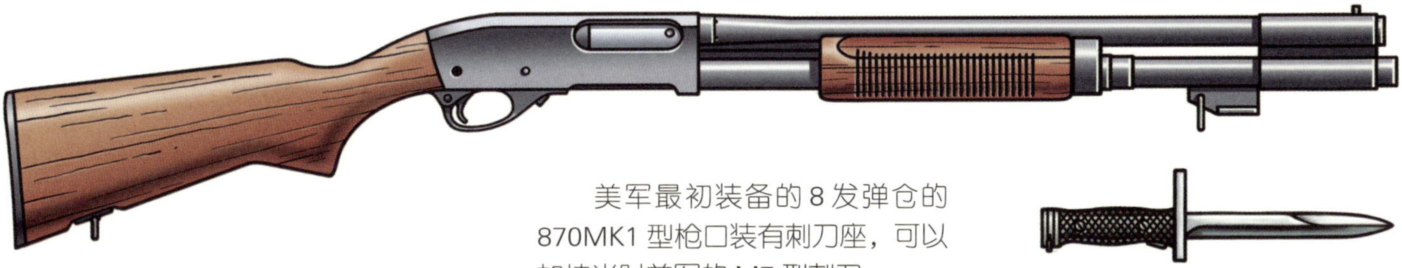

美军最初装备的 8 发弹仓的 870MK1 型枪口装有刺刀座，可以加挂当时美军的 M7 型刺刀。

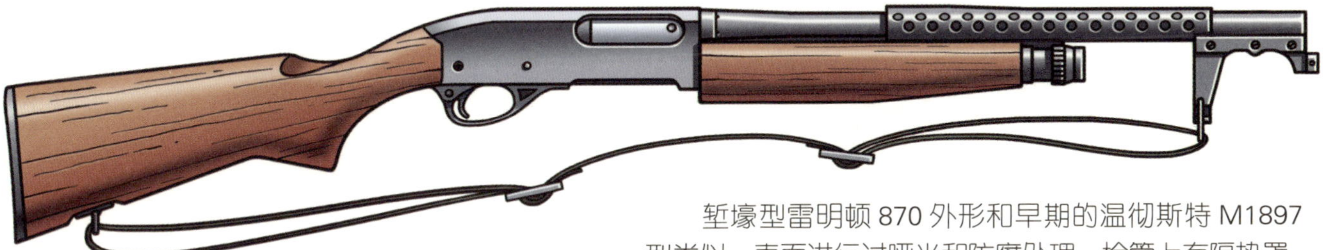

堑壕型雷明顿 870 外形和早期的温彻斯特 M1897 型类似，表面进行过哑光和防腐处理，枪管上有隔热罩，枪口处配有刺刀座。

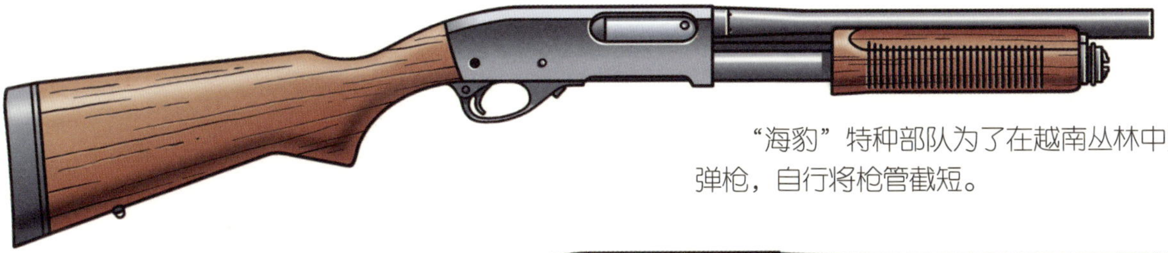

“海豹”特种部队为了在越南丛林中灵活使用霰弹枪，自行将枪管截短。

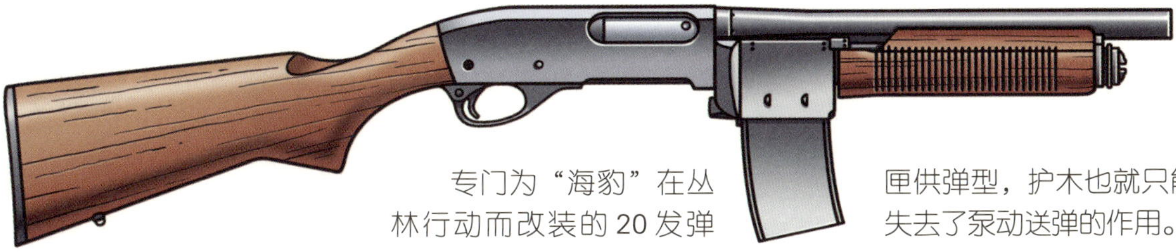

专门为“海豹”在丛林行动而改装的 20 发弹匣供弹型，护木也就只能握持，失去了泵动送弹的作用。

## 莫斯伯格 M500 型

莫斯伯格公司在 1961 年推出的莫斯伯格 500 型泵动式霰弹枪，被广泛用于比赛、狩猎、民间自卫，也被一些国家的执法机构采用。美军在 1966 年试验性地采购了少量莫斯伯格 500 后，在 1979 年又采购了更多数量。莫斯伯格 500 共有 A、B、C、D 4 种口径型号，其中 12 号口径的 500A 型是使用最广泛的。该枪机匣后面有一个枪机保险开关，左右手拇指都能操作，这使得它在同类泵动式霰弹枪中，安全可靠性要好一些。莫斯伯格 500 型在越战中被美国海军“海豹”特种部队使用。

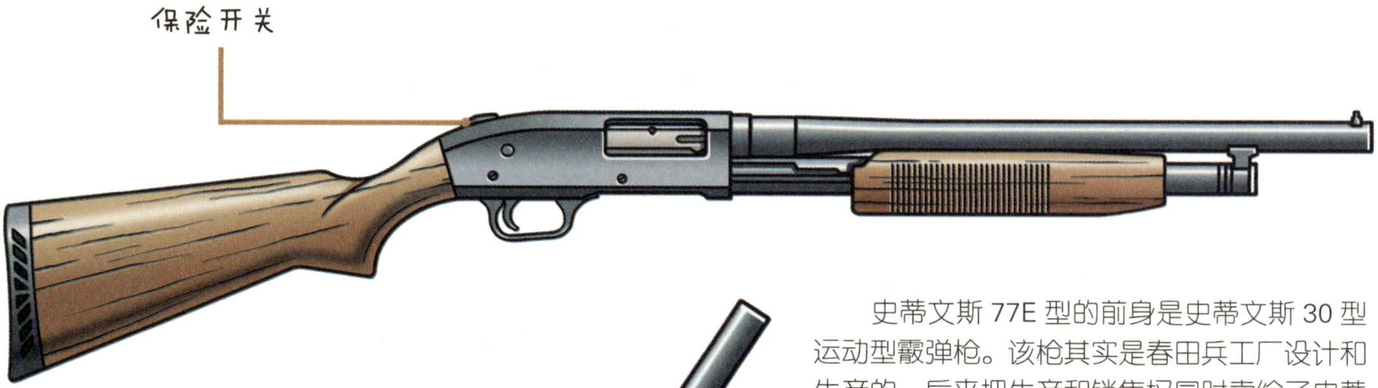


史蒂文斯 77E 型的前身是史蒂文斯 30 型运动型霰弹枪。该枪其实是春田兵工厂设计和生产的，后来把生产和销售权同时卖给了史蒂文斯公司。史蒂文斯公司就在 30 型的基础上推出枪管缩短至 20 英寸的警用 69R 型，再后来又在 69R 型的基础上推出军用的 77E 型。

## 史蒂文斯 M77E 型

为弥补越战中的霰弹枪装备数量的不足，各种牌子的泵动型霰弹枪都被美军拿来使用，并且众多厂家也推出了相应的军用型以便兜售给军方。史蒂文斯 77E 型就是其中之一。

史蒂文斯 77E 型最初向美军的推销不太成功，但是美国的傀儡——南越军队严重缺乏霰弹枪，美军就把史蒂文斯 77E 型分发给南越军队。此外，一些美军特战单位也自掏腰包购买 77E 型。

战中使用史蒂文斯 77E 型霰弹枪执行远程渗透侦察任务（LRRP）的美国陆军特种部队成员，身着虎斑迷彩战斗服和 M1956 型战斗装具，右手还持有 40 厘米长的砍刀，方便在丛林中斩草开路。

## SOW 自动霰弹枪

越战时期，“海豹”特种部队在丛林战中迫切地需要各种自动化的武器。之前设计的雷明顿全自动霰弹枪以失败告终，但“海豹”对于在丛林环境中使用全自动霰弹枪的热情，并没有因此而降低。于是海军水面作战中心的工程师设计了一种全新的自动霰弹枪，命名为 SOW（特种作战武器）。

SOW 的外观很简陋，像一支没有完工的半成品。考虑到这款枪的主要作用只是在丛林中向近距离目标快速地喷射弹雨，因此设计时省略了枪托，只在前后设置了两个握把。由于历史资料匮乏，从外形来猜测 SOW 可能是采用枪管后坐式原理，当枪管后坐倒拉后，弹壳从右侧抛出，下一发弹从上方的 20 发弹匣内进入弹膛，理论射速为 200 发 / 分钟。但 SOW 霰弹枪最终没有投入量产，生产计划因为资金问题而取消。

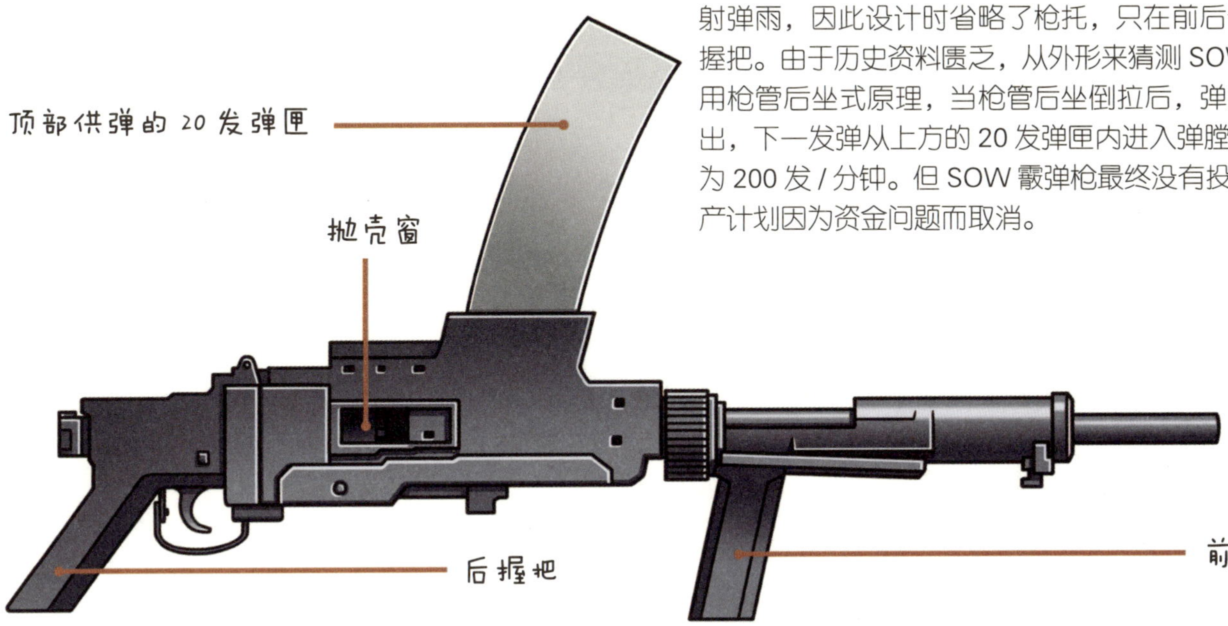


## 高标准 M10 型

高标准 10 型霰弹枪并非由专业的枪械设计师所设计，而是出自一名普通警察之手。20 世纪 50 年代，加利福尼亚州的阿尔弗雷德 · 克劳奇想到当警察突击歹徒据守的房间时，如果有一种能单手操作的小型霰弹枪，会更加方便。1957 年他把这个设想付诸实施，以一支雷明顿半自动霰弹枪为基础，改装成一种被他称为“单手发射霰弹的装置”的霰弹枪。然后他带着这款枪到处去找生产商寻求合作，最终高标准公司生产了此枪。该枪除了具有“超前的”无托式结构外，还有提把和战术手电，采用导气式原理运作，容弹量 4~6 发。

越战中“海豹”特种部队试验了各种霰弹枪，其中包括高标准 10 型。海军地面武器中心也看中了这种长度短、能单手射击的新颖设计，少量采购了一些高标 10B 型进行试验。但在实际使用中发现它有可靠性不足和弹药不兼容等问题，所以没有进一步采购。

虽然自动或轻量化的霰弹枪在越战时期还不成熟，但它所代表的创新理念为日后更现代化的自动霰弹枪奠定了基础。

# 步兵手里的大炮
## ——美军榴弹发射器

二战时期，步兵用的榴弹类武器只有手榴弹、枪榴弹、迫击炮和步兵炮。它们要么精度不高，要么使用不便，步兵炮更是大得像一门小榴弹炮。1951 年，美国陆军发现手榴弹的投掷距离（约 50 米）和 60 毫米迫击炮的最小射程（约 400 米）之间有一段火力空白，枪榴弹本来适合填补，但它发射速度慢，而且精度太低。于是 1953 年，春田兵工厂开始设计一种单兵手持式榴弹发射器，这就是 M79 的原型 S3，这是此后美军采用各种榴弹发射器的开端。

1961 年，首批 M79 交付给陆军。越战中，M79 充分展示了它的轻便和可靠性，训练有素的射手能很准确地打击目标，为一线步兵单位提供了极为灵活的火力支援，因此美军士兵都很喜欢 M79，还给它起了个绰号叫“排长的炮兵”，可见这门“手炮”对步兵火力的重要性。

越战时期，手持 M79 的美国陆军第 25 步兵师士兵的身上还斜挎着榴弹携行袋。

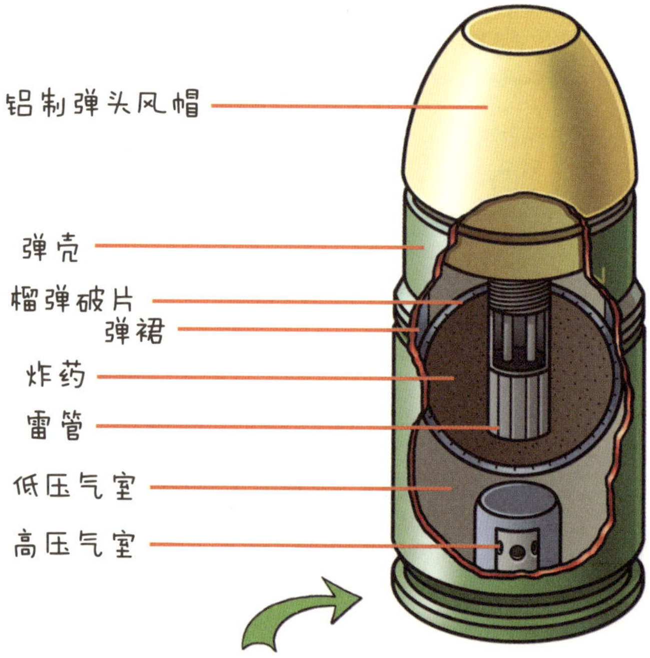


美军先是研制了一种 40 毫米的球形枪榴弹，但发射效果不理想。皮卡汀尼兵工厂研制的 40 毫米带弹壳的高 / 低气压式榴弹则很成功，后来被定型为 M406，配合 M79 发射器一起装备美军。

## M79 型榴弹发射器

这个像老式的燧发手枪的家伙其实是越战时被美军特种部队锯短炮管和木托的 M79，样子更接近“手炮”。短粗、小巧的外形更适合特种作战时携带，甚至到了 21 世纪初，还被美国“海豹”特种部队拿来用，效仿其越战前辈。它因这中古的外形被戏称为“海盗枪”。

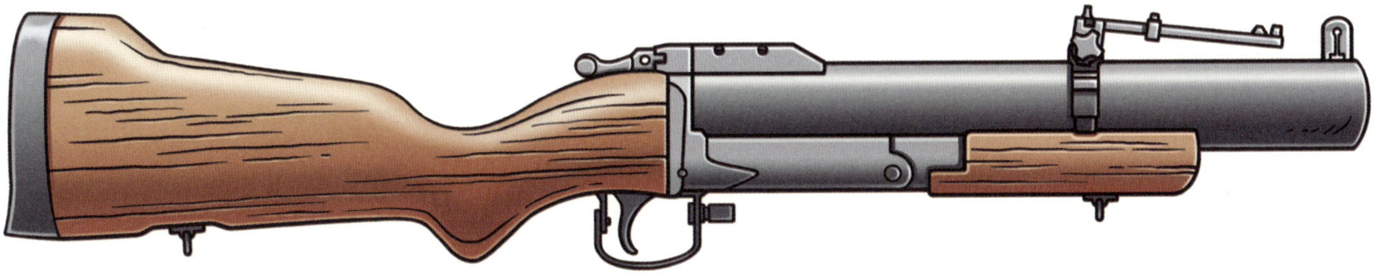

M79 在越战中大出风头，却在 1975 年退出美军现役，淘汰给国民警卫队使用。由于“手炮”简单可靠，很多国家也装备过 M79。现今越南军队仍把越战时缴获的 M79 作为制式装备。美国陆军和海军的某些特种作战单位也在悄悄地使用这门“手炮”。

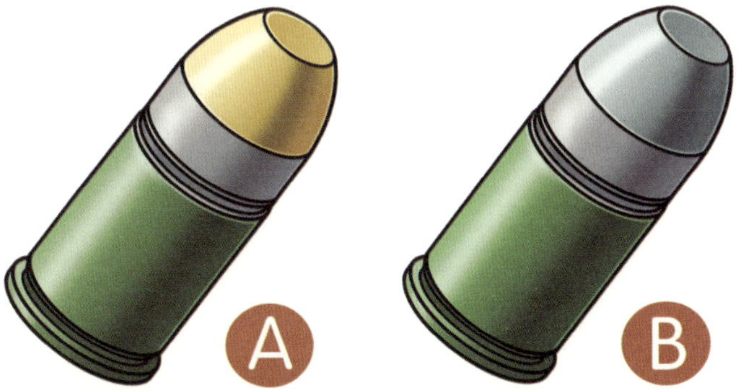

**M79 在越战中使用的两种主要型号榴弹：**

A. M406 型 40 毫米 ×46 毫米高爆榴弹（金黄色弹头）

B. M407A1 型 40 毫米 ×46 毫米教练弹（灰色弹头，仅用于训练，弹头不会爆炸，只会碎裂）

终结者教你装榴弹：M79 的炮管后部与木托连接处有一个卡榫，开启后就能翻转炮管，轻松完成退壳和装填。阿诺德·施瓦辛格在经典科幻片《终结者 2：审判日》里，动用各种越战轻武器与液态金属杀手 T1000 较量，最后就是 M79 打出了决定性的一击，彻底终结了 T1000。

## XM148 型榴弹发射器

越战初期的 M79 虽然可靠，但它是单独使用的，美国士兵还得另带一把枪自卫，因此美国陆军想要一种可附加在枪械上的榴弹发射器。柯尔特公司设计出了 CGL4 型 40 毫米枪挂式榴弹发射器，并被军方命名为 XM148，这也是第一种实用型的枪挂式榴弹发射器。

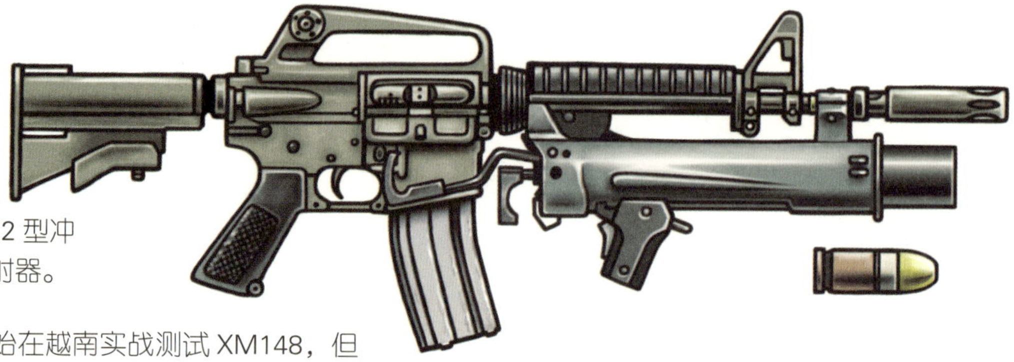

加挂在柯尔特 XM177E2 型冲锋枪下的 XM148 型榴弹发射器。

1966 年，美国陆军开始在越南实战测试 XM148，但最后并未正式装备。海军的“海豹”们却很喜爱 XM148，因为它能挂在 M16 枪族上，在特种行动中非常灵活实用，兼顾枪与榴弹两种“功效”，使“海豹”的单兵火力大增。驻越南的澳大利亚军队特种部队 SASR 也常把 XM148 加挂到他们的 L1A1 型步枪上。

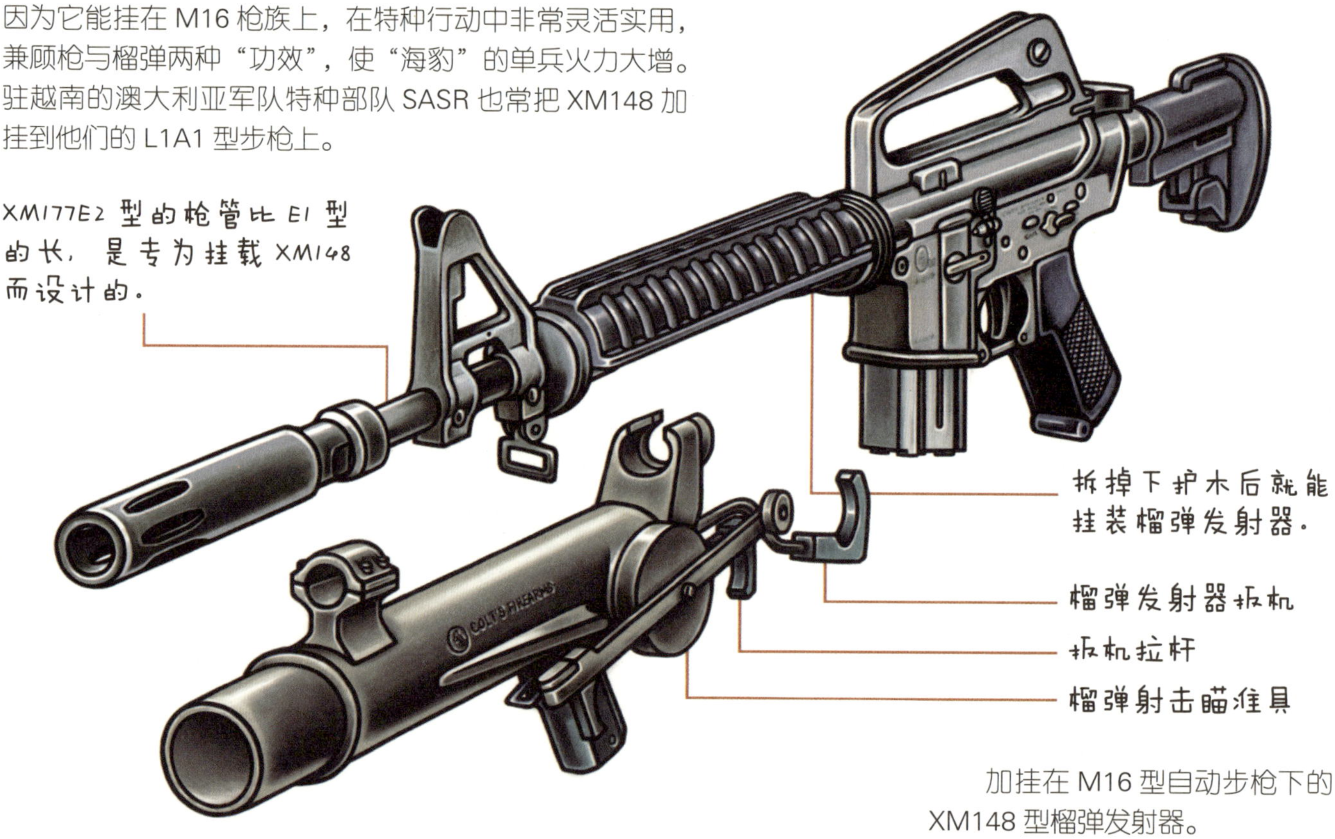


加挂在 M16 型自动步枪下的 XM148 型榴弹发射器。

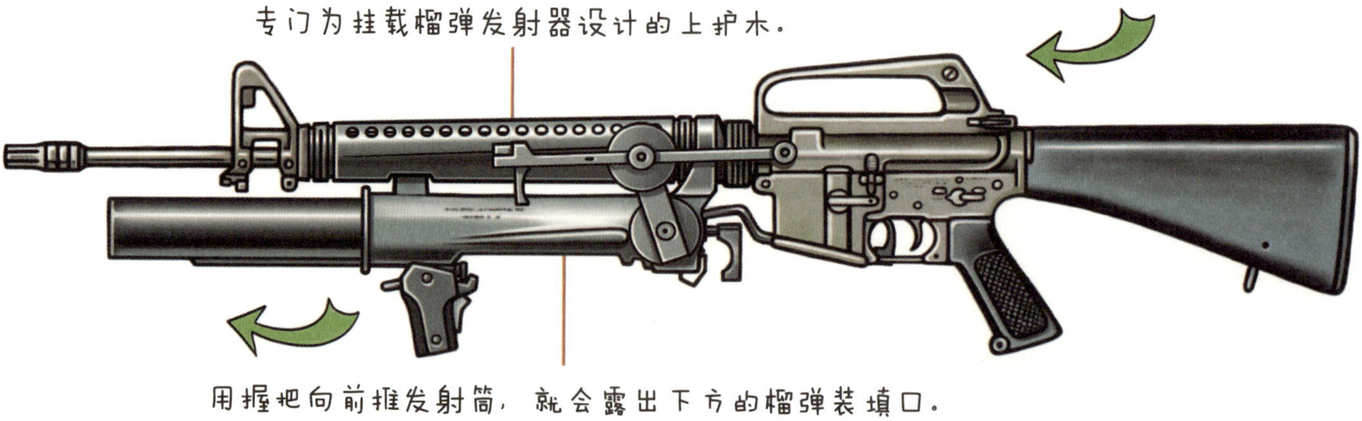

## 中国湖榴弹发射器

首先说明，这个榴弹发射器与中国可没有丝毫的关系。

越战中的“海豹”特种部队觉得 M79 型和 XM148 虽然效果好，但一发发装填，导致射速过慢，很难在敌强我弱的态势下获得连续有力的火力支援。于是“海豹”要求配备一种 40 毫米连发榴弹发射器，海军研究部门在 1968 年设计出了一种泵动式榴弹发射器。

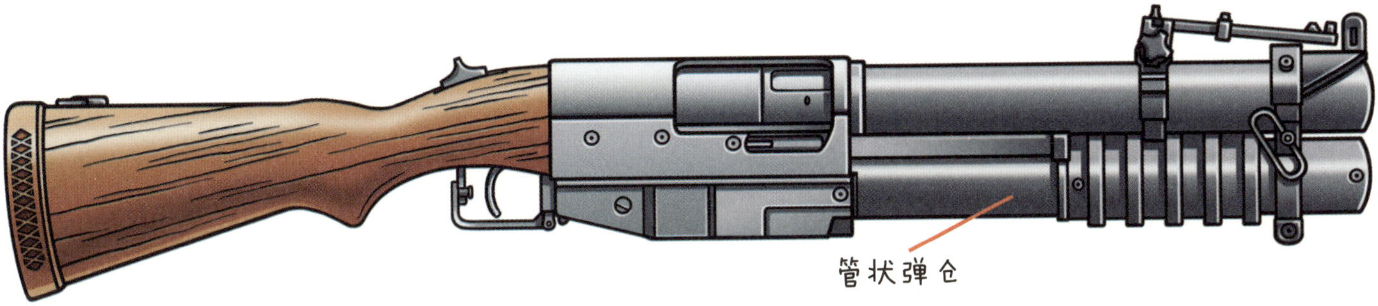


它的样子就像一支短粗的泵动式霰弹枪。枪管下面是管状弹仓，前后滑动护木（泵动手柄）来进行供弹循环，榴弹通过机匣底部的装弹口装填，空弹壳通过机匣右侧的抛壳口抛出。原型造出来后，直接交给了驻越南的“海豹”特种部队进行实地试验。美军陆战队的武力侦搜队和陆军特种部队“绿色贝雷帽”也采用一些来试用。但它仅是一个试用的原型样品，没有正式名称，而美国海军很多在研武器都要在一个名为“中国湖”的武器靶场进行试验，因此这种榴弹发射器被随口称为“中国湖”。

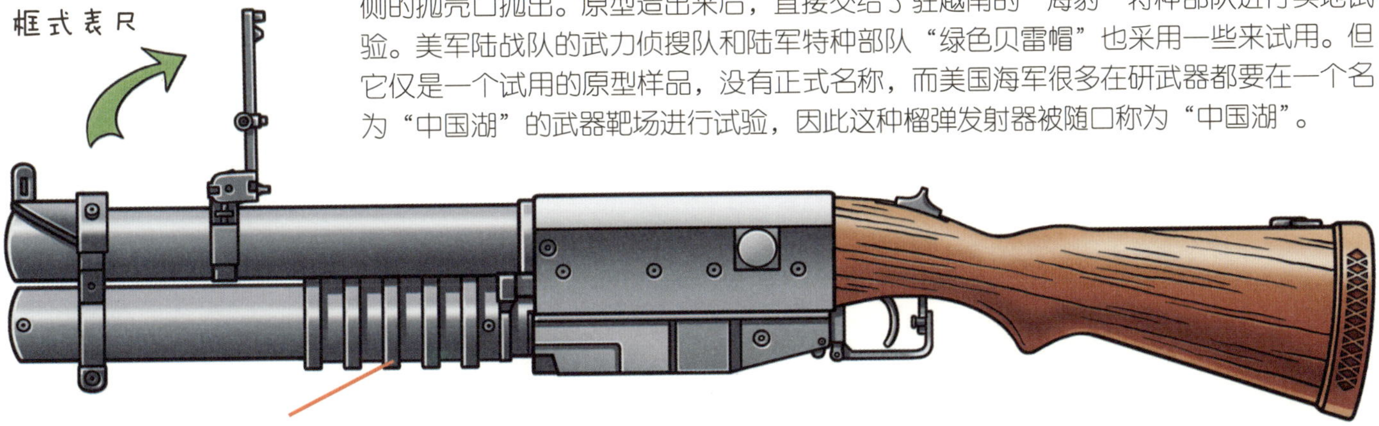


“中国湖”榴弹发射器的管状弹仓能装 3 发 40 毫米 ×46 毫米榴弹，再加上膛内 1 发。“海豹”很喜欢在执行任务时携带“中国湖”，因为它的火力持续性高。“中国湖”榴弹发射器的产量很稀少，目前已知有两支分别收藏在美国和越南的专题军事博物馆里，另外，美国海军还保存了两支。

帆布制的简易榴弹携行袋有两个三联式单元，总共可容纳 6 枚 40 毫米榴弹。每个单元里面有塑料制的托弹杯，方便榴弹的装入。整个弹袋两端有带子，可以系住斜挎在身上。

## XM203 型榴弹发射器

美国陆军并不看好革命性的 XM148 型榴弹发射器，试图另行寻求一种枪挂式榴弹发射器。1967 年，陆军武器研究部门宣布了名为“榴弹发射器附件研究”的计划，结果“飞行器装备”公司开发的原型中标，这就是 XM203，经过改良后于 1970 年被正式命名为 M203，但最后大宗的订单却落入柯尔特公司手中。M203 参与了越战后期的战斗，颇受特种部队青睐，此后在美军中一直装备到现在，它能挂装在几乎所有 M16 系列的枪族下，并影响到了其他国家的榴弹发射器设计，算是一款经典的现代轻武器了。

加挂在 M16A1 型自动步枪下的 M203 型 40 毫米榴弹发射器。

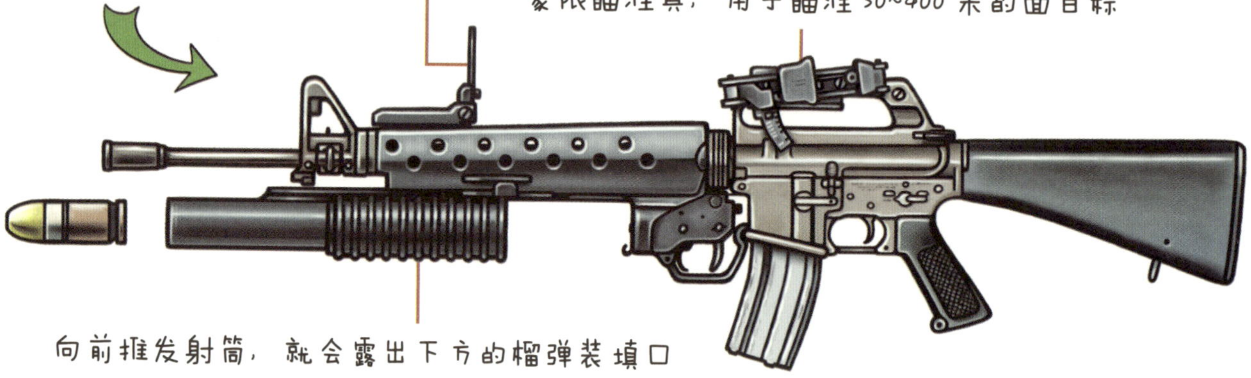


可携带 24 枚榴弹的专用携行背心由尼龙制成，轻便透气，能套穿在防破片背心外面。在美军中伴随着 M203 等各式榴弹发射器一直从越战使用到 20 世纪 90 年代，历经巴拿马、伊拉克、索马里等战火，深受榴弹手的喜爱。

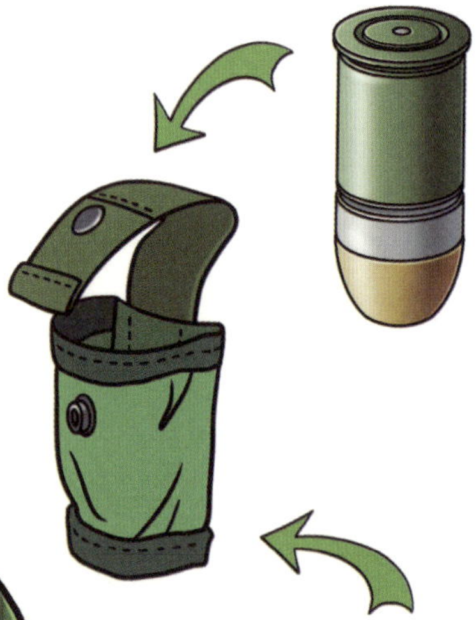

每个小袋里可装一发 40 毫米榴弹，除了高爆榴弹以外，较长些的白磷榴弹也能装进去，因为袋底是通心的。

## M28A2 型武器系统

## M129 型自动榴弹发射器

越战中的榴弹发射器不仅有单兵用的，还有体积较大的连发自动榴弹发射器，比如 XM174、M75 和 M129 型。前文讲到 AH1G “眼镜蛇”武装直升机所配备的 XM28 型武器系统，最初只装了一挺 M134 加特林机枪，后来的 M28A2 型装一挺机枪加一门 40 毫米自动榴弹发射器，这就是 M129 型自动榴弹发射器。

其实早在 1958 年，美军就开始研制 M75 型自动榴弹发射器，越战初期拿去实战测试，1967 年改进为 M129。它俩都靠电机驱动运作，M129 的射速达到 400 发 / 分钟。实战中，它们是一门火力充沛的“连发小钢炮”，短时间内就可以向目标倾泻大量“小炮弹”。

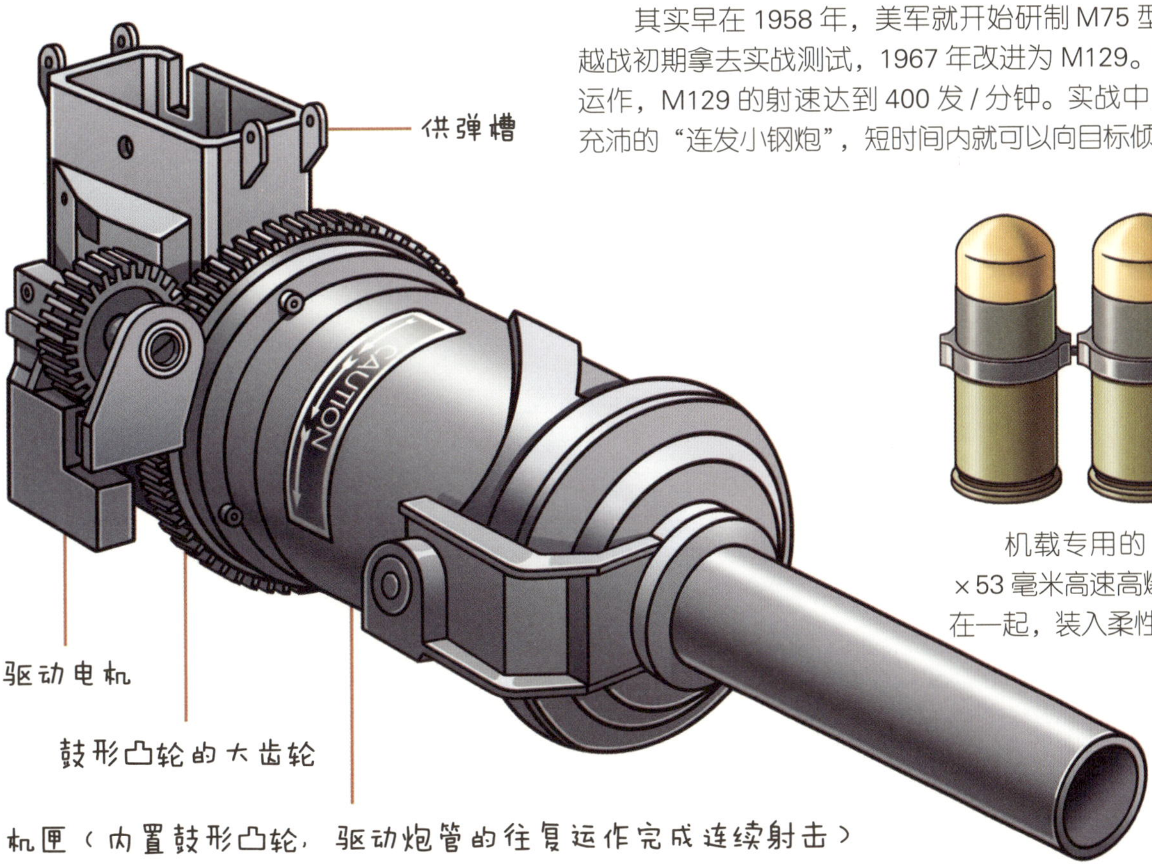


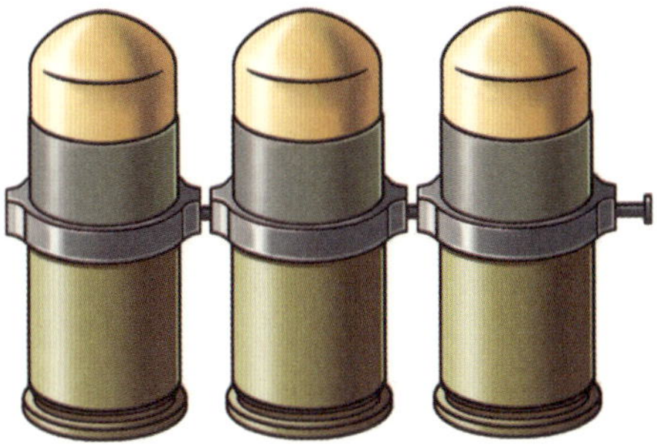

机载专用的 M384 型 40 毫米 ×53 毫米高速高爆榴弹通过弹链串在一起，装入柔性弹链内。

## XM174 型自动榴弹发射器

**性能参数：**

| | |
|---|---|
| 全长 | 712 毫米 |
| 连弹箱全宽 | 387 毫米 |
| 连弹箱全高 | 216 毫米 |
| 重量（不连脚架结合器） | 7.25 千克 |
| （弹箱满载） | 4.5 千克 |
| 最大射程 | 400 米 |
| 有效射程 | 350 米 |
| 理论射速 | 350 发 / 分钟 |

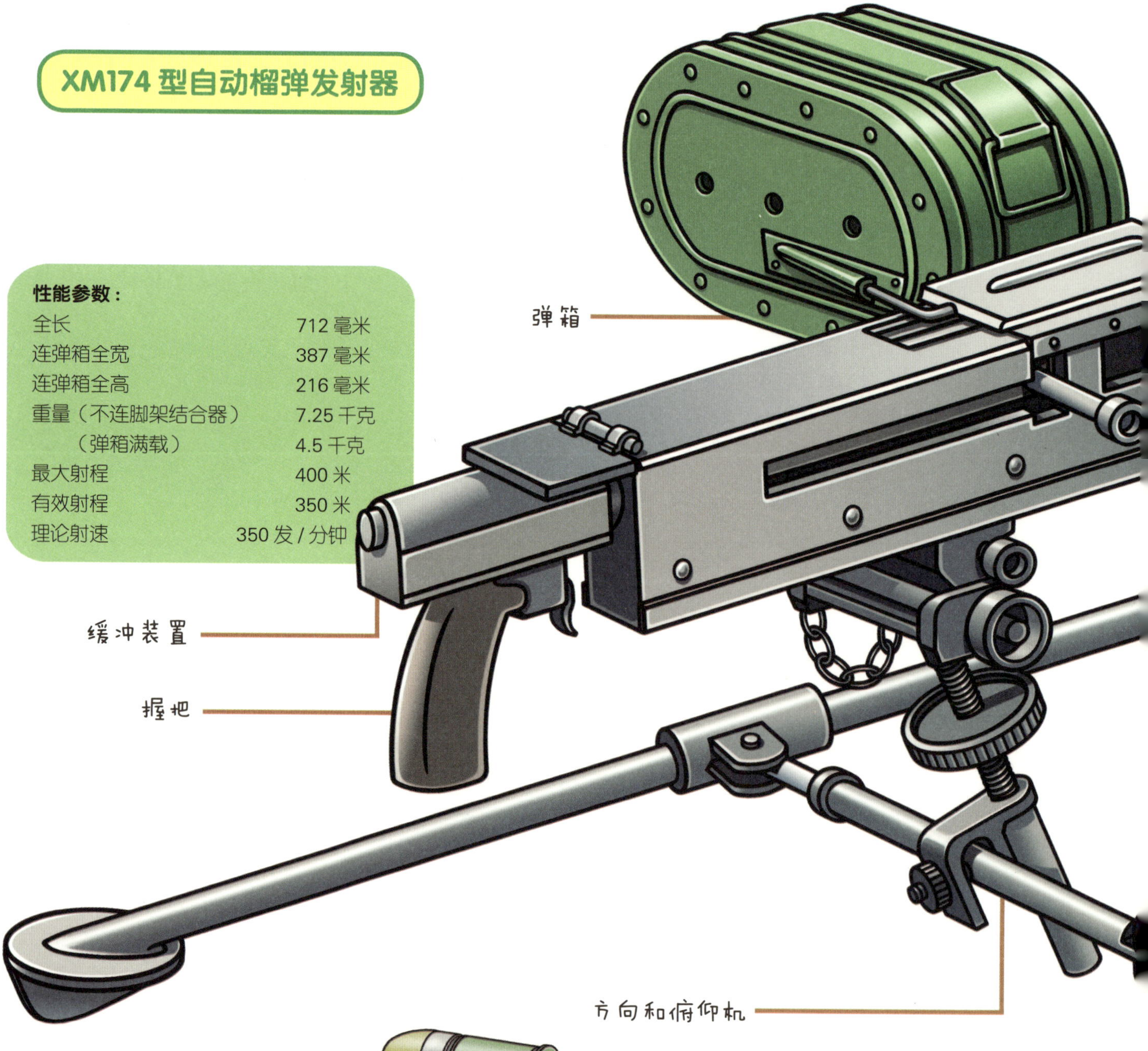


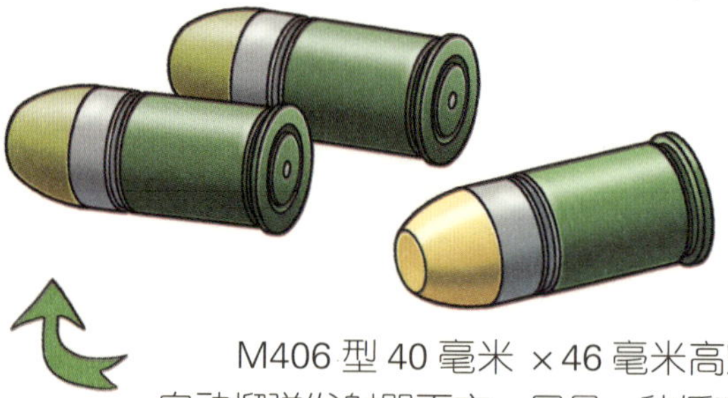

M406 型 40 毫米 ×46 毫米高爆榴弹，对于自动榴弹发射器而言，只是一种低速榴弹。

XM174 型自动榴弹发射器由美国航空喷气军械制造公司研制，1965 年军方完成试验，随后投入越南战场进行测试，小批量地提供给美国陆军、空军和陆战队。除原型外，还根据使用中暴露的问题先后推出了 XM174E1/E2/E3 等改进型。XM174 及其改进型虽然最终没有正式装备美军，但它可以看作是现代步兵自动榴弹发射器的始祖，为后来研制更先进的 MK19 型自动榴弹发射器奠定了基础。

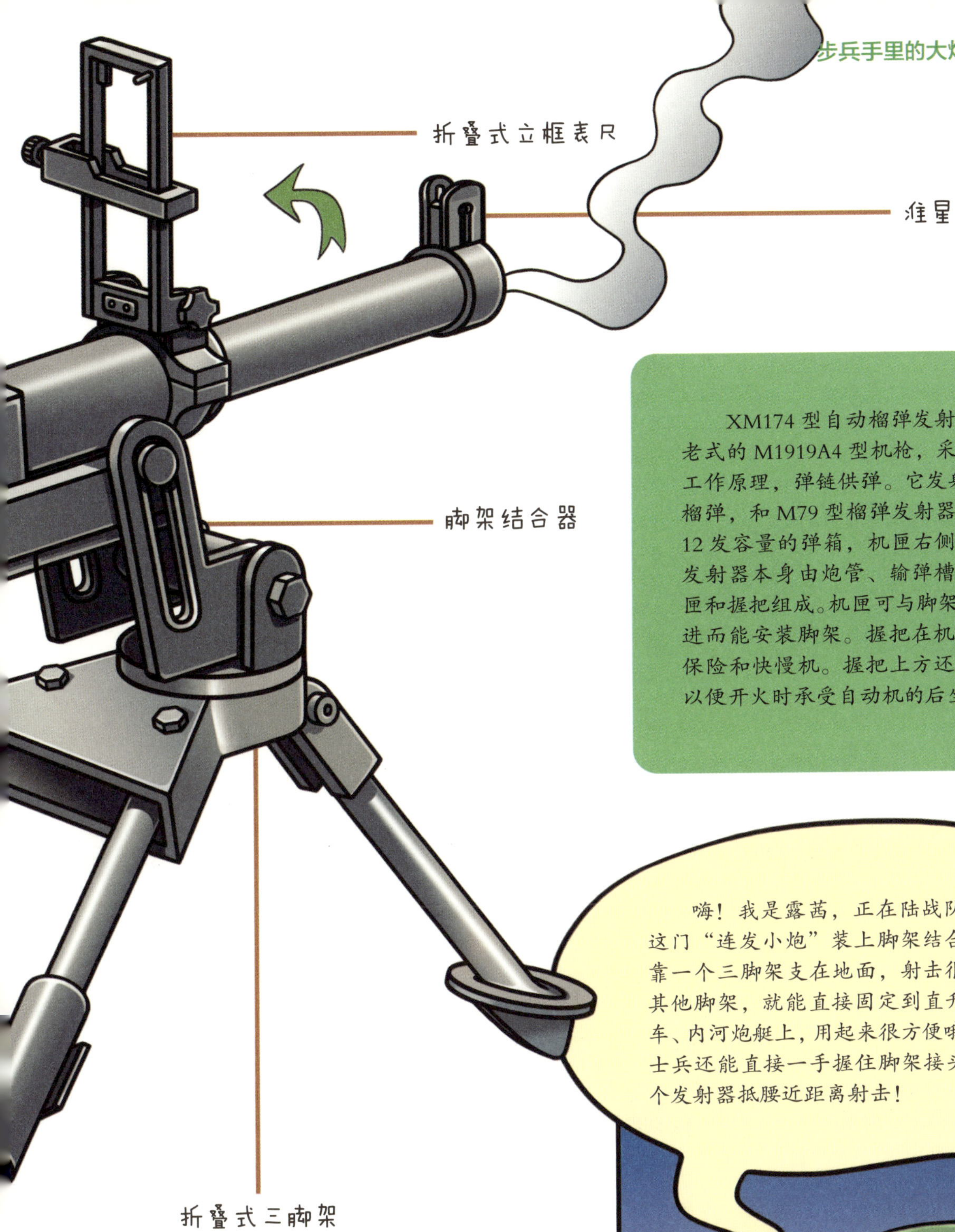


XM174型自动榴弹发射器的设计源自老式的M1919A4型机枪，采用枪机后坐式工作原理，弹链供弹。它发射40毫米低速榴弹，和M79型榴弹发射器一样。配一个12发容量的弹箱，机匣右侧设有抛壳窗。发射器本身由炮管、输弹槽、自动机、机匣和握把组成。机匣可与脚架接合器连接，进而能安装脚架。握把在机匣尾部，配有保险和快慢机。握把上方还有缓冲装置，以便开火时承受自动机的后坐力。

# 反装甲利器
## ——美越火箭筒

火箭筒作为一种轻便且火力强大的轻武器，它的出现让单兵具备了“四两拨千斤”的力量。除能对付装甲目标以外，火箭筒对于车辆、掩体和建筑物等目标同样具有毁伤效果。这种小巧威猛的武器诞生于第二次世界大战中，当时最著名的就要数美国的“巴祖卡”和德国的“铁拳”了。在越战中美国“巴祖卡”的后代 LAW 和“铁拳”的苏式翻版 RPG 再次同台亮相，成为自二战后火箭筒出镜率很高的一次局部战争。

LAW 是“轻型反装甲武器”的英文简称。M72 由美国赫西东方公司于 1958 年开始研制，是一次性的单兵便携式轻型火箭筒，能打击装甲、车辆、建筑物和工事等目标。M72 于 1962 年定型投产，1964 年大批量装备美军。1965 年 M72 首次投入越南战场，由于初期型号命中精度不高，于 1971 年停产，取而代之的是改进过瞄具和火箭发动机的 M72A1 和 M72A2 等型号。

### M72LAW 反装甲火箭

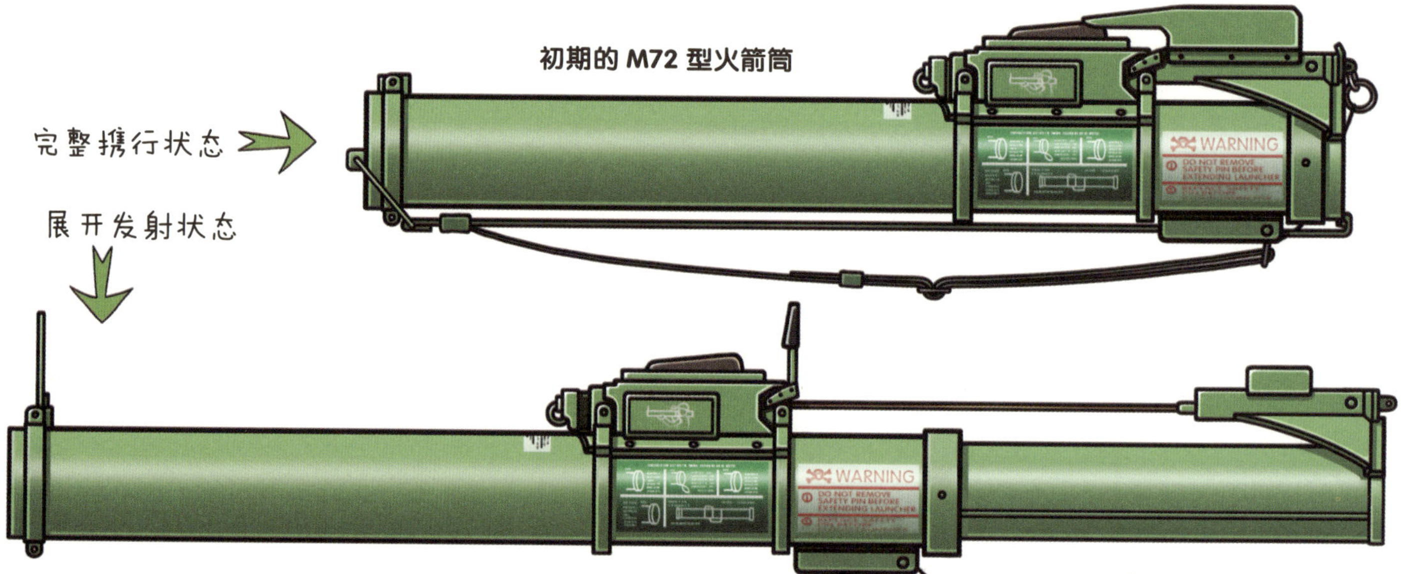


LAW 的突出特点是简易的发射筒兼弹药包装筒：预先密封装在筒内的待发火箭弹及用后即扔的一次性发射筒，这也是它与德式和苏式火箭筒的最大区别，不过后来各国也效仿 LAW 的概念开发了类似的火箭筒，如苏联的 RPG18 和 RPG26。

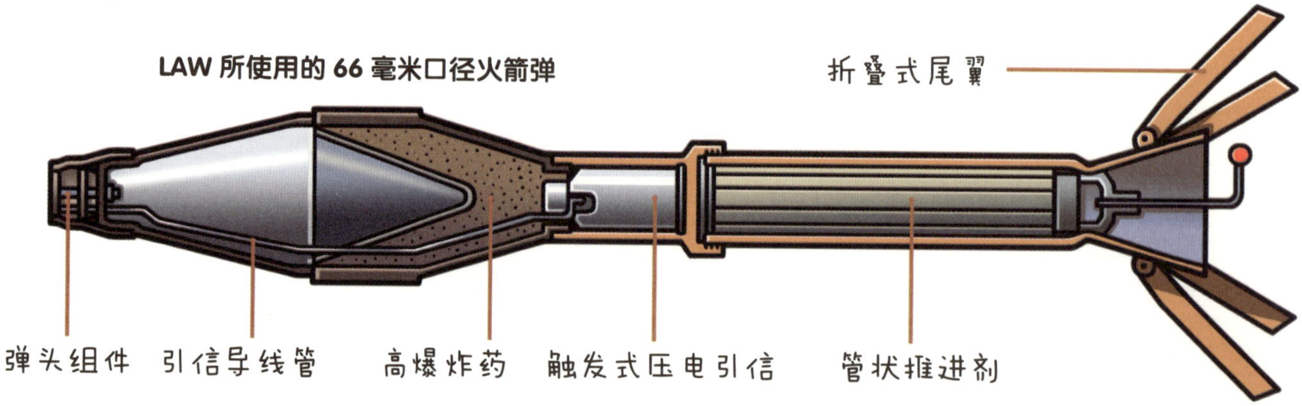


LAW 所使用的 66 毫米口径火箭弹

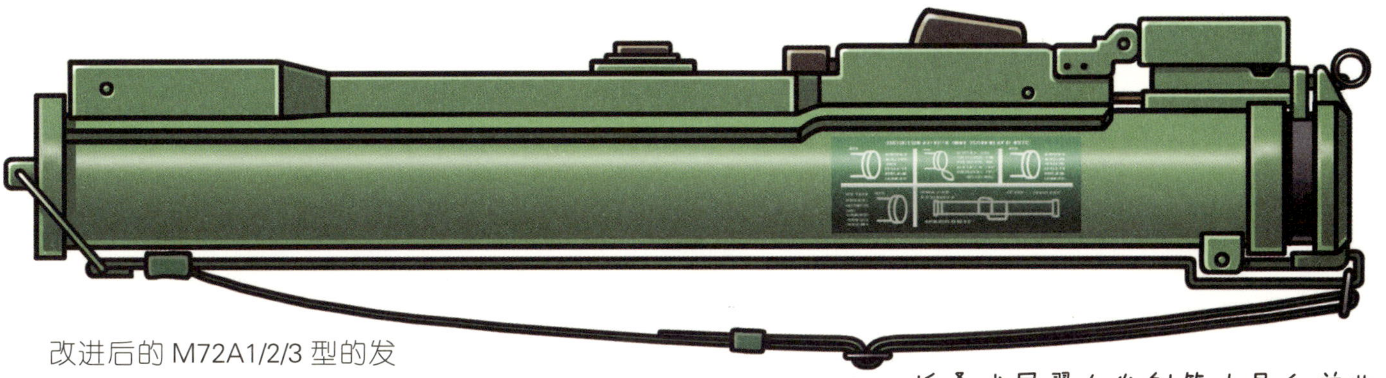

改进后的 M72A1/2/3 型的发射筒延长了击发机构的外壳，成为日后 LAW 外观的标准造型。

折叠式尾翼在发射筒内是向前收起的，发射后靠弹簧张开，初期型号上只有6片，后期为9片。

M72A4 型火箭弹，改进了战斗部威力以增大破甲深度。

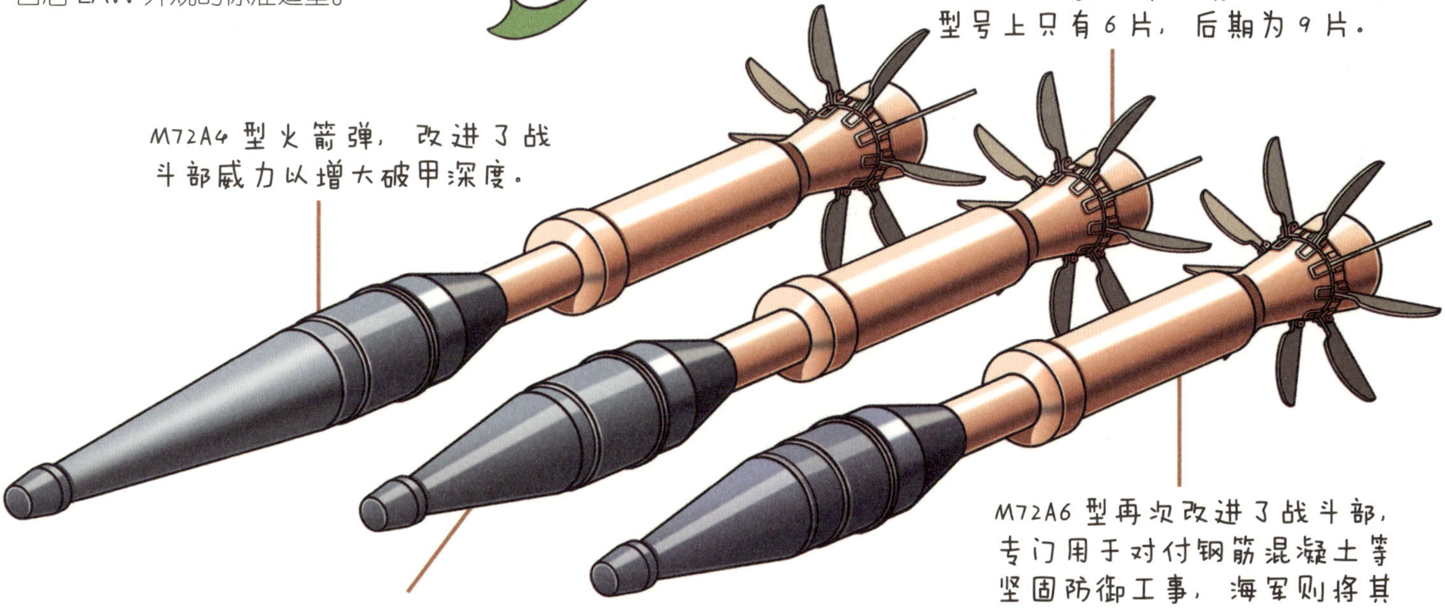

M72A6 型再次改进了战斗部，专门用于对付钢筋混凝土等坚固防御工事，海军则将其命名为 A7 型。

M72A5 型的弹头和 A3 型的相同，只是重新设计了火箭发动机以增加射程。

这是 1968 年 11 月正式配发给驻越美国陆军的尼龙制丛林背包，M72 型火箭筒可以通过大口袋的翻盖压住后收紧带子携行。使用时可随手一抽而出，翻盖上还能用固定带捆住 2 枚 M126 型信号弹。像这种背包的外部固定用法在越战中的美军特种部队和游骑兵里比较流行。

当时美国陆军大兵手中的 LAW 足以对付北越军装备的 T54 和 PT76 等苏制坦克的装甲。

## LAW 的使用步骤

LAW 的使用极为方便，平时无需专门保养，只要在发射前做一个简单的外观检查即可，确认没有进水进沙或是外部件损坏就能操作。后期型在前后瞄具联动上有所改进，不像初期那样要分别展开。

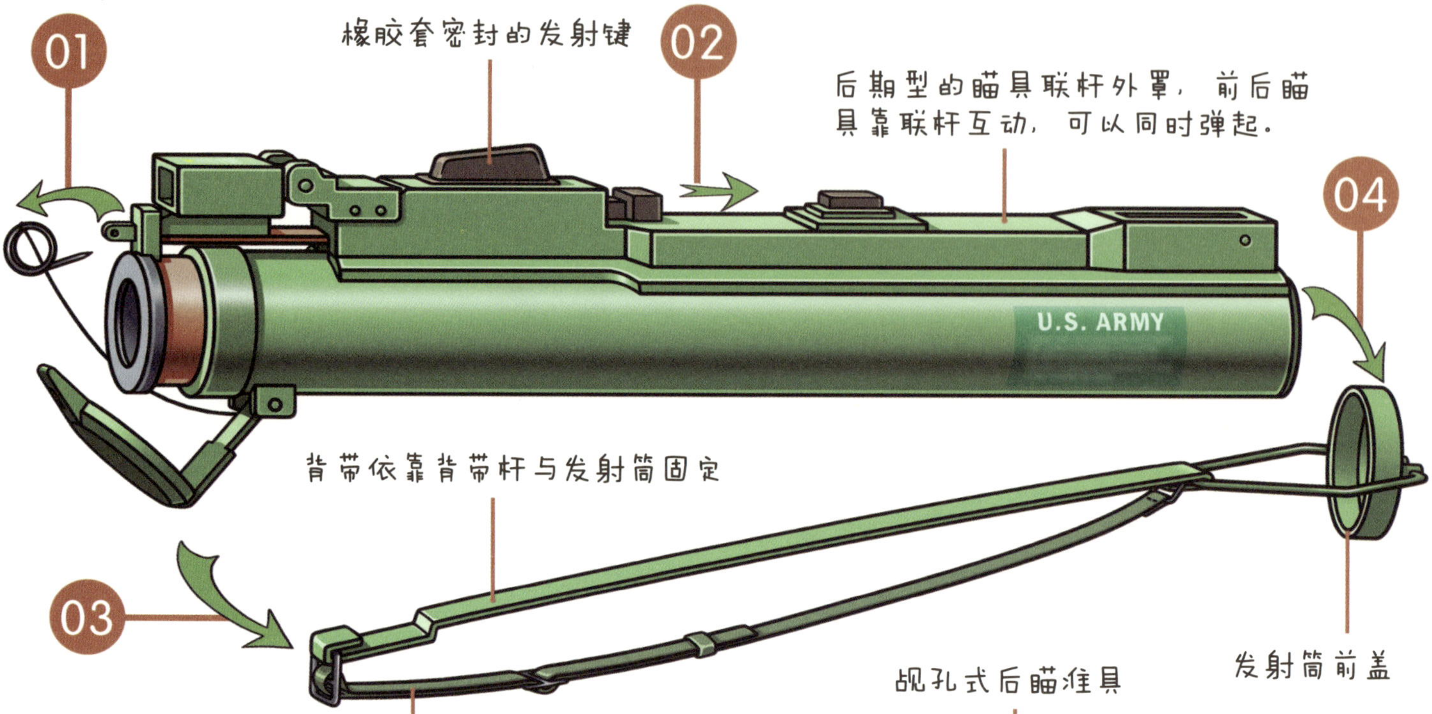


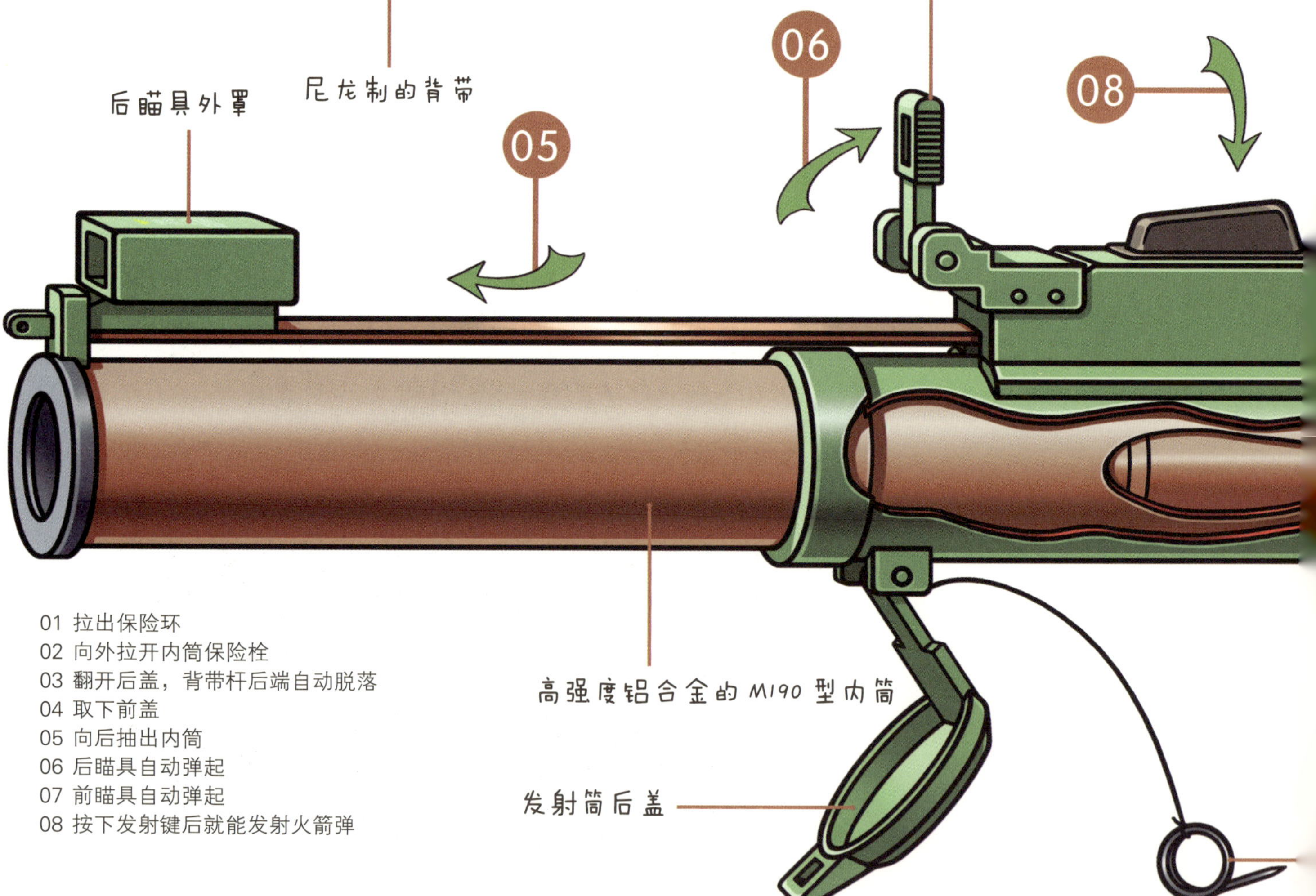


01 拉出保险环
02 向外拉开内筒保险栓
03 翻开后盖，背带杆后端自动脱落
04 取下前盖
05 向后抽出内筒
06 后瞄具自动弹起
07 前瞄具自动弹起
08 按下发射键后就能发射火箭弹

**M72A2 型 LAW 的相关数据：**

| | |
|---|---|
| 发射状态全长 | 893 毫米 |
| 携行状态全长 | 665 毫米 |
| 发射筒重量 | 1.36 千克 |
| 火箭弹重量 | 1.0 千克 |
| 火箭弹射程范围 | 10~1000 米 |
| 火箭弹有效射程 | 150~170 米 |
| 均质钢装甲穿透力 | 250~305 毫米 |

露西小姐亲自示范 LAW 的发射姿势。

次口径的 35 毫米 M73 型训练弹击中目标后会发出与实弹同样效果的声响，并产生蓝色烟尘。

07

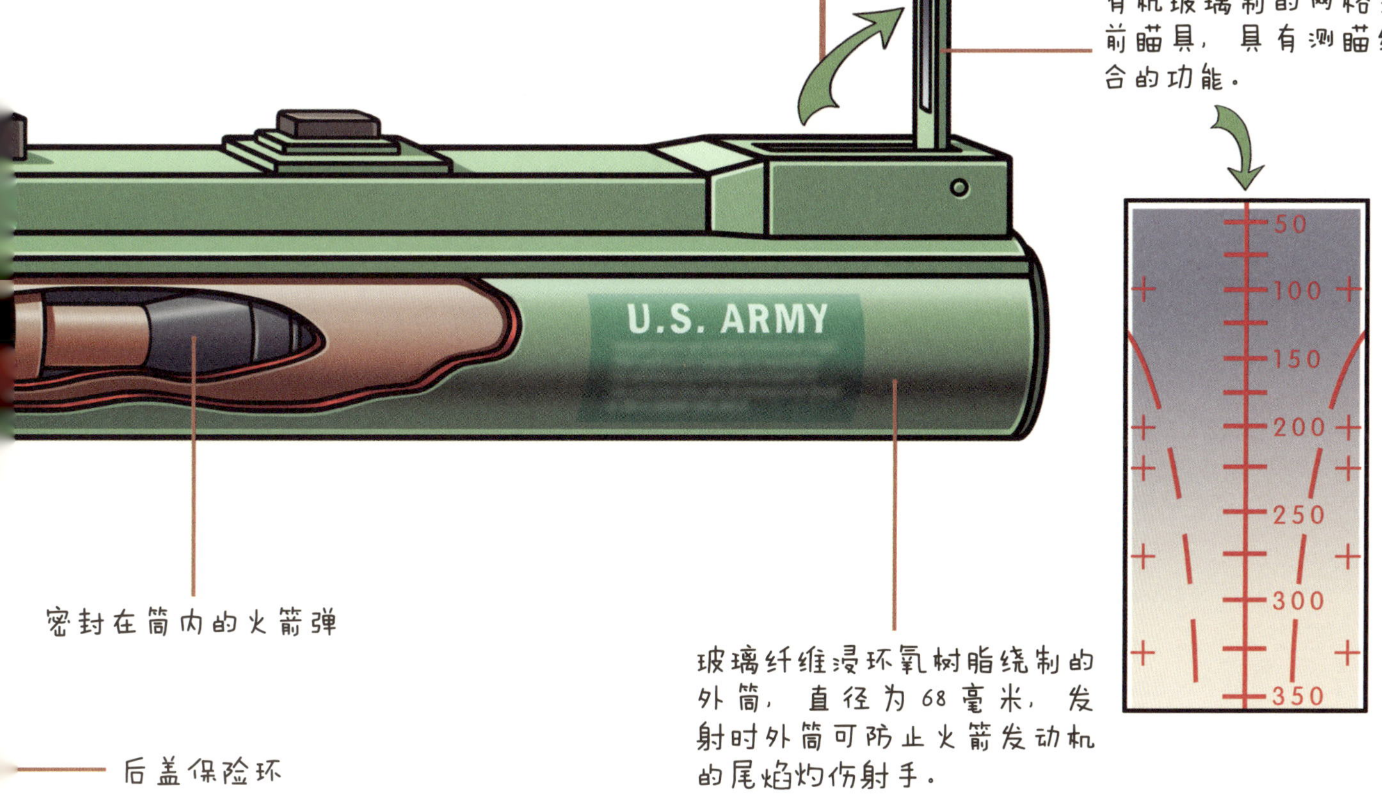

克林特 · 伊斯特伍德在 1976 年的警匪片《肮脏的哈里》第三部《执法者》里使用初期型的 M72 火箭筒给予暴力极端组织头目最后一击，该片的片名“执法者”与 M72 型火箭筒的简称拼法“LAW”（英文“法律”之意）相互映射，意在衬托主角即所谓“正义的化身”，而 M72 在片中亦被称为“法律火箭”。

## M72LAW “影视烟花筒”

越战以后，LAW 继续在美军中服役，参加了 1983 年入侵格林纳达的行动。在整个 20 世纪 70—80 年代里，LAW 也算是一件时髦的武器，除了军用外，也频频亮相于各种动作影视剧中，充当银屏“作秀”的烟花筒。其中最令人惊艳的是 1985 年由阿诺德 · 施瓦辛格主演的《独闯龙潭》里面出现的四联装版本——M202A1 型，像此类现实中笨重无用的“轻武器”只有在影视剧中才能找到它存在的价值。

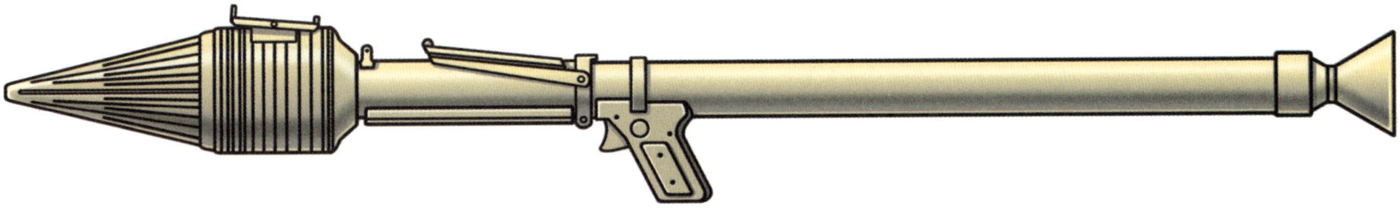

德国的“铁拳”250型反装甲火箭是二战末期“铁拳”系列的终极型号，射程顾名思义可达250米，但还没来得及量产，德国就投降了。苏联在它的基础上研制出了著名的RPG系列火箭筒。

## RPG2 火箭筒

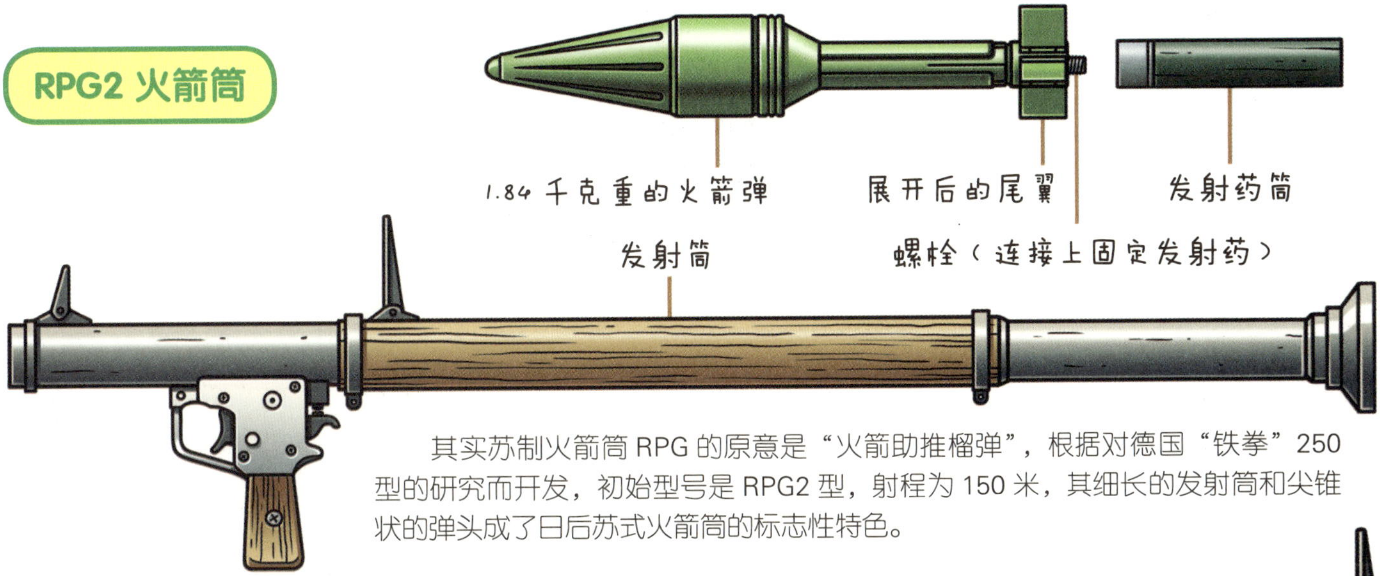


其实苏制火箭筒RPG的原意是“火箭助推榴弹”，根据对德国“铁拳”250型的研究而开发，初始型号是RPG2型，射程为150米，其细长的发射筒和尖锥状的弹头成了日后苏式火箭筒的标志性特色。

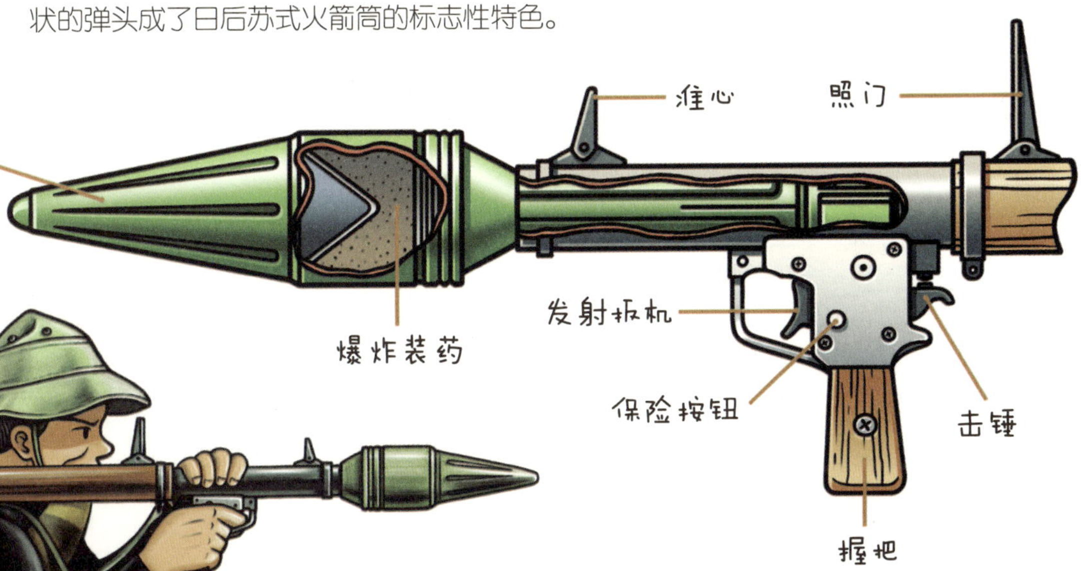


RPG2发射时要先压下击锤柄，然后按下（释放）保险钮，最后扣下扳机就能发射。RPG的弹道为曲线，弹头初速250米/秒，照门上标有50米、100米与150米三种射程。

RPG2型火箭筒首次亮相于越战，它是北越人民军和越共游击队的重要步兵支援火力之一。在缺少重火力的越南人手中，RPG被称为B40炮，就是他们的“多功能大炮”，指哪儿轰哪儿，只要使用得当，不论是天上、地上、水里，RPG都能无坚不摧，因此美国大兵特别惧怕它。

## 越战 RPG7 打击目标系谱图

这里说一下众人皆知的火箭筒“神器”RPG7 型。由于各种媒体报道、影视和游戏都对其可怕的一面有深刻的展现，这里就不再做详细说明了。我们通过一个图谱，来看看这具“万能神器”在越战时期的表现。

天上：低空飞行的 UH1 型“休伊”直升机最易成为 RPG 的目标，就连美军现役的“黑鹰”直升机也在索马里被击落，为此还专门拍摄了电影《黑鹰坠落》。

建筑物、工事等 RPG 照样掀翻。

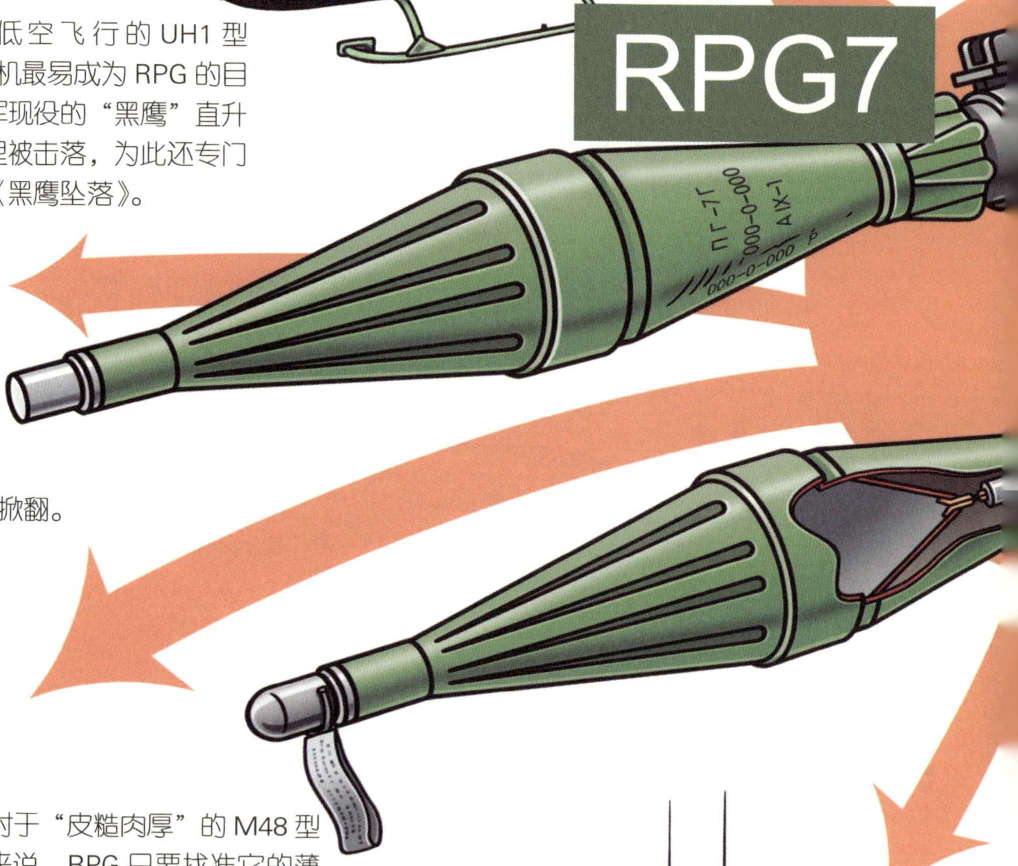

对于“皮糙肉厚”的 M48 型坦克来说，RPG 只要找准它的薄弱环节，一样能把这个大铁“乌龟”报销。

还能直接打人，场面惨烈。

水上：美军在湄公河三角洲地带的内河作战艇也时常受到 RPG 的攻击，为此还专门设计了一种叫 BAR 的格栅式装甲用来卡住 RPG 的弹头，以防其穿透船体爆炸。

地上：对于美军的“战场出租车”M113 型装甲运兵车来说，其单薄的铝合金装甲在 RPG 面前就像纸糊的一样。

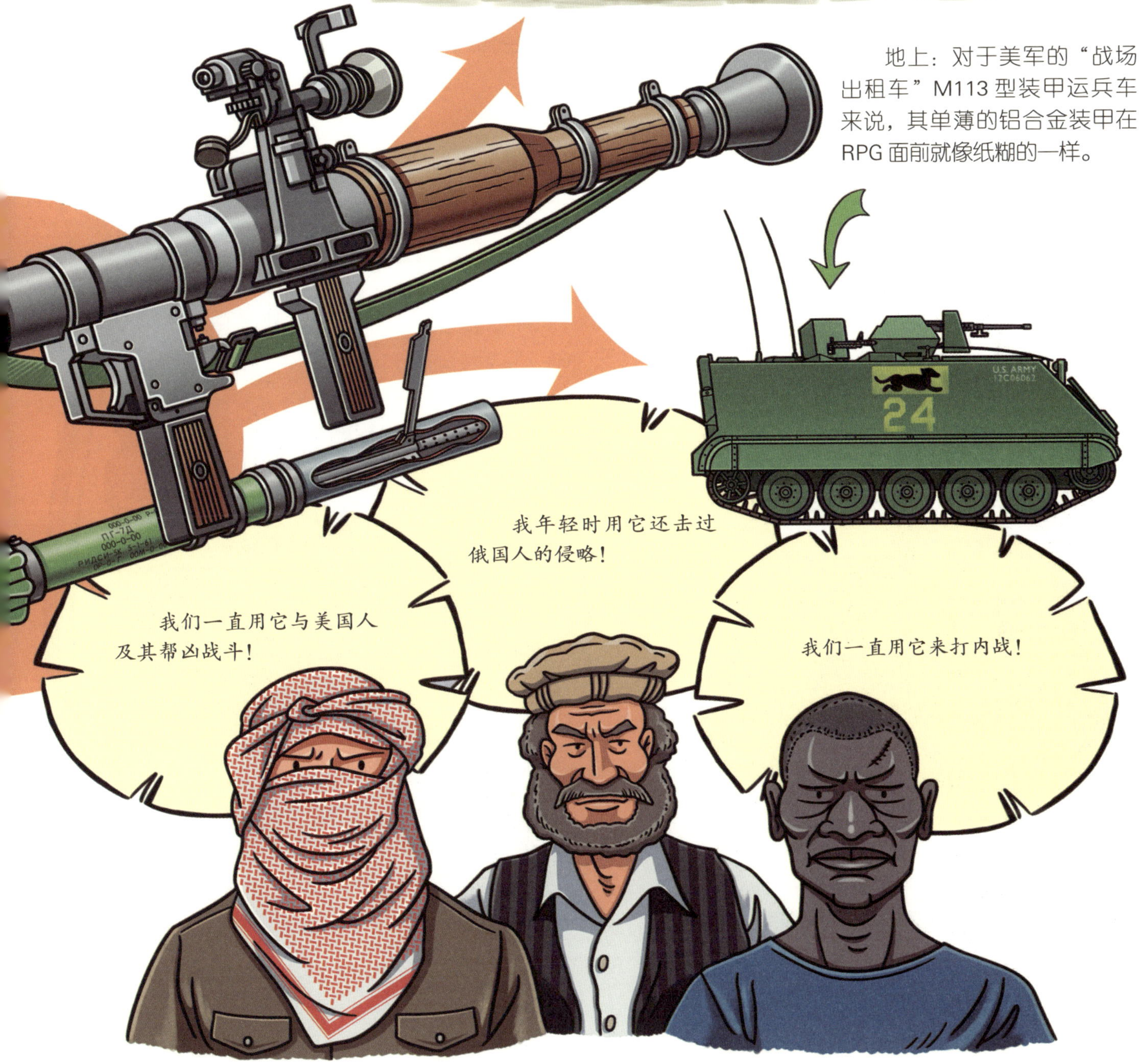


从冷战时期到现在，世界上 RPG7 使用频率最高的主要用户已经超越了原生产国苏联 / 俄罗斯本身，而是阿富汗游击队、阿拉伯和非洲各国的军队及各派武装力量、恐怖组织、民兵、海盗。RPG 火箭筒就如同卡拉什尼科夫突击步枪一样，成为了动乱地区的轻武器标杆。这支可怕的“万能神器”未来还将继续存在。

# 诡用多端

## ——手榴弹和地雷

越战是二战后的一场重要局部战争，对世界军事格局有深刻的影响。越战中的武器装备是又一次“万国牌”大聚会，其中既有二战时期的“老货”，也有冷战中推出的新品，而且很多还是当今一些现代化兵器的前身，所以越战中的武器具有承前启后的划时代意义。越战的地面作战中，小规模的近距离战斗概率很高，手榴弹的使用很频繁。丛林与河流交错密布的地形，也为诡雷、地雷的布设提供了天然的隐蔽场所。

**MK2 型手榴弹**

MK2 型手榴弹的击发装置开创了美式手榴弹的先河。

M26 型手榴弹从越战到现在，仍在美军中服役。

1961 年，美国以所谓“特种战争”的模式开始武装干涉印度支那事务，也就是开始向南越政权派出一批军事顾问，帮助训练和指导伪军。这拉开了越战的序幕。早期介入越战的美军军事“顾问”们，有很多还在使用二战时期的装备。图为充当南越军队教官的美国陆军第 7 特种作战群士官，身着“猎鸭”迷彩作战服，战斗装具和 M1 型卡宾枪都是二战时期的，当然还有胸前挂的那枚 MK2 型手榴弹。

MK2 型手榴弹曾是二战时期美军的制式手榴弹，采用预制破片结构，爆炸时会因为外壳的凹槽形成许多比较规整的破片，提高了对目标的杀伤效率。这样愣头愣脑的外形因其酷似“菠萝”而得到绰号。MK2 型的操作原理为后来的 M26、M67 型手榴弹所继承，基本都是由保险环、握把、弹簧、击锤、底火、雷管和炸药等组成。

手榴弹和地雷一直活跃在现代战争中，包括越南战争，参战的美国和越南双方都曾大量使用。而鉴于战场环境是丛林，交战形式非对称，美军还使用了一些具有特殊杀伤效果的手榴弹和地雷，让步兵手里这两种不起眼的“小炸弹”发挥出惊人的效果。下面让我们来简单认识一下它们吧！

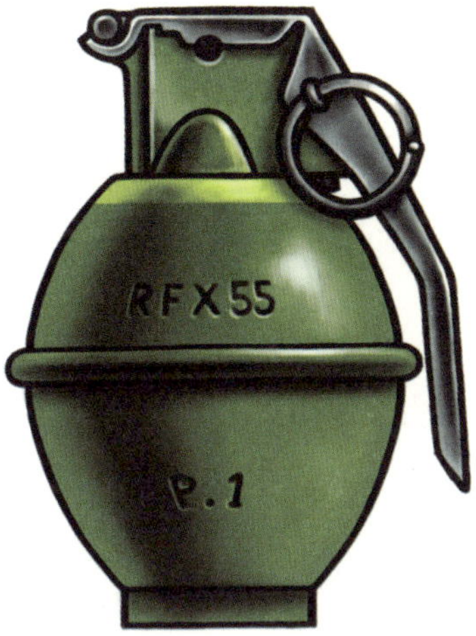


M26 型手榴弹代替了二战到朝鲜战争时用的 MK2 “菠萝”，表面光滑了，体积小、重量轻，杀伤范围更大。它是越战后至今，美军手榴弹的代表型号。

这是一身（虎斑迷彩贝雷帽和 ERDL 迷彩战斗裤）越战时美军特种部队打扮的军事模特儿露茜小姐。她身上挂满了各式各样的手榴弹，你能看出有哪些种类和型号吗？

战时美军携带手榴弹的方法很多，常见的一种是挂在枪弹弹匣袋的两侧，那里有专门用来挂弹的“耳朵”。

## M26 型手榴弹

越战中，为防止手榴弹保险拉环意外脱落引发的走火，还额外增加了保险握把上的铁丝扣，构成了双重保险。

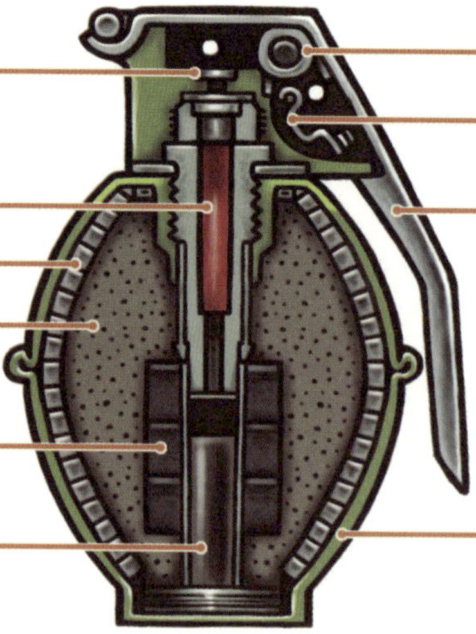


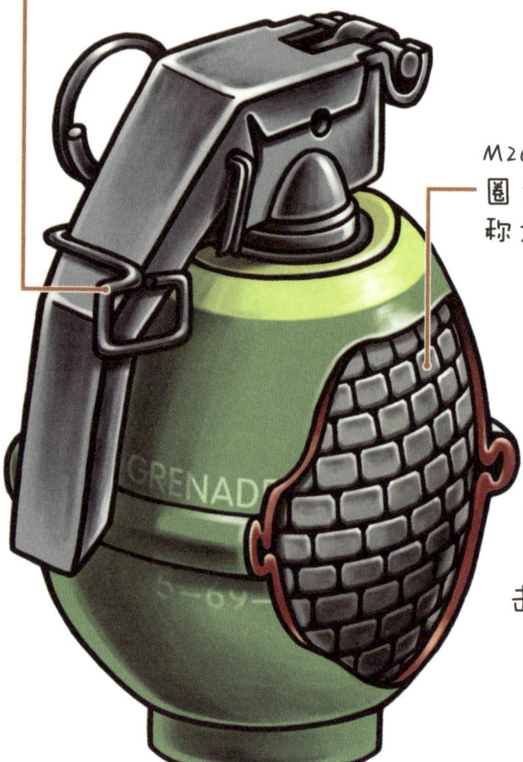


## 基本结构与爆炸原理

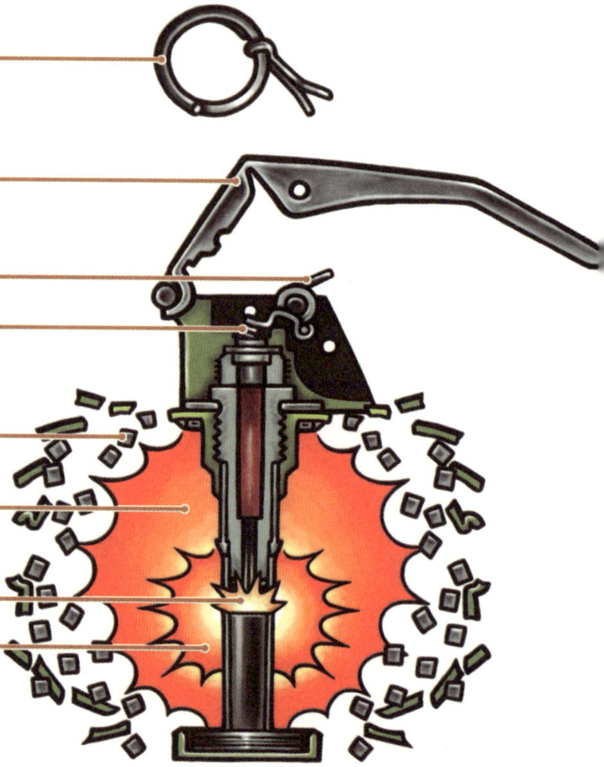


## M67 型手榴弹

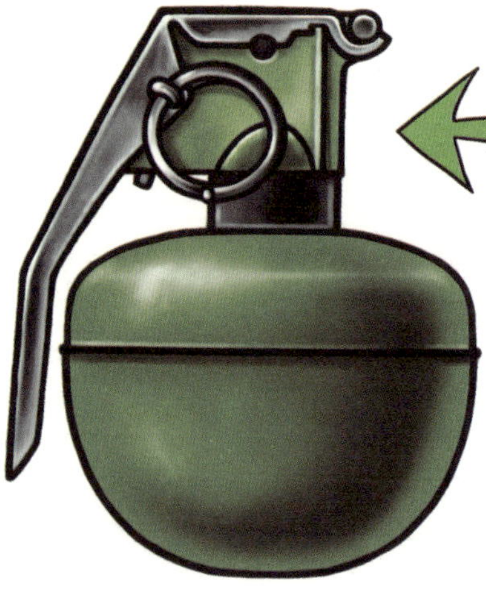

美国人热爱棒球运动，所以稍后出现的 M67 就被刻意设计成球形。它的体积更加小巧，预制破片换成了钢珠，装药量更大。

M67 型手榴弹的内层则被钢珠包围着，爆炸时飞散的钢珠如同霰弹一般杀伤周围的有生目标。

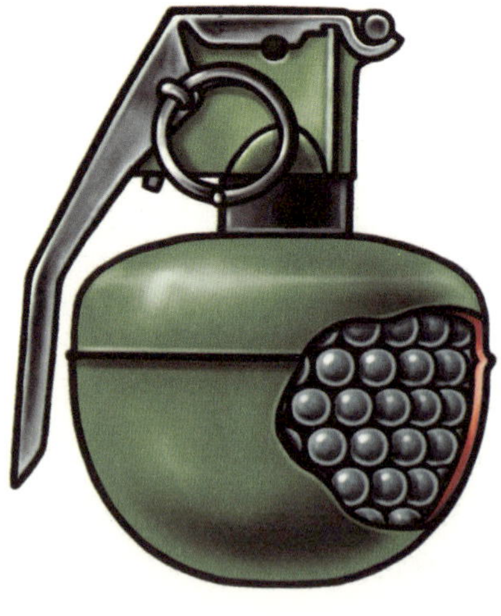

## 手榴弹的投掷方式

**M26 与 M67 型手榴弹数据对比：**

| | M26 | M67 |
|---|---|---|
| 重量 | 454 克 | 390 克 |
| 直径 | 57 毫米 | 63.5 毫米 |
| 装药 | 156 克 | 184 克 |
| 引信 | M204A1 型 | M213 型 |
| 延时 | 4~4.5 秒 | 4~5 秒 |
| 有效杀伤半径 | | 皆为 15 米 |
| 投掷距离 | | 皆为 40 米 |

注 :M26 与 M67 型的爆炸装药皆为 B 型炸药，其中含有 40%TNT（三硝基甲苯），60% 为 RDX（甲醛、氨、硝酸）。此种混合炸药特别适合作为榴弹的装药使用。

美国大兵站立投掷手榴弹的基本姿势：先把左臂抬平向前伸出，保持身体平衡，再把持弹的右臂向上抬起并弯曲手肘，躯干微向后仰，然后用力把手榴弹向前以 45° 抛物线掷出去！

美军的手榴弹一般松开保险后延迟 4~5 秒爆炸，所以大兵们有足够的时间找掩护。如果要在没有松手的情况下解除手榴弹引爆，只需将保险环插针重新插入握把孔内锁住即可。

## M18 型烟雾弹

这些五颜六色像易拉罐的筒子装的可不是饮料！它们是一种烟雾弹族，有各种各样的变型弹，装料与用途也不同。美军使用这种手掷的、“铁皮罐”形的 M18 型烟雾弹始于二战时期，在越战中发展出多种其他型号，这些烟雾弹曾发挥过特殊的作用，至今仍在美军及很多国家的军队中服役。

## M34 型手榴弹

M34 型白磷燃烧弹是一种集燃烧、烟雾、闪光等功能于一体的多用手榴弹，能产生 2760℃的高温，瞬间将有生目标烧得面目全非。越战期间，美军频繁使用这些极具杀伤力的武器，给对手和自然环境造成了严重伤害。由于其非人道的杀伤力，现在国际上禁止使用白磷燃烧弹作为人员杀伤武器，只准将其用于目标指示。

**各式各样的“铁皮罐”：**

A. M18 型烟雾弹（黄色烟），用于掩护、迷惑对手及航空指示。
B. M18 型烟雾弹（红色烟），用于掩护、迷惑对手及航空指示。
C. M8 型盐酸烟雾弹，利用盐酸在空气中形成大片的烟雾效果。
D. M14 型铝热剂燃烧弹，用于投掷引燃及焚烧目标。
E. M7A3 型催泪瓦斯弹，用于房屋、坑道等非杀伤式人员清理和防暴镇压行动。

投掷烟雾弹可以用来迷惑敌人、掩护己方地面人员移动，也可以用作航空起降指示，在开阔的林间空地效果非常明显，但在茂密的丛林地带则难以见效，这就需要白磷弹出马了。

白磷弹是利用了白磷在空气中燃烧的特性，爆炸时的视觉效果特别夸张，白色烟柱犹如天女散花般向四处飞射。而在越南遮天蔽日的茂密丛林中，地面人员要想让空中的己方飞机发现自身所处的大概位置，那就得往不远处扔一枚白磷弹进行航空指示，那高大的“白色烟花”可以很明显地让飞行员看到。

## 水下陷阱

美军陷入越南游击战的泥潭后，各种各样的诡雷就是大兵们的噩梦，使其在丛林中提心吊胆、防不胜防。

图为越共游击队布设在小河道里的“罐头雷”，你能找出它在哪儿吗？看完后面的详细介绍，你就能轻松找到。

## F1 型手榴弹

苏联的 F1 型防御手榴弹和美国的 MK2 型一样，都是师从更早的英国米尔斯手榴弹（首款“菠萝”形手榴弹），不过它的绰号是“柠檬”。二战中苏军大量装备 F1 型预制破片手榴弹，其特点是破片厚重、装药量大、威力强。中国曾于 1957 年仿制了 F1 型，命名为防 –1 型防御手榴弹。

F1 型的生产一直持续到二战后，除苏联外，还装备了很多第三世界国家的军队，陆续参加过朝鲜、越南、阿富汗等局部战争，直到现今仍在使用。在越战中，北越人民军与越共游击队广泛使用过 F1 型手榴弹，并利用其威力大的特点制作了很多诡雷和陷阱，令美军防不胜防。

**F1 型手榴弹的基本构造：**

A. 保险握把

B. 保险环

C. 击针杆（末端被保险握把锁住）

D. 压紧的击针弹簧

E. 击针（带弹簧垫圈）

F. UZRGM 通用发火件外壳

G. 保险拉环另一端的锁结

H. 底火

I. 导火索

J. 厚重的铸造弹体

K. 雷管

L. 60 克 TNT 炸药

注：UZRGM 通用发火件是一种很多苏制手榴弹采用的引信，通过螺纹与弹体连接，构造简易可靠。

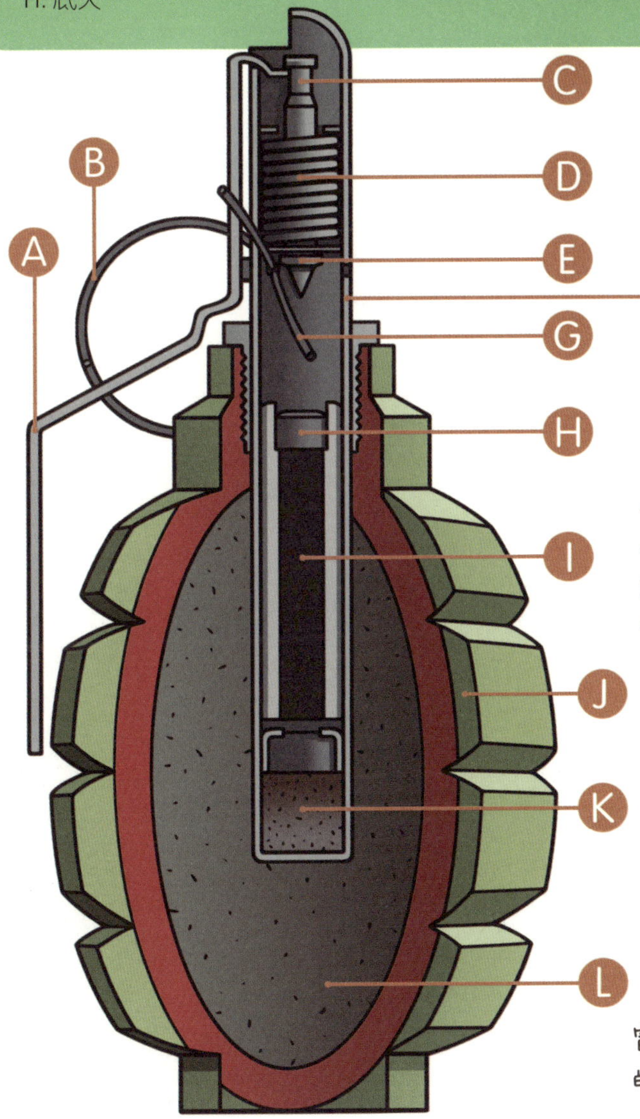


**UZRGM 通用引信工作原理**

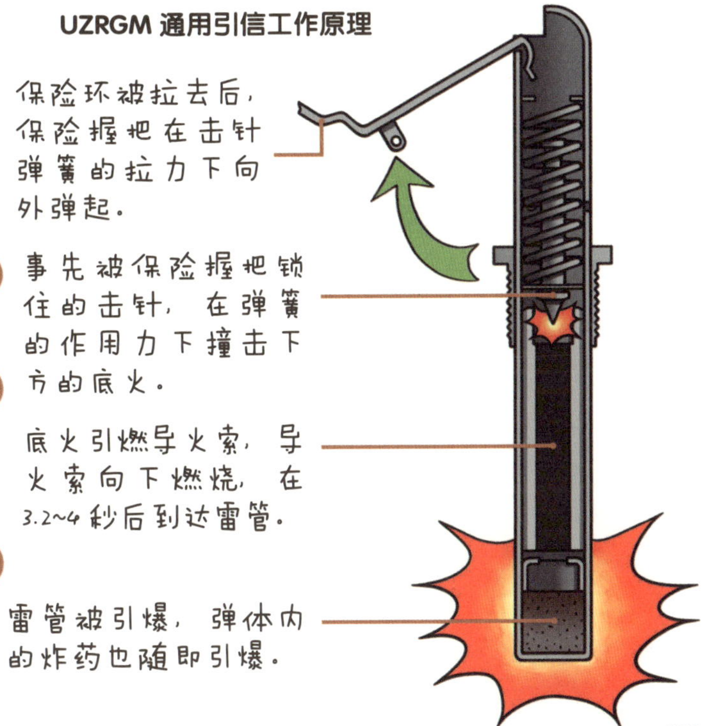

## RG42 型手榴弹

F1 型手榴弹厚重的铸铁弹体不仅重量大，而且造成弹片威力过强，杀伤半径达 30 米。经常是一不小心，投掷手本身也会被炸伤。于是在二战后期，苏联又研制了轻便的 RG42 型防御手榴弹。它采用了当时比较新颖的圆柱形铁皮冲压弹体，与美国的烟雾弹弹体一样，都酷似“罐头”。

不过，别被 RG42 型轻巧的外形所迷惑。它的壳体内侧覆有三层刻有槽线的预制破片层，内置 118 克 TNT 炸药，所以威力仍然很强。缺点是其光滑表面、圆柱体外形不利于握持。这种外形只适合烟雾弹等类型，而不适合需要投远的杀伤型手榴弹。二战后苏军便不再装备 RG42，在越战中将其剩余的提供给北越和越共游击队使用。

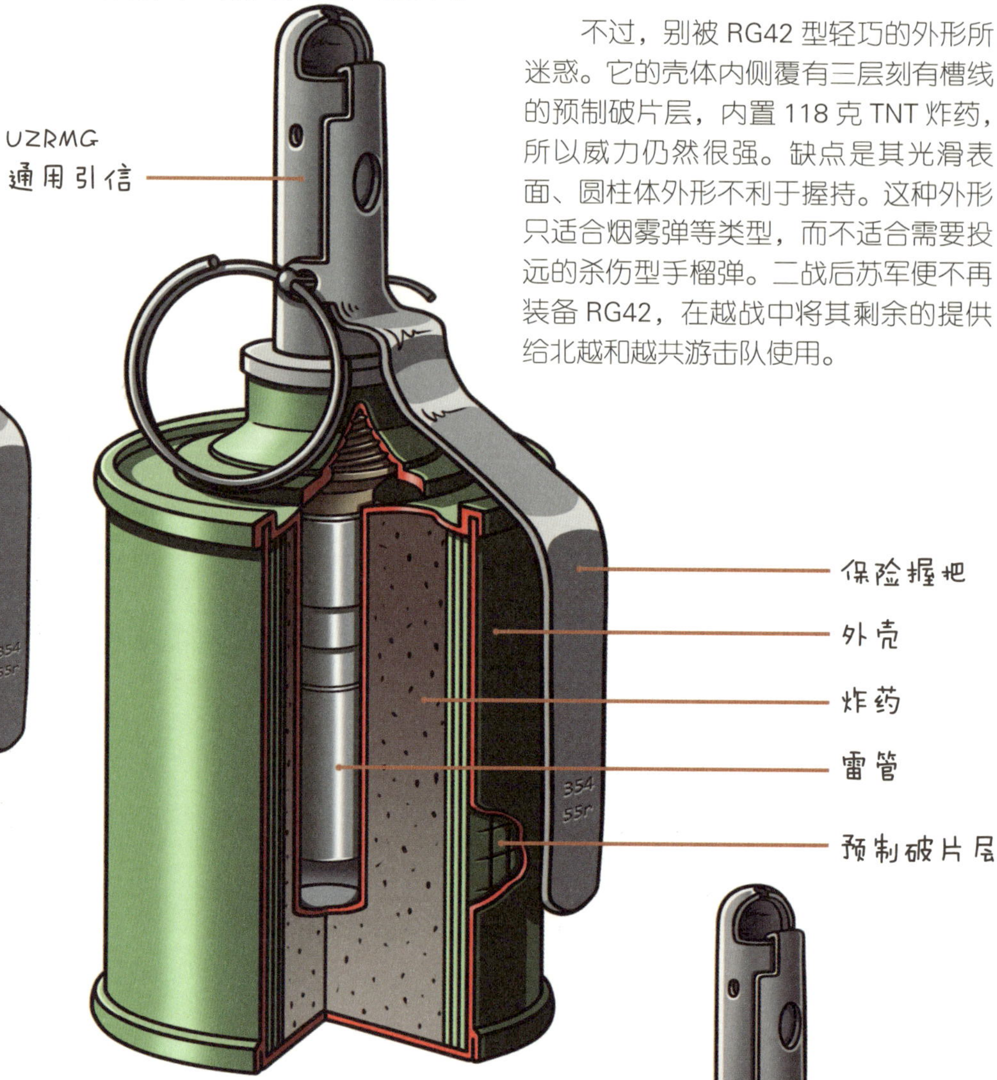


## RGD5 型进攻手榴弹

二战后，苏联针对 RG42 的外形缺点设计了更适合握持的 RGD5 型进攻手榴弹。它外形呈卵形，相对 RG42 更小、更轻，投掷距离更远。RGD5 的结构非常简单，上部仍然采用 UZRGM 通用引信，弹体仅由上下两个冲压而成的半球形轻薄外壳构成，但内置的 110 克 TNT 炸药使其威力也不减。该型手榴弹引爆后，装药产生的巨大动能将弹体外壳撕裂，形成破片向四周迸射。

RGD5 型进攻手榴弹的基本构造与 F1 和 RG42 型相当，可以看作是前两者的一种简化版本，造价低廉，在苏联及其盟友军队中大量装备。越战中，苏联曾提供大量 RGD5 型给北越。直到今天，这种手榴弹仍活跃在一些战乱地区。

## 67 式木柄手榴弹

手榴弹大家族中有一种特别的类型，就是木柄式手榴弹。世界上最早的制式木柄手榴弹是第一次世界大战时期的德国 M16 型，后来又发展出 M17、M24 等型号。抗日战争时期，中国军队大量使用德制 M24 型及其仿制品。后来直到解放，一向都有使用木柄手榴弹的传统。越战期间，中国援助了大量木柄手榴弹给北越，作为进攻时的利器使用。这其中最著名的就是 67 式了。67 式是在之前 59 式、63 式木柄手榴弹的基础上发展而成的，主要改进了制作工艺、发火装置和整体密封性，防水与可靠性得到增强。作为继德国之后第二个以木柄手榴弹为步兵制式装备的国家，中国的木柄手榴弹较德式的短小些。木柄手榴弹的优势在于投掷距离远，缺点是过于长大笨重（尤其是德式），爆炸效率不高（多数没有预制破片，弹片数量少）。现在木柄手榴弹已逐步被更先进的其他型号所替代。

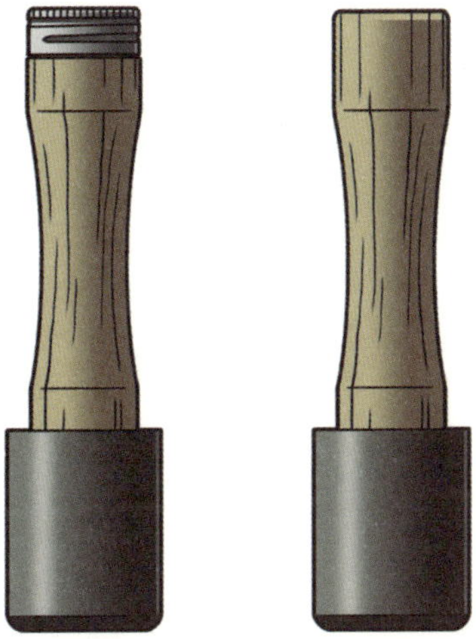

普通弹　　训练弹（实心无装药）

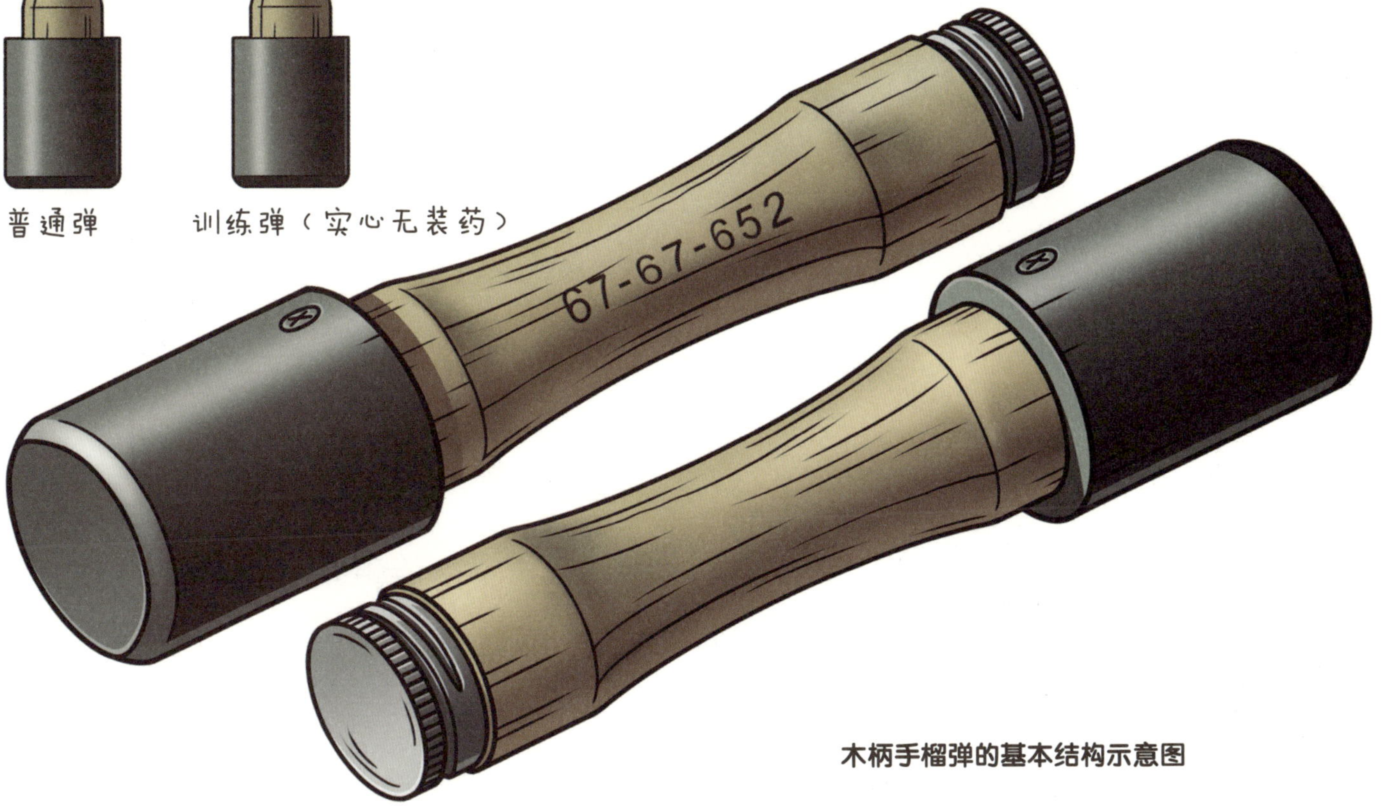


**木柄手榴弹的基本结构示意图**

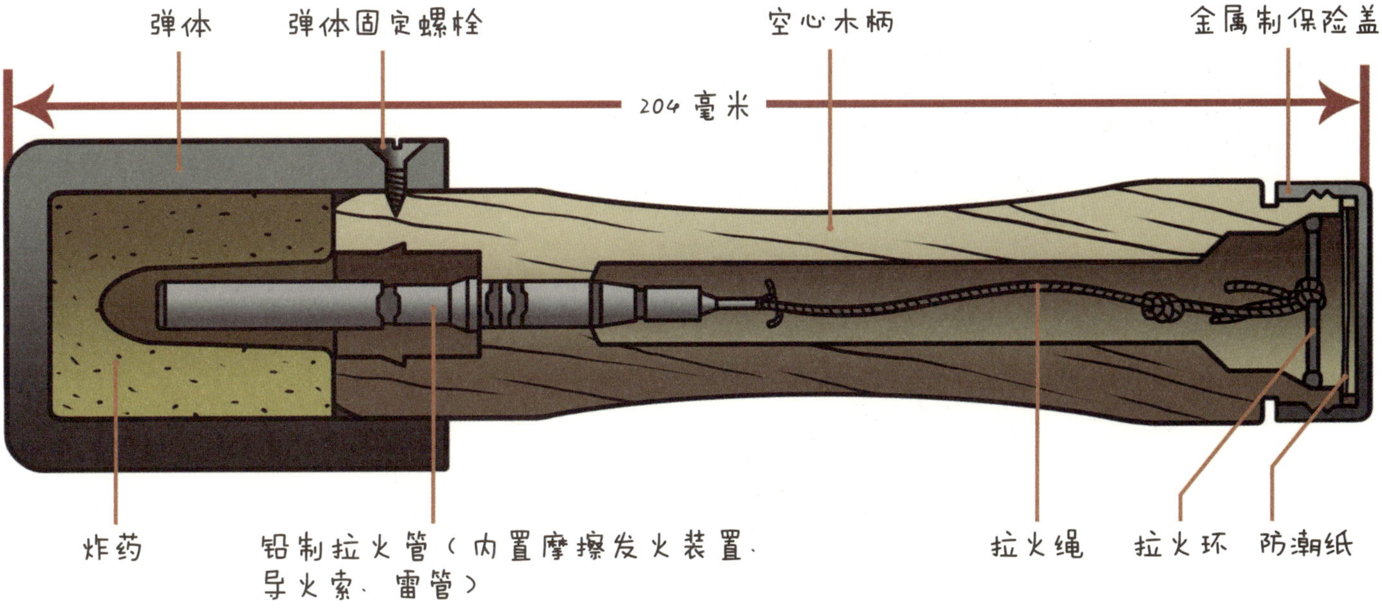

**木柄手榴弹的操作步骤：**

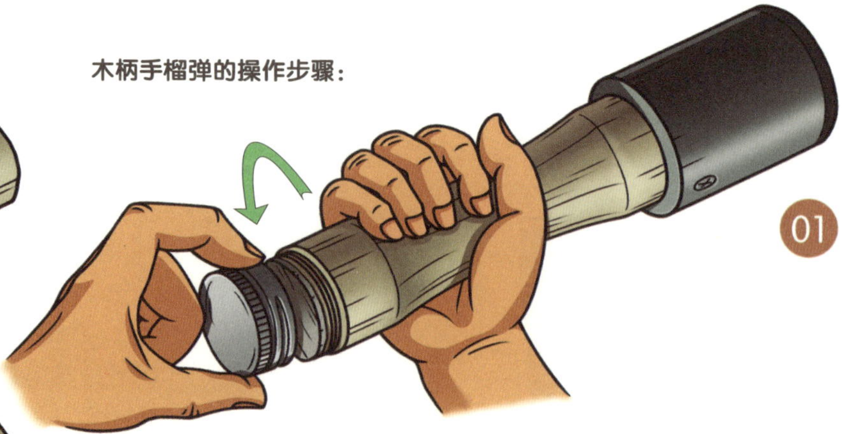

01 逆时针拧开木柄尾部的保险盖；
02 用小指尖捅破防潮纸；
03 小指顺势钩出拉火环并拉动拉火绳，导火索点燃的同时迅速扔向目标，延时引爆时间约为 3~3.7 秒。

北越人民军使用木柄手榴弹的方式除了传统的投掷外，还有自制的集束手榴弹用法。下图是北越人民军组织攻坚的特攻队员，右手投掷单枚手榴弹，左手手持一根竹竿，顶端用麻绳捆绑着 4 枚 67 式手榴弹，底盖完全开启，将拉火绳全部连在一根更长的细线上。靠近敌人的掩体或战壕时，可以把 4 枚弹全部拉着，借着竹竿将其塞进敌阵地里，给敌人坐上“土飞机”。当然，这种使用方法也是一种自我牺牲式的敢死队行为，前人阵亡，后人会接替他继续冲锋投弹。

## 手榴弹携行袋

种类繁多、形状各异的手榴弹在单兵携带时少不了专用的携行具，这一点在东方阵营更显著，有比较齐全的装备。越战时的北越军和越共游击队有 3 种款式的专用手榴弹携行袋：中国提供的四联式（A），北越自制的四联式（B）与双联式（C）。三者都配有能斜挎在肩上的带子，而且除了较长的木柄手榴弹，苏制的 F1、RGD5 与 RG42 型手榴弹都能装进去。受原材料和生产工艺的制约，北越自制品在做工上没有中国制造的细致。除此之外，中国的 56 式冲锋枪胸挂弹袋两侧也各有两个手榴弹袋。

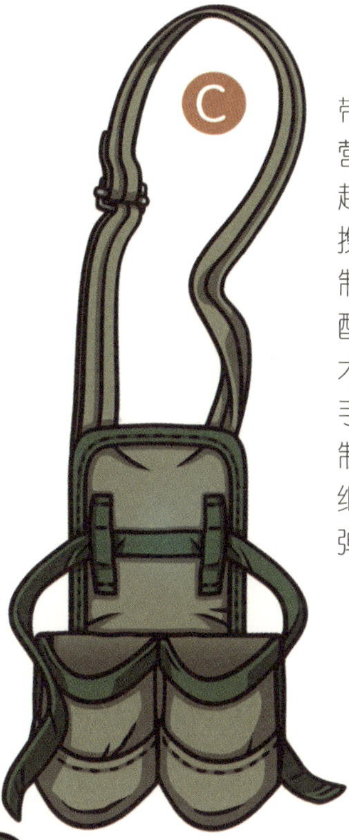

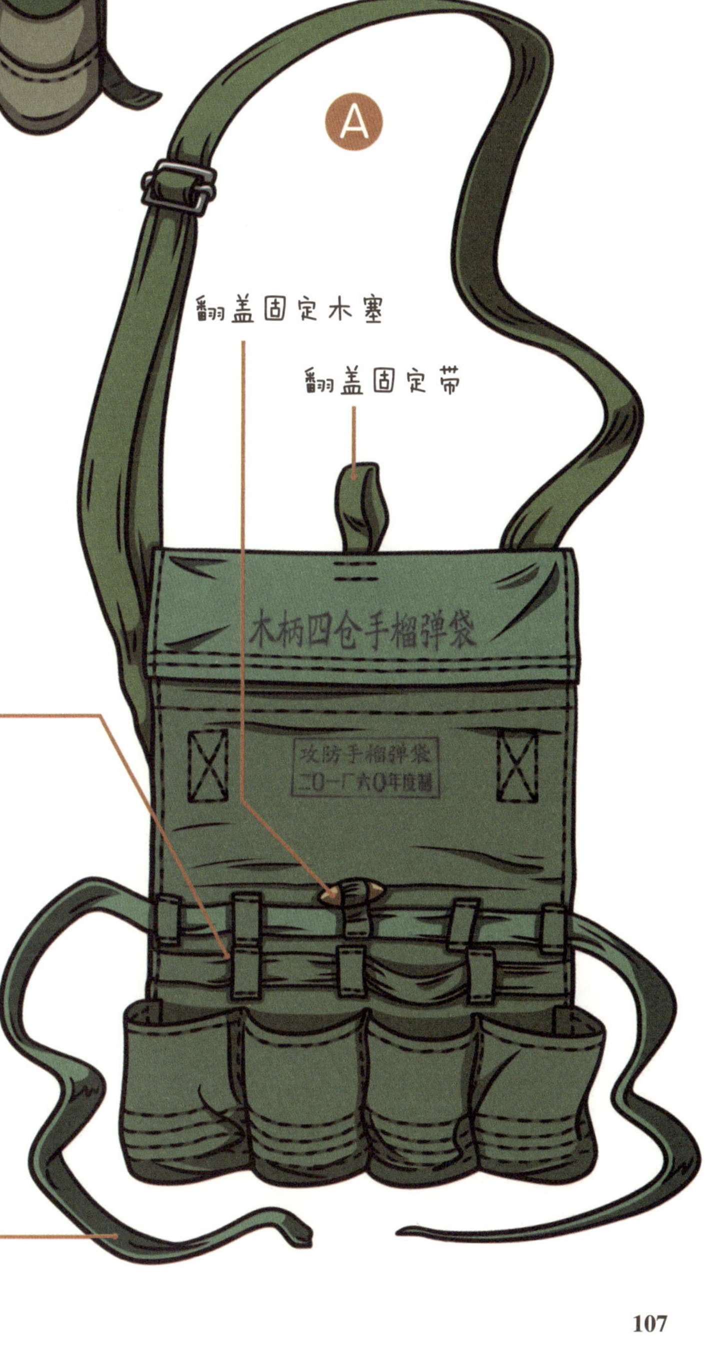


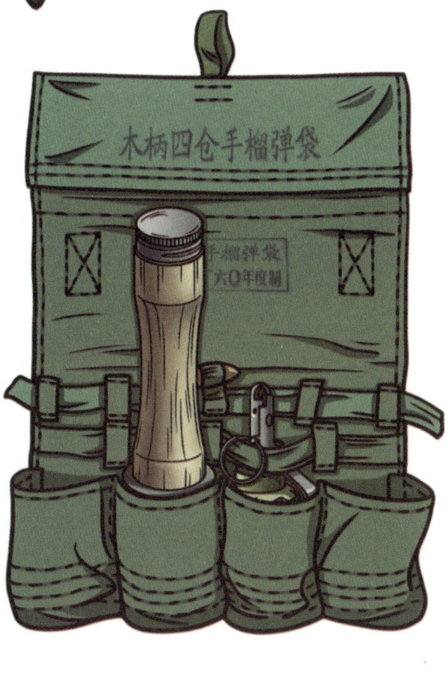


67 式木柄手榴弹、F1 或防 -1 式手榴弹均能装入中国的四联式手榴弹袋内，它有两种不同高度的固定带和翻盖。

## M18A1 型

M18A1 型“阔刀”式反步兵地雷内装 C4 炸药和 700 枚钢珠弹。

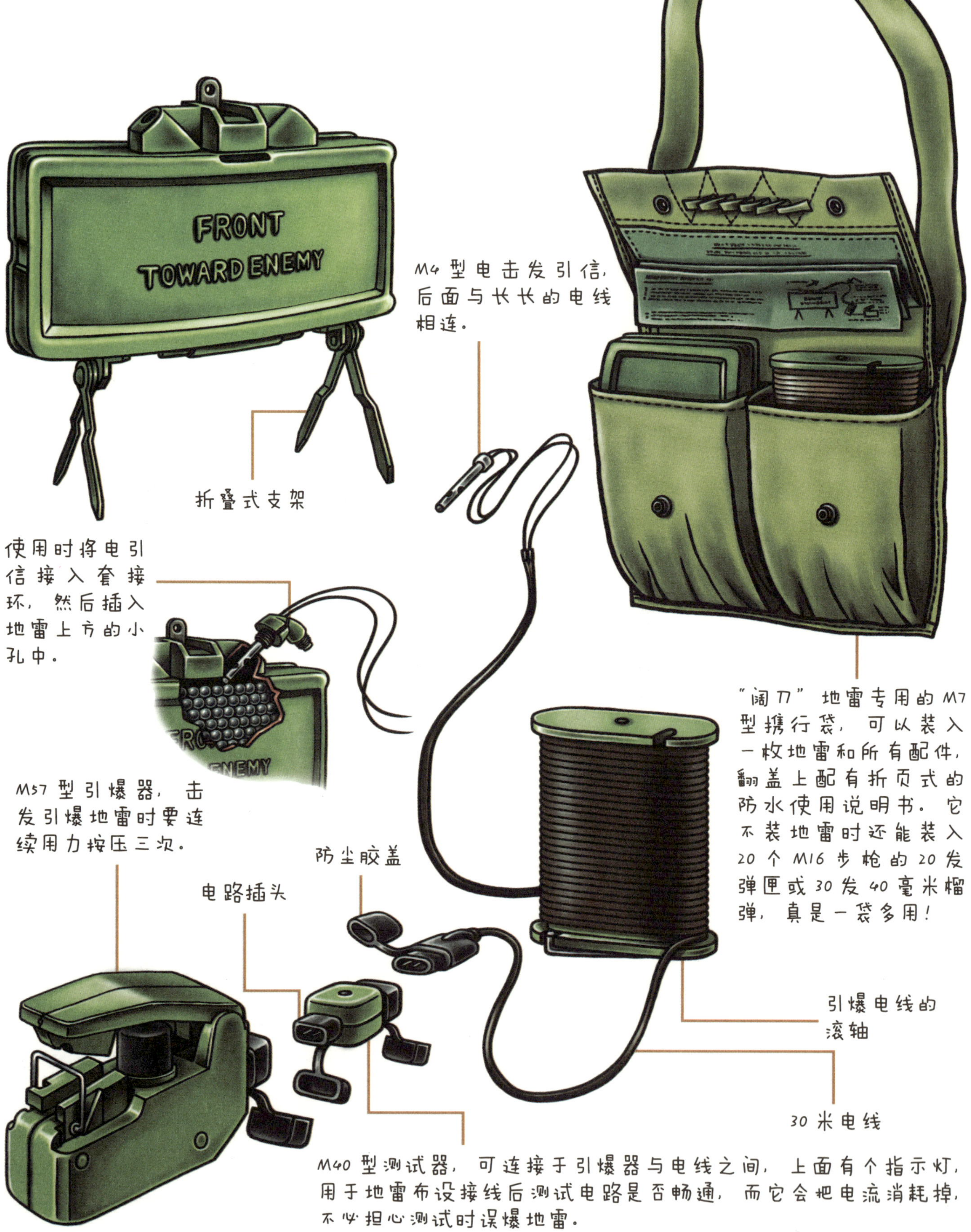

## “阔刀”式地雷的布设方式

布设“阔刀”地雷时，先将地雷外壳的正面指向敌人，利用其上方的瞄准具对准敌人可能来袭的前方，在预估 50 米有效射程范围内，将支架展开插入土中，然后接上引信、电线和引爆器。

## “阔刀”式地雷的杀伤范围

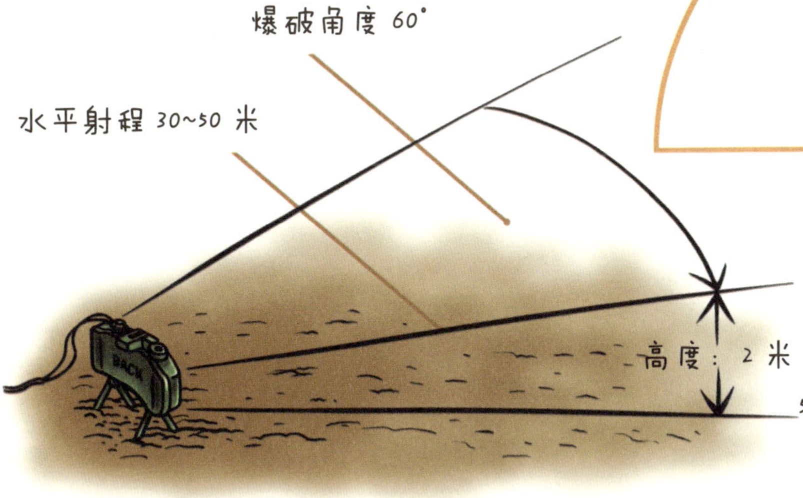


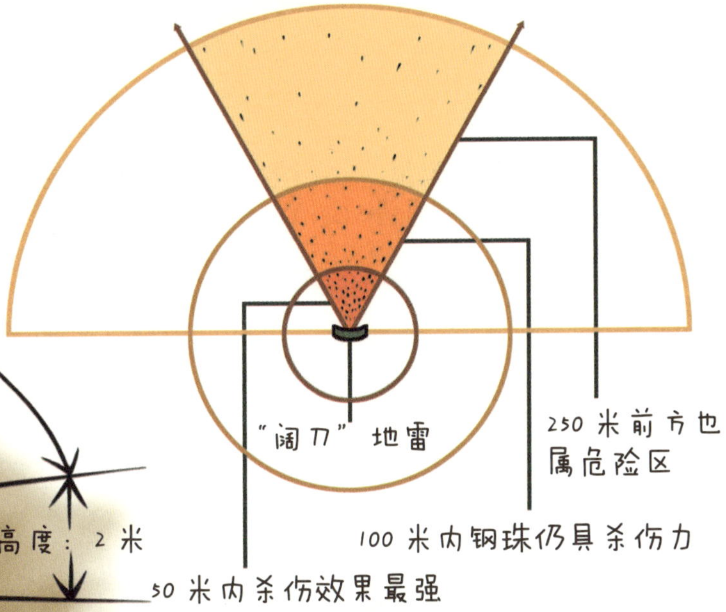


注意：因地雷爆炸，后方也会产生塑料破片、气流和烟尘，所以操作一方人员最近也得躲在 6 米外的掩体内。

越战期间，美军在基地防御作战和伏击战中，广泛地使用“阔刀”式地雷，成片地杀伤敌军步兵，效果明显，后来各主要军事发达国家也都竞相研制出了自己的“阔刀”类型定向地雷。时至今日，“阔刀”式地雷依然在役，如同喷射钢珠的大口径霰弹枪一样，它那独特的杀伤效果仍旧不可替代。

## 经典名枪

越南没有美军那么先进的武器，他们的秘密武器就是蚁穴般的坑道。

M26A1 型手榴弹

“黑枪传说”：越南人挖地道搞偷袭，美军就埋伏在地道出口，越南人刚露头就被密集火力射杀，这是 M16 被称为“黑枪”的缘由之一。越南人对 M16 的杀伤力也有所畏惧，有“小黑枪与小弹能打大孔”之说。

美陆军第 25 步兵师

美军“隧道鼠”徽章

“隧道鼠”：北越人民军和越共游击队效仿抗战时期中国的做法，在丛林里挖了很多地道，里面还有各种机关陷阱。他们利用这些错综复杂的地道与美军周旋，堪称越战版“地道战”。美军为了清剿这些地道，常常一经发现就派出小股工兵单位“隧道鼠”，头戴防毒面具钻入地道，以催泪弹、电筒和手枪开道，与对手玩起了“猫捉老鼠”的游戏。

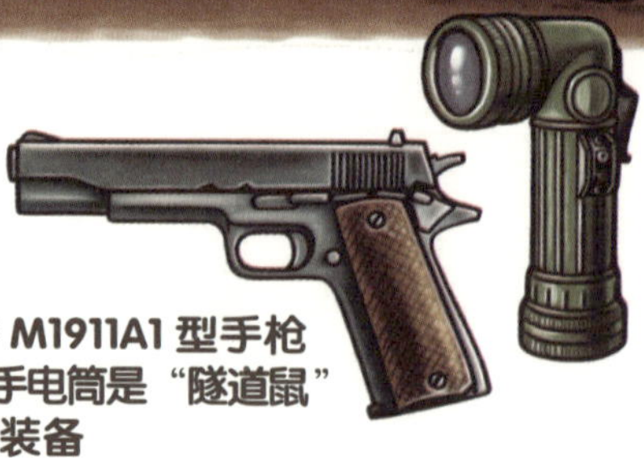

柯尔特 M1911A1 型手枪和 L 形手电筒是“隧道鼠”的主要装备

大量采用塑料和铝合金的 M16 全身漆黑，因此美国人也称 M16 为“黑枪”。有一本介绍 M16 的书就叫作《黑枪——回顾 M16》。

催泪瓦斯可以对人体的呼吸道及眼部造成强烈刺激，从而使人丧失战斗力。美军在进入地道前都会先投掷催泪瓦斯弹，目的是让躲藏在里面的越共游击队员束手就擒。下面这位就刚刚扔下一枚 M7A3。

水坑：有些低洼路段会被放满水，水性好的人屏住气也许能通过，不会潜水的人掉到里面就只有死路一条。

诡雷：将一枚苏制 F1 手榴弹拉去保险环，放入口向下斜置的空罐头盒里，用木楔顶住，木楔另一端系线连到土里。有人碰到这根系线后，带出木楔，手榴弹就会从罐头盒里脱出，继而爆炸。

竹签桩：削尖的竹竿布置在坑底，当敌人不慎落入坑中时就会被捅成“窟窿”，亦是美军士兵最易丧命的机关之一。

## M14 型反步兵地雷

以步兵对抗为主的越战地面战，小型反步兵地雷的应用非常广泛。美国在 20 世纪 50 年代研制的 M14 型反步兵地雷采用压力触发式引信，早期型为金属外壳，越战时改进为塑料外壳后被大量使用，单兵携带和人工布设均很方便。该地雷体积和装药量都很小，只会把人炸伤。

**M14 型反步兵地雷的结构与基本原理：**

A. 压力盖
B. 塑料外壳
C. 簧片
D. 93.5 克炸药
E. A 档（待发档）时卡槽为空隙
F. 击针
G. S 档（安全档）时卡槽挡住压力盖
H. 底火
I. 雷管

注：A 档时压力盖处于可活动状态，脚踩上去后簧片弯曲，击针落下撞击底火引爆雷管，从而引爆整枚地雷。

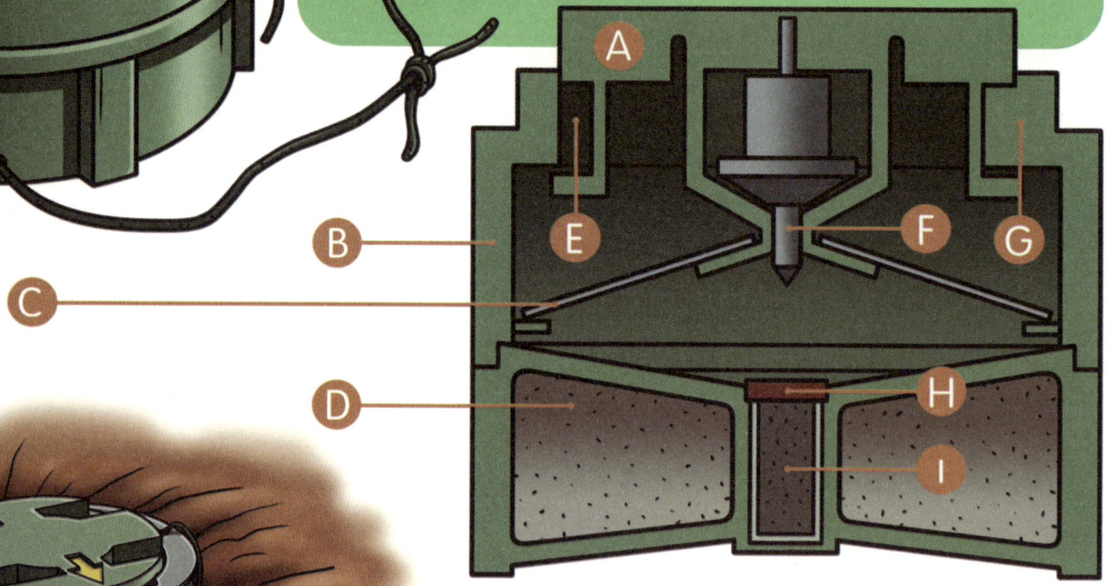


01

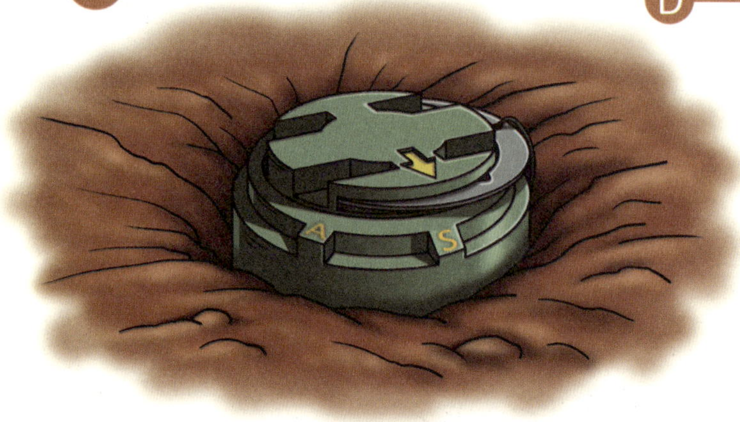

**M14 型反步兵地雷的布设方法：**

01 将地雷放入事先掘好的 4 厘米深小土坑内；
02 拉去保险夹，将压力盖旋转至 A 档（转回 S 档可解除待发状态）；
03 在表面及周边尽量盖上各种枯叶伪装，当敌人不注意踩上这片区域就有可能中雷。

02

03

## 常见的诡雷类型

“诡雷”就是暗中布置的带有“机关”特征的爆炸物，只要敌方人员不慎碰上就会触发爆炸。越共游击队在敌后广泛开展游击战，充分利用村庄和自然环境布设很多诡雷，给敌人以杀伤，目的就是要在美国大兵的心中制造恐慌情绪，动摇其军心。由于诡雷种类实在太多，在此只列举个别常见的类型。

“罐头雷”是越共游击队最常用的诡雷。把“柠檬”手榴弹装在一个比它稍宽的小罐头盒内，用拴了细线的木楔顶住，然后拉掉手榴弹保险环。只要木楔被扯掉，罐头盒内多余的空隙会使保险握把稍微松开，手榴弹就会引爆。它适合在多种环境中布设。

在装有食物的瓦罐中藏进一枚拉掉保险环的“柠檬”手榴弹，用食物压住保险握把。当美军扫荡村庄，砸碎瓦罐或是想掏里面的东西时，震动会使保险握把松开。

利用美国大兵爱收集战场纪念品的习惯，设置“战利品雷”。它们是一些故意留下的枪支、旗帜等，靠在篱笆、茅草屋的墙上，后面拴着一根细线连着手榴弹的保险或拉火绳。一旦大兵们高兴地拿起“战利品”，手榴弹就被扯爆。

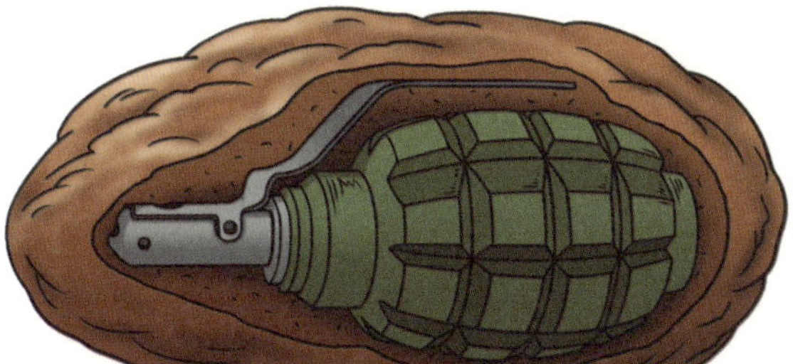

用新鲜泥土将“柠檬”手榴弹包裹起来，保险环处留一个缺口，待土晾干后拉掉保险环，再用泥土将缺口封住，再次晾干后就制成了一个处于待发状态的“泥球雷”。游击队一般将它放置在美军巡逻的小路上，故意惹人注意。“泥球雷”同样是利用美国大兵游手好闲的性格，让其自作自受。只要泥球干脆的外壳受到踩压或踢打而碎裂，手榴弹就会松开保险爆炸。

结果这“泥球”真的响了。

美军大量使用直升机作战，越共游击队就想出一些反制措施。游击队主要有两种反直升机的诡雷设置方法，都是布置在美军可能的降落区域。一种是在开阔的草地上，以 4 个点放置矮桩的“罐头雷”，用细钢丝沿对角线以两枚为一组连接。还有一种是在林间空地立 4 根高竹竿布置。这里画得很明显，实际中的竹竿会尽量隐蔽于旁边的枝叶中。

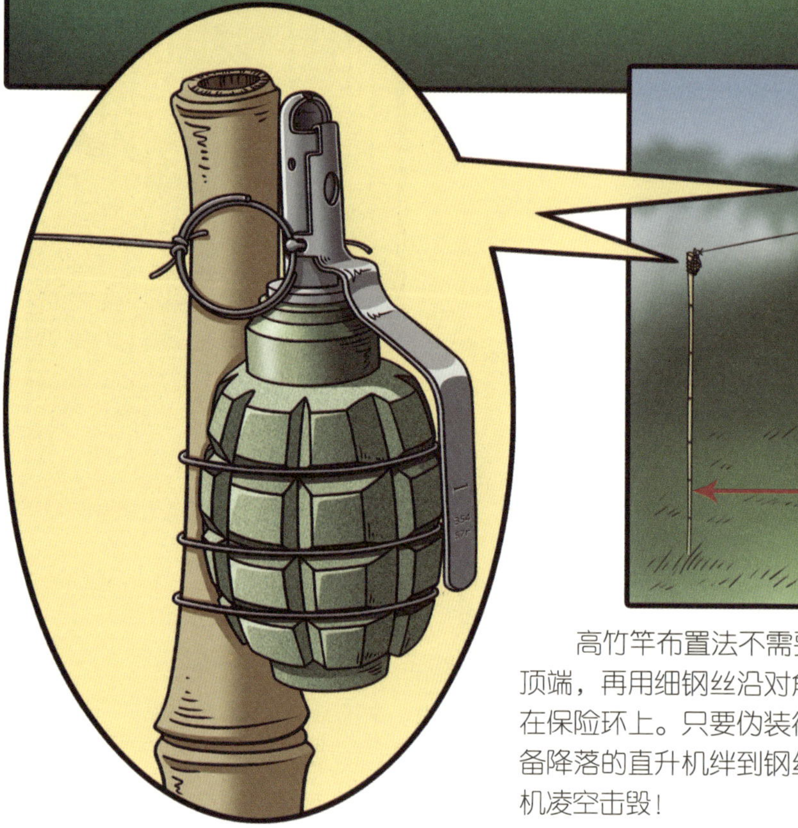

高竹竿布置法不需要拉去保险环，而是把手榴弹用细钢丝捆在竹竿顶端，再用细钢丝沿对角线以两枚“罐头雷”为一组连接，细钢丝就系在保险环上。只要伪装得当，美军直升机在低空飞行时发现不了它。准备降落的直升机绊到钢丝后，就会击发 4 枚手榴弹，大量破片会把直升机凌空击毁！

## POMZ2 型

POMZ2 型反步兵地雷是苏联在二战时期研制的一种绊发式地雷，曾给德军带来噩梦般的印象。它采用 MUV 引信，结构和 UZRMG 通用引信相似，只要有人绊到绊线，扯掉连结的保险环，击针便在弹簧作用下撞击底火，引爆雷管和炸药。

POMZ2 的外形与木柄手榴弹很像，外壳也采用预制破片设计。它俗称“棍雷”，结构简单、易于布设。越战中，它是北越军队和越共游击队使用最广泛的一种反步兵地雷，还经常搭配 F1 型手榴弹，做成一种反扫雷的“连环雷”。

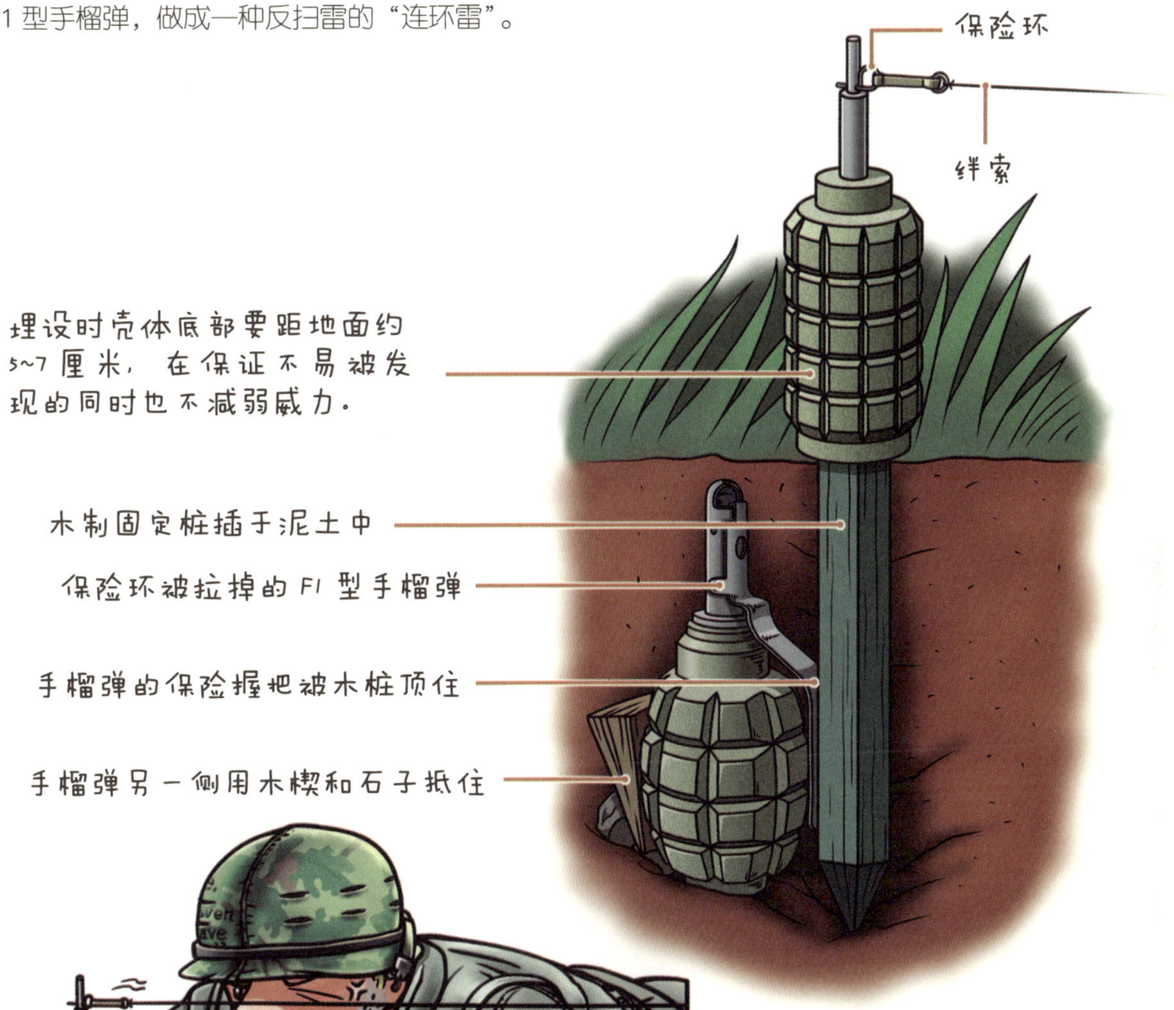

“棍雷”和“柠檬”的组合是很有效的反排除方式。如果只是把“棍雷”的绊线轻轻剪断、小心地拔出地雷，那下面隐藏的手榴弹保险握把就会松开，从而爆炸，令美国大兵防不胜防。

## M25 型

M25 型反步兵地雷俗称“钉子雷”，外形像一枚粗大的“钉子”，布设方式也是像“钉子”一样插入土中。它采用压力触发式引信，一旦被人踩中的话会炸伤脚板，甚至断掉小腿。这种地雷的特点是装药量小、人工布设方便。

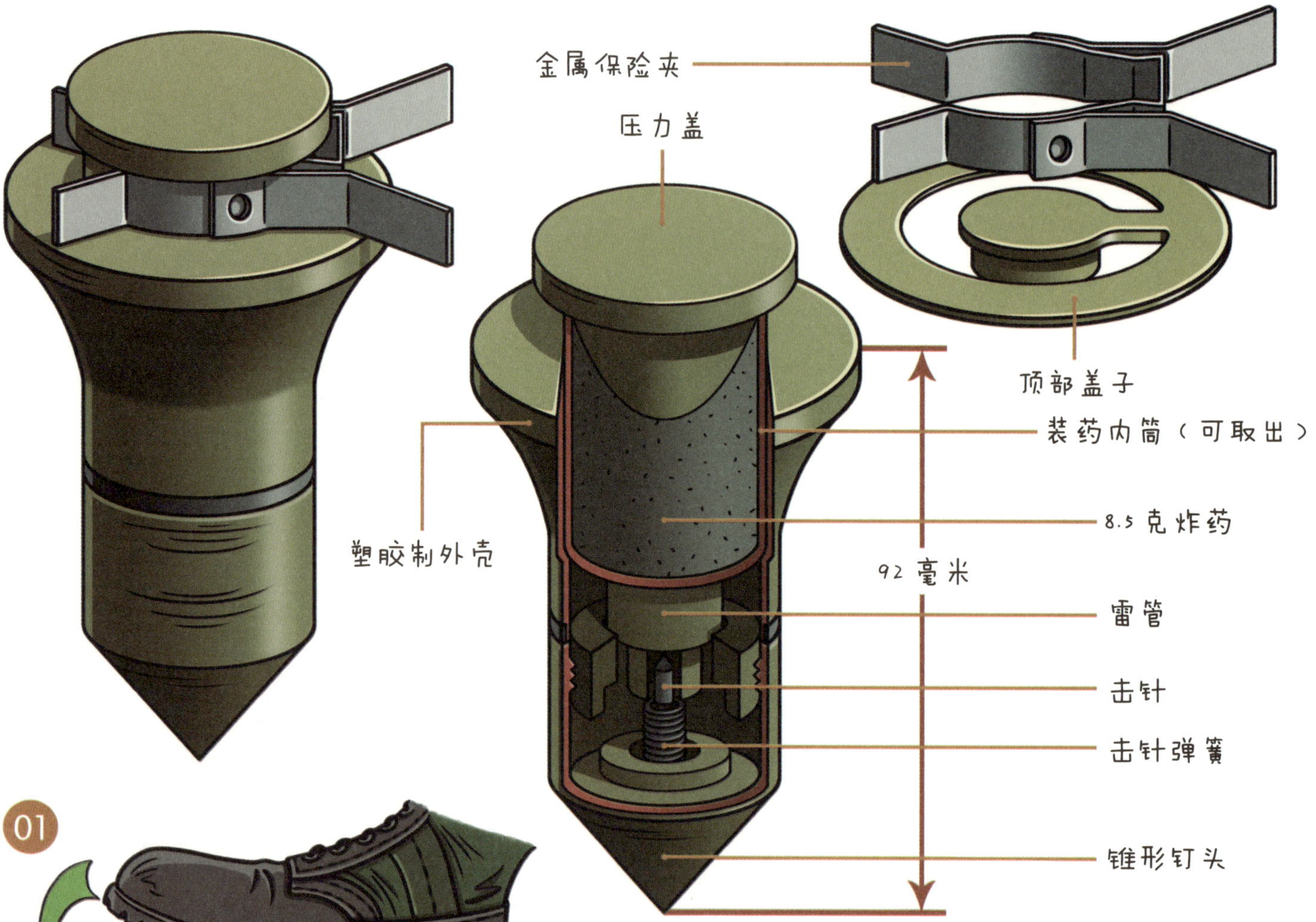

**M25 型反步兵地雷的布设方法：**

01 先用脚把非装药的外筒踩进土里；

02 摘除顶部盖子；

03 装进内筒（顶部的压力盖为触发装置）；

04 取下保险夹，至此地雷进入待发状态（夹上保险夹后取出内筒即可解除地雷）。

## BLU43/B 型

越南山地丛林和平原水网交错，给地雷这种可怕的“冷血杀手”提供了天然的隐蔽环境。为了对付神出鬼没的游击队，美国发明了 BLU43/B 型袖珍反步兵地雷，小巧而张牙舞爪的外形使它得名“龙牙”。其实它另一侧的短翼是为了在空投布撒时增大空气阻力，以免地雷重重摔在地面上。

“龙牙”地雷体积非常小，还没有一个成年人的手掌大。它不需要专门埋设，通过飞机空投大面积散布在敌占区。其散落过程中翻滚飞行的模样看起来仿佛一只扇动翅膀的蝴蝶，所以这种地雷最有名的绰号是“蝴蝶雷”。

基本结构和触发原理：

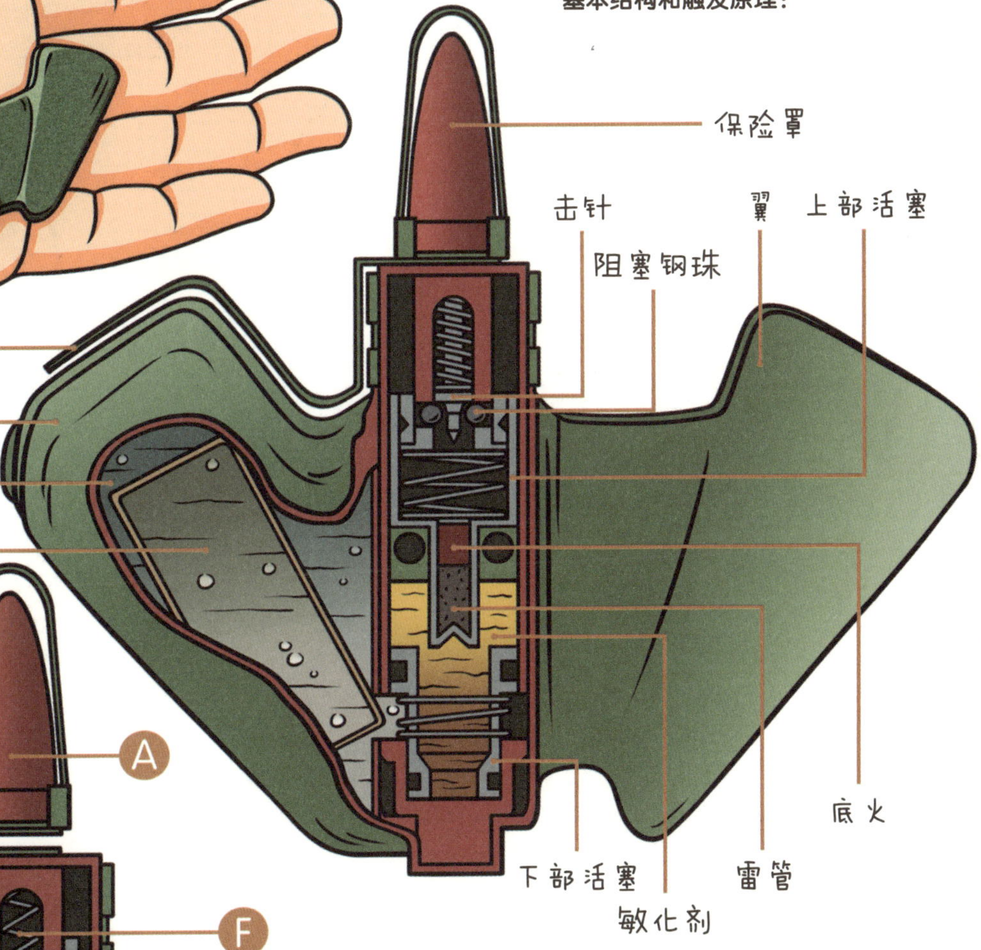


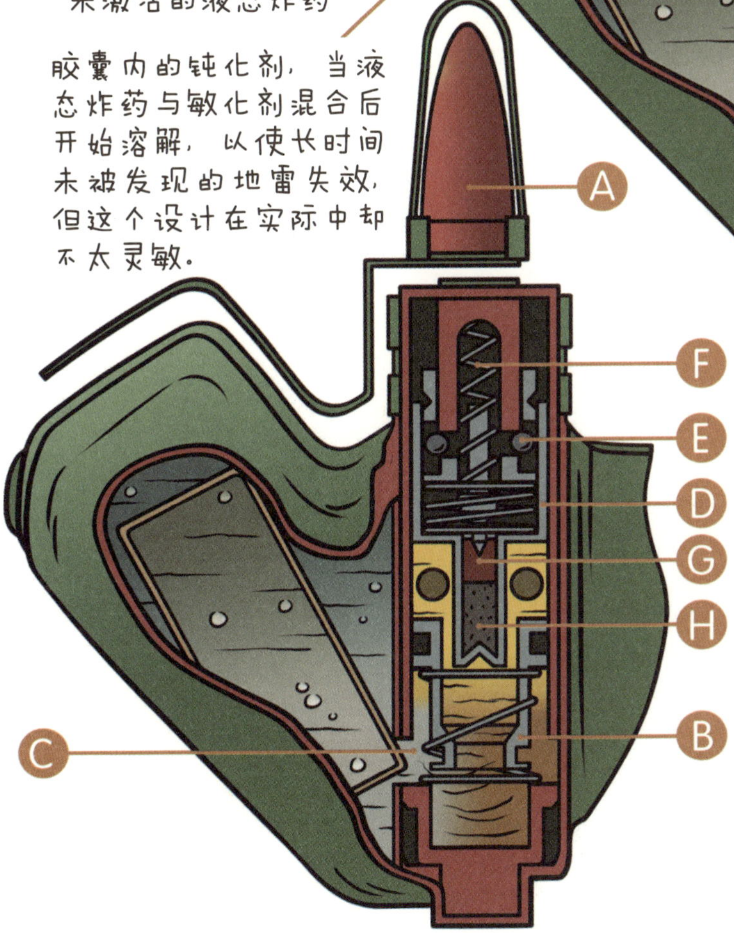


**“龙牙”的触发原理：**

A. 首先将保险罩拔去；
B. 底部活塞开始向上升，露出管底侧的小孔；
C. 未激活的液态炸药通过小孔与敏化剂混合后完成激活（至此地雷进入待发状态且无法恢复到之前的安全状态）；
D. 地雷被踩，液体压力推动上部活塞上升；
E. 阻塞击针的两枚钢珠被推向两侧；
F. 击针弹簧迅速被释放，推动击针向下运动；
G. 击针撞击底火，引爆雷管；
H. 雷管爆炸时，液态炸药也被引爆。

美军将“龙牙”沿越共游击队的交通线空投布撒，妄图阻碍北越与南方的人员往来。小巧的外形使“龙牙”可以隐蔽在草丛与道路上，不易被发现。其外壳是软的，只要有 5 千克的受力就会被引爆，一只脚踩上去就足够了。被炸者不会丧生，只会受伤或致残，从而给整支队伍带来负担。有时它的软胶塑料外壳就像是某种零件或“玩具”一般，而且“龙牙”无法被解除，常常让不懂的人在好奇地摆弄中将其引爆，即使被发现也容易产生悲剧。所以“龙牙”也是一种不人道的武器。

冷战时期，超级大国间的军备竞赛都是相互学习实现的。通过对越战期间缴获的美军装备的研究，苏联在美制“龙牙”（左）的基础上，研制出体积与装药量更大的 PFM1 型“蝴蝶雷”（右），投入了随后的阿富汗战争。

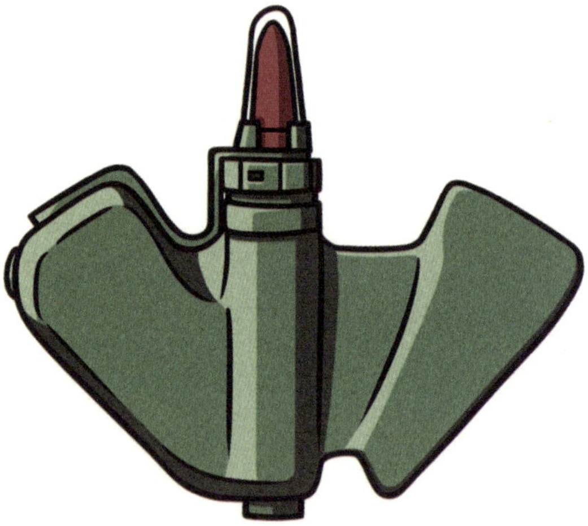

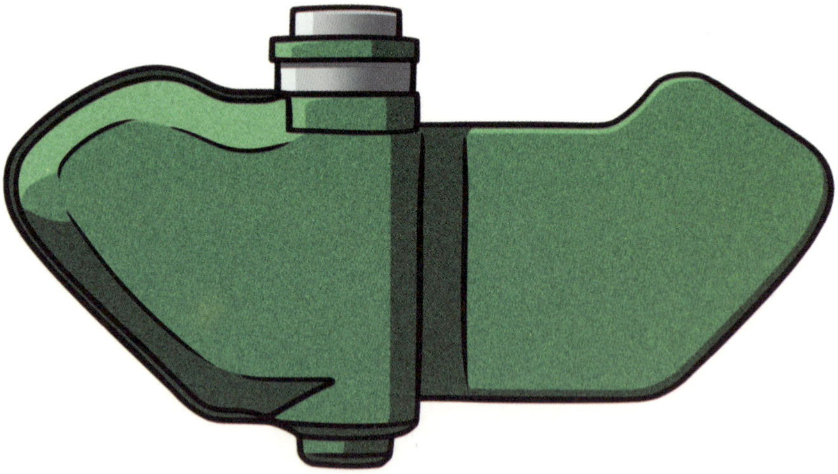

# 头等防护

## ——头盔

各式具有防护和伪装功能的头盔在现代战争中早已是一种成熟的单兵装备。而越战时期的头盔，刚好处在二战与现代的一个发展过渡之中，交战双方的装备也各有不同，甚至带有各自浓厚的文化特色。现在就让我们来认识一下越战中的头盔。

越南的作战环境多是以丛林为主，遍布着亚热带的阔叶林和雨林，气候闷热湿润。特别是在地面战中，近距离作战的机会比较多，各种枪弹和弹片横飞，所以美军常规部队普遍配备了钢盔以尽量保护士兵的生命安全。茂密的丛林同时也给交战双方提供了一个绝佳的隐蔽场所，头盔上的伪装方式也较为流行。而炎热的气候、频繁的降雨，早已让生活在当地的越南人习以为常。所以，北越军标准配备的头盔不是以钢盔为主，而是有自身特色的防晒盔，戴着这种头盔在丛林中穿梭显得更加灵活与舒适。

### M1 标准型钢盔

M1917A1 型

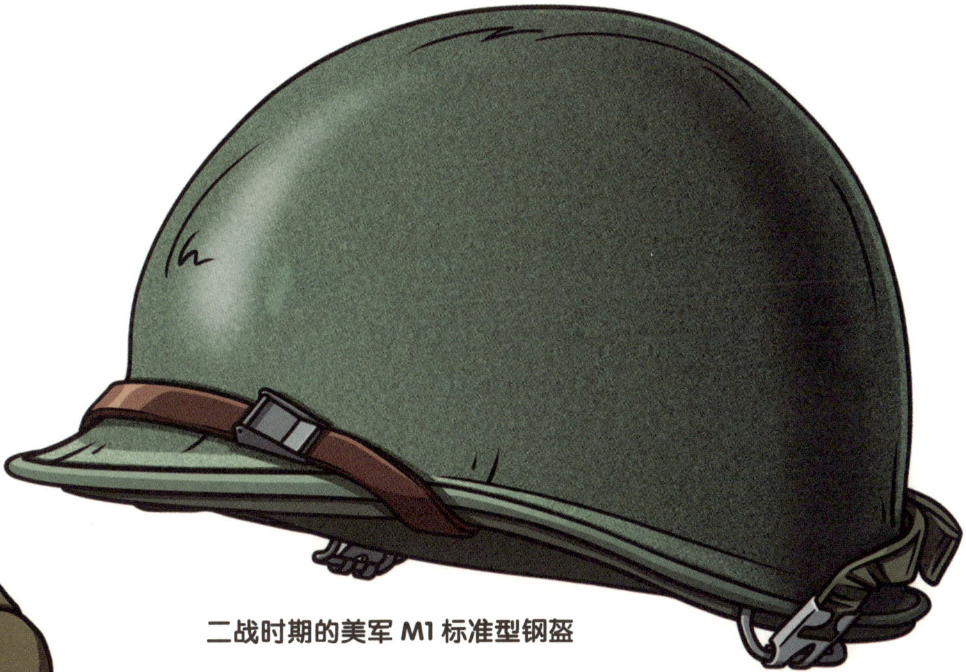

二战时期的美军 M1 标准型钢盔

1917 年，美国作为新兴的列强参加第一次世界大战，首次感受到现代战争的残酷。那时的美军尚未装备自己的头盔，所以就紧急仿制了英式的 MK1 型钢盔并稍加改进，命名为 M1917A1 型。这种像“铁草帽”一样的钢盔，其两侧的防护效果并不理想，却在美军中一直服役到 1942 年。直到军队太平洋战争初期，美军还在用这种落后的装备去和日军对抗。

太平洋战争的爆发给了美国一剂醒药，让美军感受到需要新型钢盔的迫切了。1942 年，美国自行设计的 M1 型钢盔开始量产服役。这种钢盔设计独特、防护性好，特别适合在开阔地域的机动作战，广受士兵们的欢迎。二战后，M1 型钢盔仍旧服役于美军，还广泛地装备其盟友，参加了朝鲜战争和越南战争——这两场 20 世纪重要的局部战争。越战中除美军外，还有参战的澳大利亚陆军、南越与韩国军队也佩戴此盔。1983 年入侵格林纳达的美军，第一次装备了新型的凯芙拉材料 PASGT 头盔，正式宣告 M1 型钢盔开始退出历史舞台。但直到海湾战争前夕，美军才把剩余的 M1 型钢盔全部替换完。

## M1 型的结构

M1 型钢盔的最大特点就是有双层盔体结构，防护性好，还可以根据任务调整钢盔的厚度。当没有作战任务时，士兵们只需戴着轻便的内盔值勤。越战时的 M1 型与二战的版本相比，略有改进，主要在于较多地采用了化纤制品，降低头盔重心，但外形大体一致。

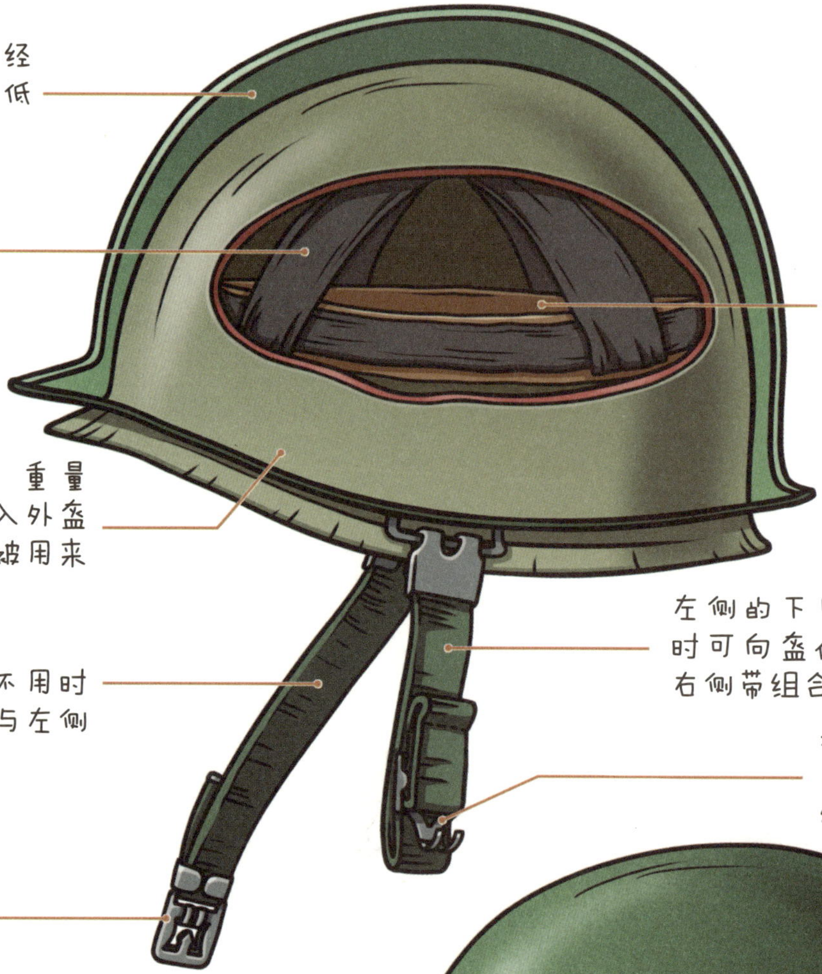

战时美军的地面常规部队（包括陆军和陆战队、从军官到士兵）几乎每人配发一顶 M1 型钢盔，这一方面体现出了美国强大的物质保障基础，另一方面又反映出美国人在战争中“贪生怕死”的性格。

## 钢盔伪装 & 钢盔文化

由于钢盔的弧形表面较亮，容易反光，造成己方目标过于明显，所以需要在钢盔外面罩上一个低可视度的盔罩布。美军在越战时采用的是一种称为“叶子”的迷彩盔罩布，图案由很多叶子和枝杆组成。它可以两面使用，正面是以春夏季为主的翠绿色，反面则是秋冬季常见的枯黄色。不过在越南这种四季常绿的国度，美军一直都是用翠绿色的那一面。

除了南越伪军外，澳大利亚军队和韩国军队也都使用这种和美军一样的盔罩布。

美国一手扶持的南越伪军，战斗力低下，狐假虎威倒是很擅长。南越游骑兵算是装备精良的一支伪军，这是他们的M1型钢盔。没有盔罩布，直接在外盔上手涂了四色丛林迷彩，正面有个满嘴獠牙的黑豹头徽记。

与第一线作战部队不同，宪兵们身处战线后方，相对安全，就不用佩戴笨重的全套钢盔。他们只配备一顶涂装过的内盔，没有盔罩布，显得更为轻便。

越战中，美国士兵喜欢在钢盔上用勒盔带绑住“万宝路”牌香烟、枪油和清洁剂之类的东西。美军的 M16 自动步枪和 M60 机枪结构精密，难以适应越南湿热的环境，故障频繁，所以空闲时就得经常用枪油和清洁剂进行保养。那支牙刷就是用来刷枪而非刷牙的工具。

海军陆战队的勒盔带是橡胶制品，弹性较好。

在美国士兵钢盔的盔罩布上，通常都有一些用黑色马克笔书写的个人“心情”或涂鸦。

陆军的勒盔带是标准配发的帆布制品，士兵们一般会在上面挂上用过的手榴弹的保险环，用以统计自己到底扔了多少枚手榴弹。

## 越战“英语角”

下面是越战时美国大兵写在钢盔上的一些心情摘录，仅作为了解历史之鉴。

No mission too difficult,no-sacrify too great,duty first!

任务优先，不计牺牲！

When I die, I'll go to heaven be-cause I have spent my time in hell.

如果我阵亡了，我一定会上天堂，因为我生前是活在地狱中。

War is my business and business has been good!

战争是我的事业，我把它做得很好！

Charlie Hunting Club

查理猎袭俱乐部（查理是美军的俚语，指越共）

Good-bye,cruel world!

再见了，冷酷的世界！

## 防晒盔

越南地处亚热带，湿热的气候决定了当地人的选择，所以北越军标准配备的头盔不是以钢盔为主，而是具有自身地域特色的防晒盔。这种头盔很适合在丛林中穿梭，宽边的硬质帽檐可以挡住阳光、雨水和枝叶的碰扎。防晒盔虽然具有一定的牢固性，但因为当时越南工业很落后，而最不缺的原材料就是遍地的木材，所以该盔只是用硬化处理后的纸浆做的，外面覆盖上一层防水的绿色斜纹布，并不能防弹和防破片。

防晒盔正面配戴的金属制北越人民军（NVA）帽徽为象征社会主义的红底镀金五角星、齿轮及麦穗图案。

美军的降落伞布用的“猎鸭”迷彩图案在亚热带丛林中具有很好的伪装效果。越共奉行“拿来主义”，美国人空降留下的降落伞，就等于为对手提供了绝好的伪装布料，越共常拿来作为头部伪装和狙击手斗篷使用。

傍晚时分，一小队头戴加了伪装布条防晒盔的北越士兵，正在丛林边缘搜索行进。

## 防晒盔的伪装

北越士兵利用缴获的“猎鸭”迷彩进行头部伪装的方式有两种：左边的是将尼龙制的降落伞布剪碎成细条，然后捆扎在伪装网上，再把伪装网罩到防晒盔上；右边的是将降落伞布直接裁成盔罩布，先把它蒙在防晒盔外面，再罩上伪装网，这样还方便插枝叶。

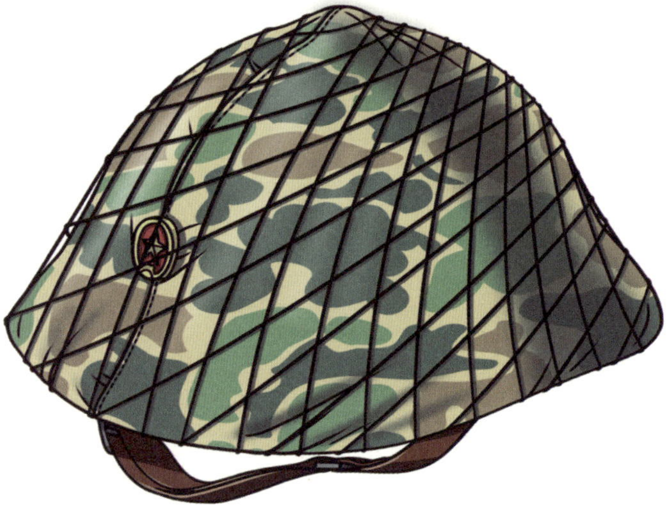

越式防晒盔简单实用，在越战中已成为一个经典的符号，象征着北越与越共的形象、实力和精神。在今天，它仍旧是越南人民军的制式装备之一，而且遍布于现代越南从城市到乡村的大街小巷。越南男人爱戴防晒盔，女人爱戴斗笠，完全已成为一种民族流行符号，至今经久不衰，仿佛能让人感觉到20世纪那场残酷的局部战争的影子。

## Ssh40 型钢盔

为取代老式的 Ssh36 型钢盔，苏联研制了 Ssh40 型钢盔，和美军的 M1 型钢盔一样，参加了从二战、朝鲜战争到越南战争的数次战争。两者都是各自阵营久经沙场的装备。越战中的北越人民军极少装备钢盔，一般是地面防空部队或其他个别部队才有，佩戴的就是苏联提供的 Ssh40 改进型。

Ssh40 钢盔俗称为 M40，装备时间比美国的 M1 要早两年，因为苏联当时比美国更早认识到大战即将爆发的紧迫性。这两种代表两个超级大国的钢盔比较起来各有长短。苏制钢盔工艺简单而轻便，防护性则略欠。

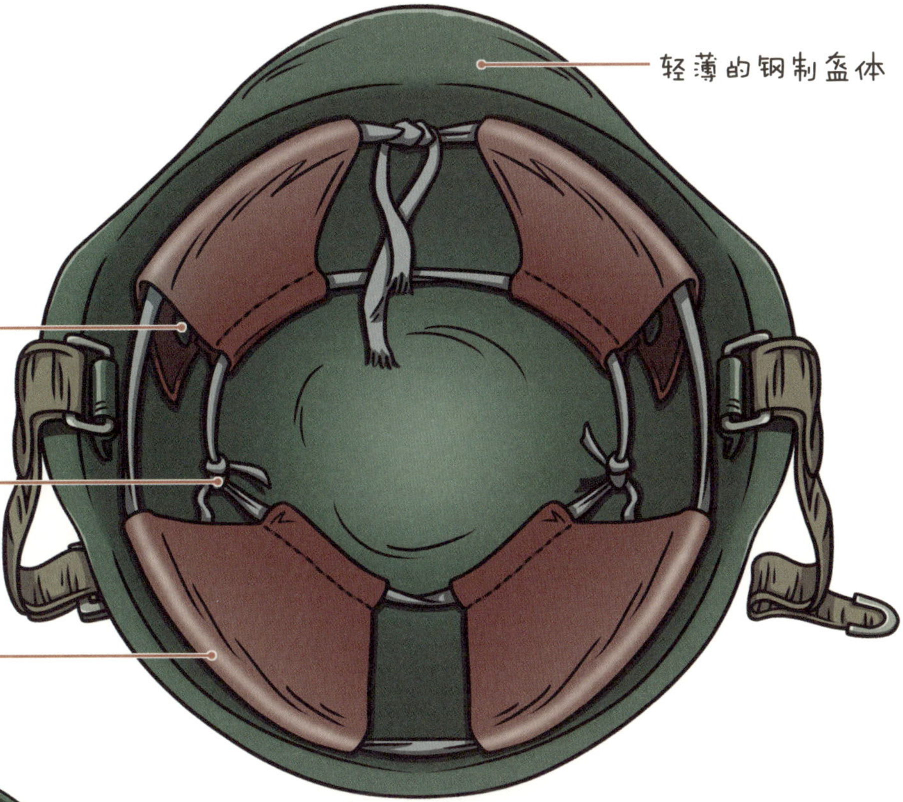

自二战以来的很长一段时期内，苏联都没有为钢盔正式配备盔罩布。但 Ssh40 型可以像其他大多数钢盔一样，套上一个简单的伪装网，上面插上带叶子的小树枝，在丛林密布的越南能起到很好的伪装作用。图为北越军地空导弹部队的钢盔伪装方式。

## 越战钢盔比拼

越战时装备钢盔的军队以美国及其盟国一方为主，北越正规军都很少佩戴。双方的装备其实反映的就是美苏冷战之间的一种较量，在此我们做一个简单对比。

| | 基本参数 | 编者点评 |
|---|---|---|
| M1 | 重量 约 1.5 千克（含内盔）<br>高度 16.8 厘米<br>长度 28.0 厘米<br>宽度 23.5 厘米 | M1 型是一种经典头盔，可惜在越南它来错了地方，就如同武装到牙齿的美国士兵在丛林中反而被自身的笨重装备弄得筋疲力尽一样。或许在某些激烈的战斗中，它挽救了很多士兵的生命，但总的来说，M1 型钢盔不属于丛林。美国在一个错误的地点进行了一场错误的战争。 |
| Ssh40 | 重量 1.38 千克<br>高度 16.0 厘米<br>长度 28.4 厘米<br>宽度 24.8 厘米 | 苏制钢盔在越战中是一种稀少装备，北越人民军与越共游击队更多地是佩戴轻便的防晒盔和斗笠。苏制盔和美制盔同为欧洲正规战的产物，且越战中双方的装备数量不对等，所以难以比较出孰优孰劣。毕竟它们代表的是美国和苏联的军事理念，用一场局部战争无法定论。 |

美军后来以凯芙拉合成材料的 PASGT 头盔代替了传统钢盔，但是此盔仍然摆脱不了冷战色彩，直到反恐时代的到来。

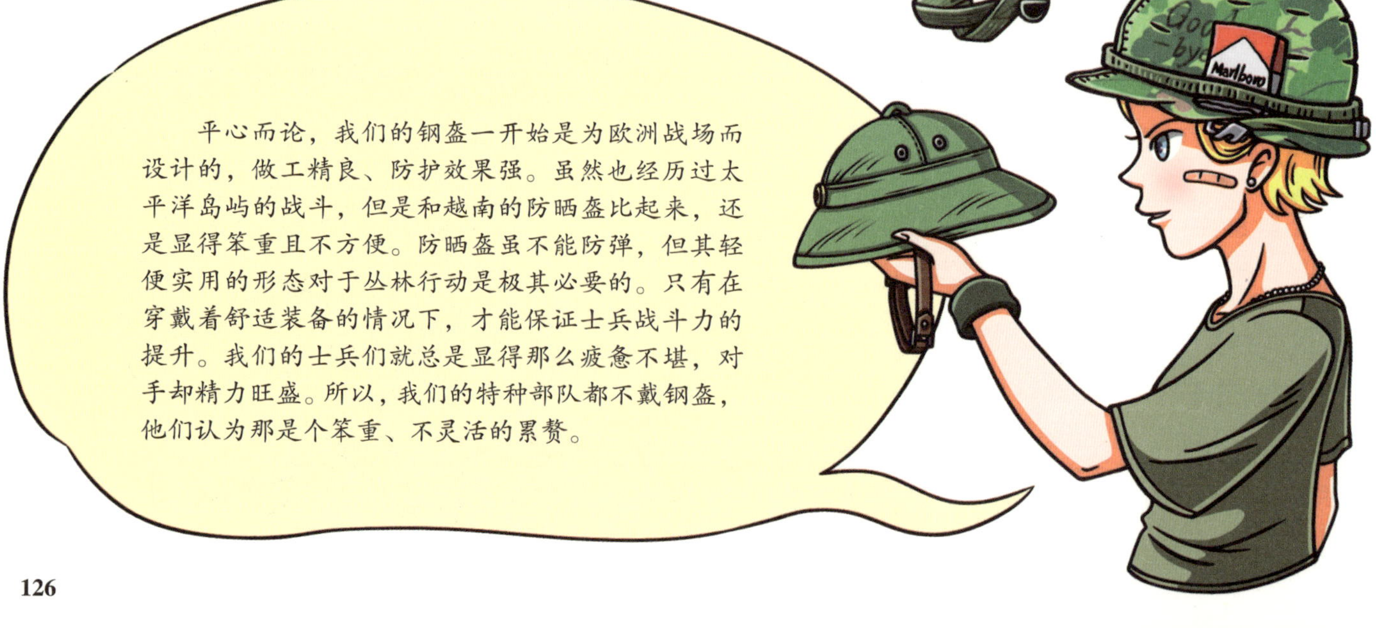

## 装甲兵和陆军航空兵的头盔

前面介绍了越战双方步兵所装备的钢盔与防晒盔，现在我们再来看看双方装甲兵和陆军航空兵的头盔。

车辆与飞行器头盔在现代战争中是必不可少的，除了具有防撞功能外，还和无线电通讯技术密不可分，上面要安装耳机和电线，以适应现代战争的战场指挥需要。越战中，美军装备了二战后的第二代装甲兵头盔。专用的陆航头盔，也随着执行低空战术支援任务的固定翼飞机、直升机大规模地运用，开始走入人们的视野。北越军新兴的装甲部队装备了以苏式体系为主的坦克防撞帽，以轻便、舒适为特色。这些新型的乘用头盔超越了二战时的设计，为今天各国的现役装备奠定了基础，是现代化乘用头盔的发展起点。

二战时期美军装备的 M6 型坦克头盔的绰号是“大狗帽”。头盔材质为当时先进的玻璃纤维与传统的皮革料，结实耐用，而且配有专门的固定式耳机槽。它在二战的坦克头盔的设计中是比较有前瞻性的，所用材料和整体风格为日后的同类装备奠定了基础，一直在美军中服役到朝鲜战争之后。

朝鲜战争后，美军迎来一次武器装备的大变革。其不再以二战装备的面貌出现，从重武器到单兵装备都改头换面，也算是为后来卷入更加现代化的越南战争做了物质准备。图为越战时期头戴新型“战斗车辆乘员”头盔，在 M113 装甲骑兵战车（AVCV）主机枪塔内作战的美军乘员。

## CVC 战斗车辆乘员头盔

二战后以美国为首的西方国家普遍采用了以硬质盔体为代表的装甲乘员防护头盔。越战时美军装备的是由玻璃纤维制成的新型 CVC（“战斗车辆乘员”的英文缩写）头盔，用于代替二战到朝鲜战争期间使用的头盔。这款头盔的优点是牢固，能容纳更加先进的通讯设备，缺点是体积较大，而且不能防弹。当时很多美国的盟国也装备了此型头盔。

**“战斗车辆乘员”CVC 头盔的基本结构：**

A. 边缘的橡胶衬条
B. 麦克风
C. 麦克风固定杆（可俯仰调节位置）
D. 头盔线路总成盒
E. 车载电台连接电线
F. 螺栓式电台连结插头
G. 固定夹板
H. 通话切换拨杆
I. 分线器

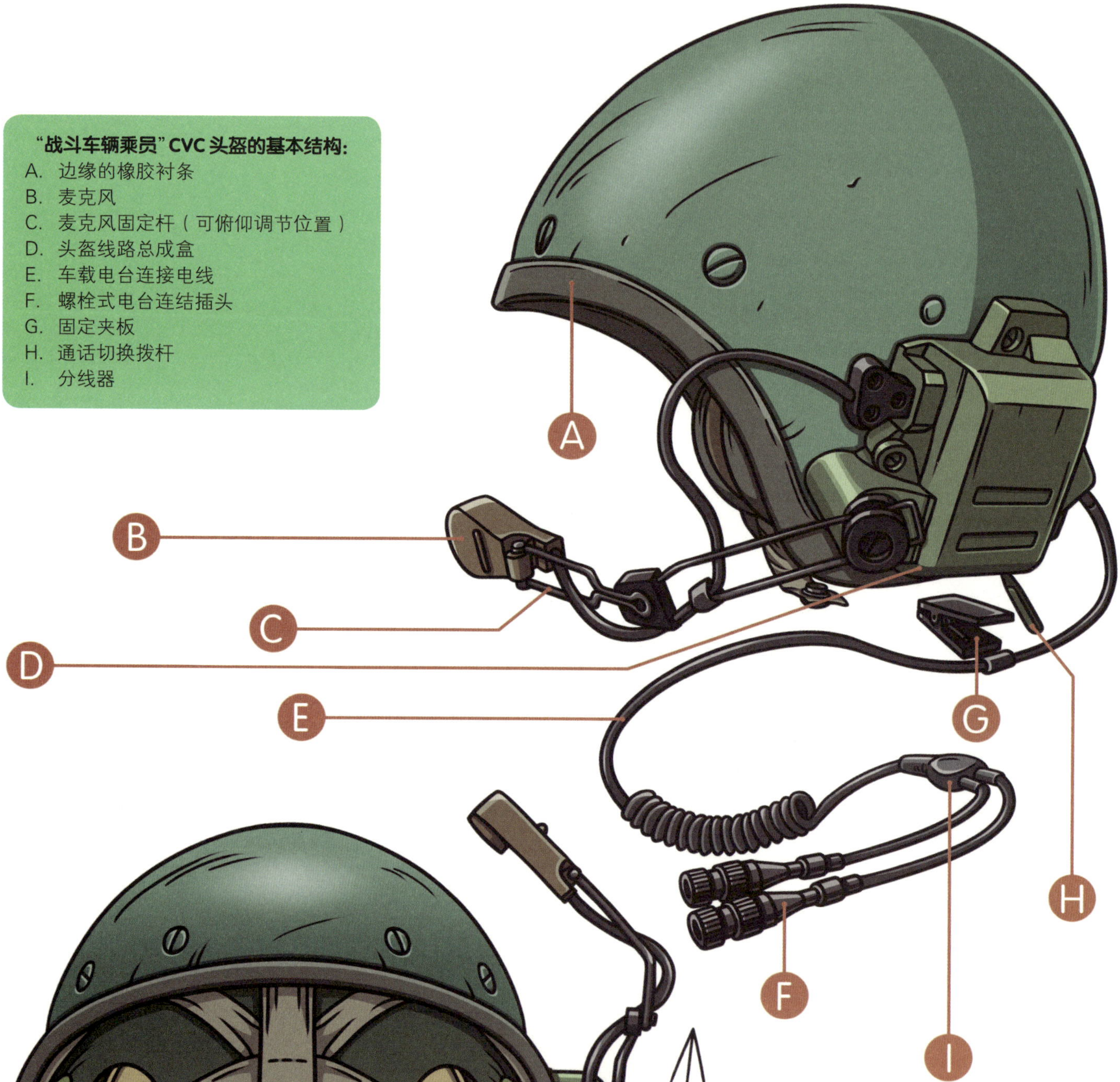

CVC 头盔的正面带有柔软橡胶垫的耳机以及帆布制的头盔悬挂系统。麦克风不用时，可通过固定杆向上翻起。

美军现役的 DH132 型 CVC 头盔重量相比越战时期的型号减轻了 0.3 千克，内里有海绵衬垫，佩戴更加舒适。

这款越战时的 CVC 头盔，还参加过同时代的中东战争和印巴战争，在冷战期间可谓久经沙场。但它的缺点就是太过笨重，1.5 千克的重量扣在头上可不是什么好滋味，直到 1978 年被更新型、更轻便的 DH132 型头盔所替换。

露茜小姐这次装扮成越战时期美军陆战队的装甲兵。她身着陆战队特有的 M55 型防破片背心，头戴 CVC 头盔，上面箍着一副风镜，下面穿早期款式的 OG107 型作战服的裤子。身上斜挎着 M3 型手枪套，里面装着 M1911A1 型手枪。在她身后是越战时美国陆军装备的 M551 型“谢里登”轻型坦克，炮塔上的车长身穿陆军制式的 M69 型防破片背心，头上同样戴着 CVC 头盔。

## APH5 型陆航飞行头盔

越战时美国陆军大量装备了各式直升机，还有执行低空战术支援任务的固定翼飞机，这就需要一种专业的陆军航空兵头盔。在此之前，美军大量装备的飞行头盔都是为空军喷气式飞机研制的，而对于低空飞行的直升机来说，相对简化、没有呼吸设备的头盔更显灵活，于是 APH5 型头盔应运而生。后来美军又在 APH5 的基础上发展出 AFH1、SPH3/4 型头盔，直到现今的 HGU56/P 型直升机飞行头盔。

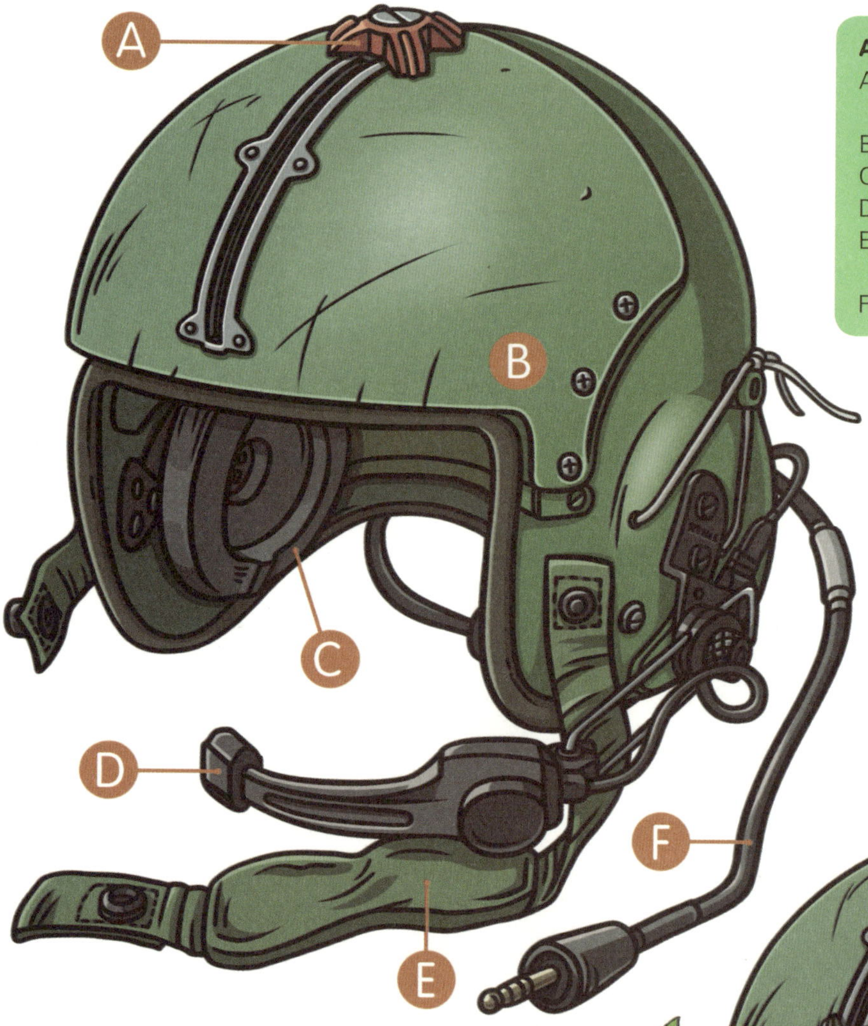


**APH5 型飞行头盔基本结构：**

A. 护目镜调节旋钮（通过在下方的导轨滑动以收放镜面）
B. 护目镜镜罩（每侧有 3 枚螺栓固定于盔体上）
C. 套有橡胶垫的耳机
D. 麦克风（可通过固定杆俯仰调节位置）
E. 早期型的下巴固定带，加装有一块厚实的尼龙制额垫）
F. 电台连接电线

美国的化工业很发达，自二战以来率先普及了塑料、尼龙和玻璃纤维等合成材料，广泛地运用在各种军事装备上。

防强光护目镜片平时藏在镜罩内，飞行时通过上面导轨的调节旋钮拉下镜面，然后旋紧旋钮锁住。

APH5 型飞行头盔被广泛地应用于越战美军的直升机机组上，图为 UH1D 型突击直升机的飞行员（A）和机枪手（B），其中飞行员的头盔上有“WAR”的英文涂鸦，意为“战争”。直升机在越战中进行低空扫荡的形象，已成为那场残酷战争的标志性武器之一。ACH47“支奴干”重型武装直升机的重机枪手戴的是一顶白色的 APH5 型头盔（C）。

## TSh1 型坦克防撞帽

越战时的北越人民军并不是只有冲锋陷阵的步兵，通过苏联、中国的武器援助，他们也组建了自己的装甲部队。北越人民军的装甲兵乘员装备也是以苏系及其仿制品为主，最为典型的就是苏式坦克帽。苏联的坦克头盔一开始就没有走欧美国家的套路，而是根据自身情况发展出了一种独具特色的样式，在世界范围内也产生过深刻的影响。

苏制坦克空间狭小、行驶颠簸，乘坐舒适性差，所以轻便且防撞的帽子最适合，而非笨重的硬质头盔。苏制坦克帽以棉布为主要材质，也有皮制的，设计有标志性的防撞凸起，整体外形自二战前后到冷战时期的变化都不大，最主要的改进部分还是随着无线电技术的发展而更新了耳机和通话系统。越战时期的苏制坦克帽为 20 世纪 50 年代开始装备的第二代 TSh1 型坦克帽。

二战时的苏联坦克帽早在 20 世纪 30 年代就已装备部队，上面的防撞凸起里塞的是布条或棉花，战后的款式则用方形橡胶条填充。虽然早期的苏联坦克帽在两侧也设计有耳机槽，但那时的苏军坦克并没有普及无线电设备，通信联络靠的是旗语甚至是隔车喊话，这种情况到了二战中后期才有所改变。上图是配备了耳机的二战苏军坦克兵，注意她的帽子后面垂有一根耳机电线及接长线插头。

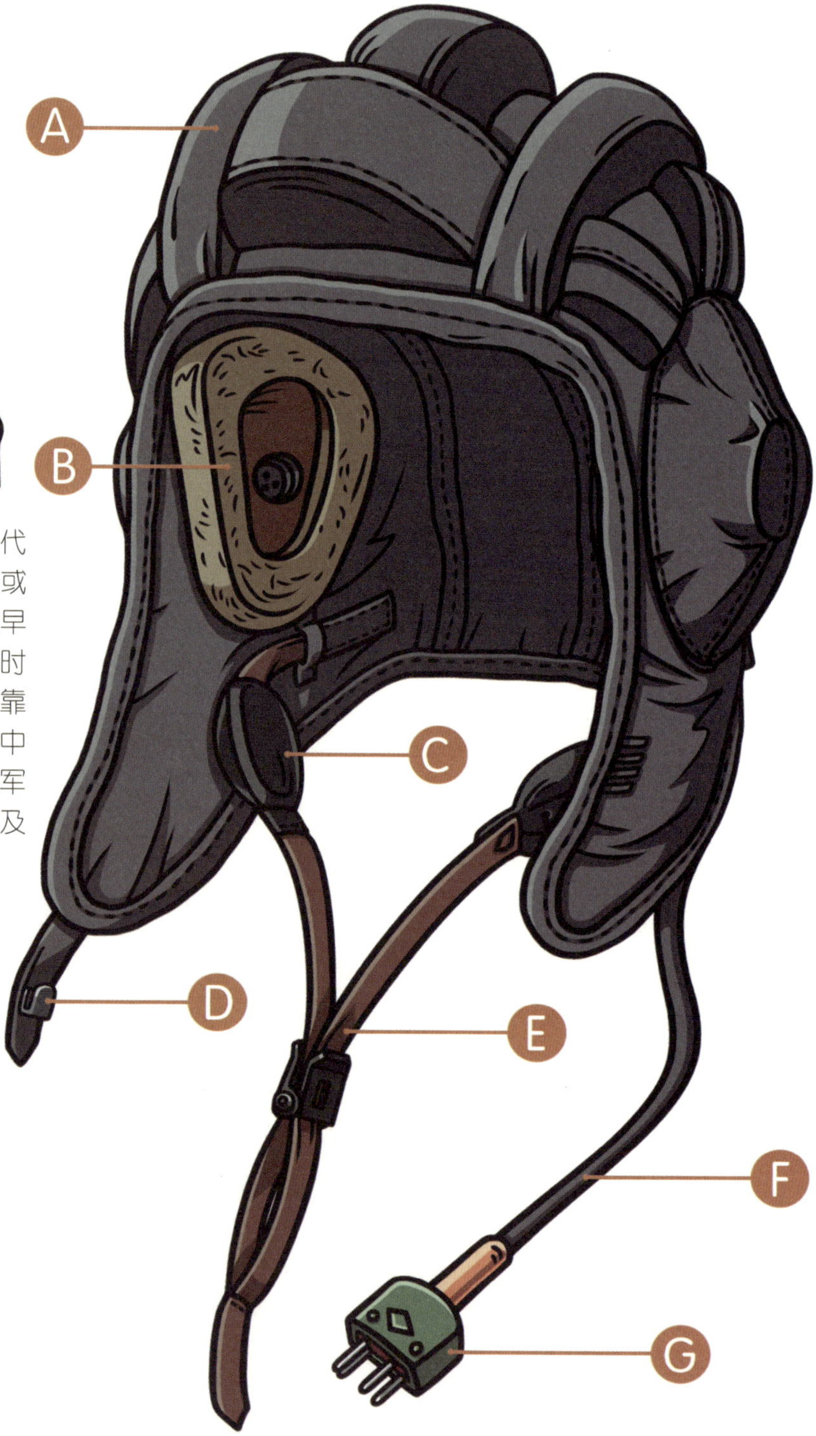


**苏联 TSh1 型坦克帽的基本结构：**

A. 防撞凸起（左、右、前、顶共 8 条）
B. 羊皮包裹海绵制的耳机护垫
C. 喉部麦克风（左右各 1 对）
D. 下巴固定带（与 H 挂扣组合）
E. 麦克风固定带
F. 耳机电线
G. 车载电台连接插头

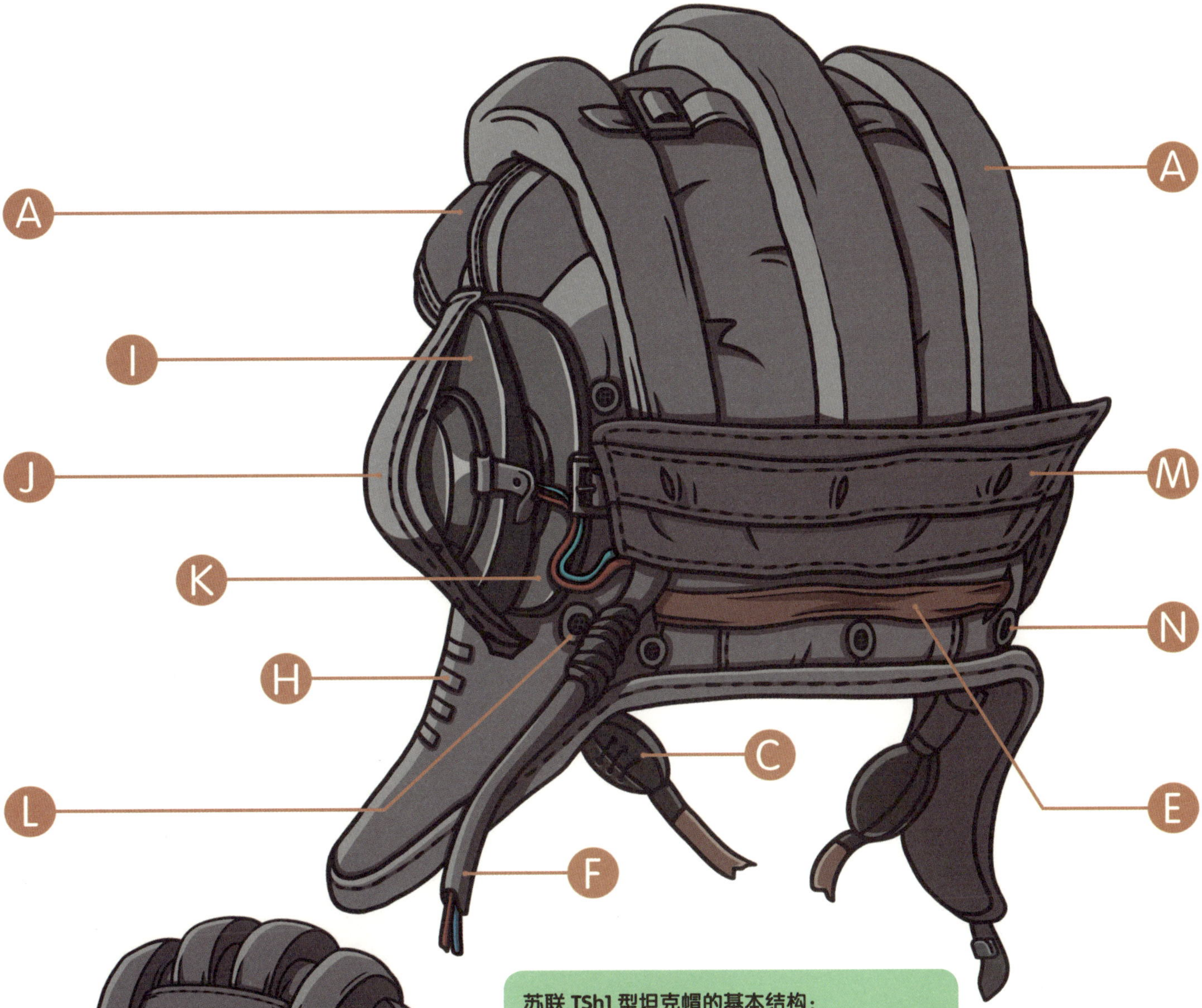


**苏联 TSh1 型坦克帽的基本结构：**

H. 下巴带挂扣（有 4 段可调节）
I. 橡胶制耳机罩
J. 布制耳机槽外罩（闭合时用纽扣固定）
K. 耳机
L. 耳机外槽罩固定纽扣
M. 后翻盖，开启后可取出喉部麦克风的带子
N. 后翻盖固定纽扣

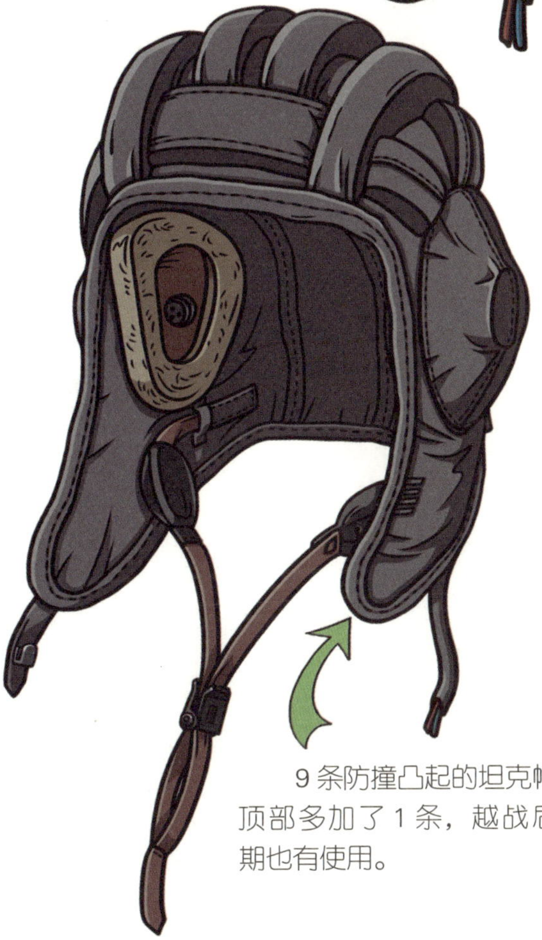

9 条防撞凸起的坦克帽顶部多加了 1 条，越战后期也有使用。

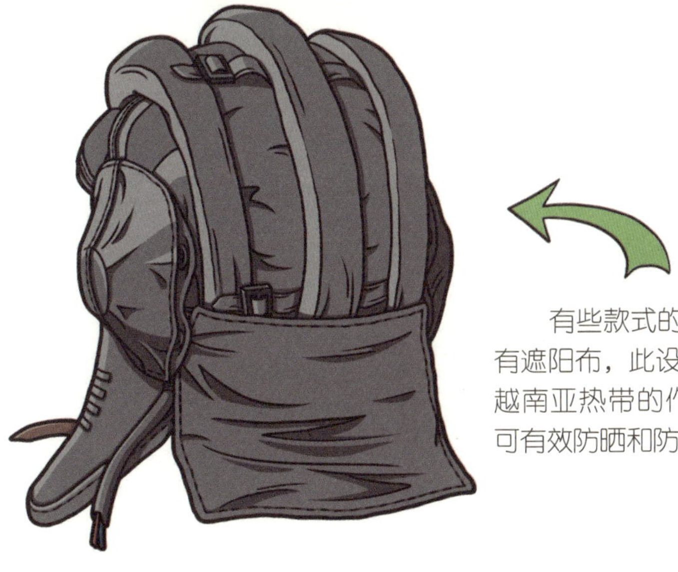

有些款式的后翻盖带有遮阳布，此设计很适合越南亚热带的作战环境，可有效防晒和防蚊虫。

## 北越人民军的坦克部队

北越人民军的坦克兵装备比较简单，制服和步兵一样都是翠绿色的作战服，头上戴着苏式坦克防撞帽，脚上穿着胶鞋、皮靴，夏季特别炎热时也穿凉鞋。自卫武器是苏制的托卡列夫手枪，或卡拉什尼科夫突击步枪。

01

托卡列夫 TT33 型手枪（01）和AKS47 型折叠枪托突击步枪（02），同为 7.62 毫米口径，但前者发射手枪弹，后者发射步枪弹。

02

北越人民军的坦克部队装备着苏制 T34 和 T54 型中型坦克以及 PT76 型水陆坦克，还有中国援助的 63 式装甲输送车等。这些重装备增强了他们的地面进攻能力，并在最后攻克南越伪首都西贡的战斗中发挥了重要作用。

图为越战末期北越人民军装备的 T54 型坦克，上面插着“解放阵线”的旗帜。

# 彩蛋：HGU56/P 直升机飞行头盔迷你图解

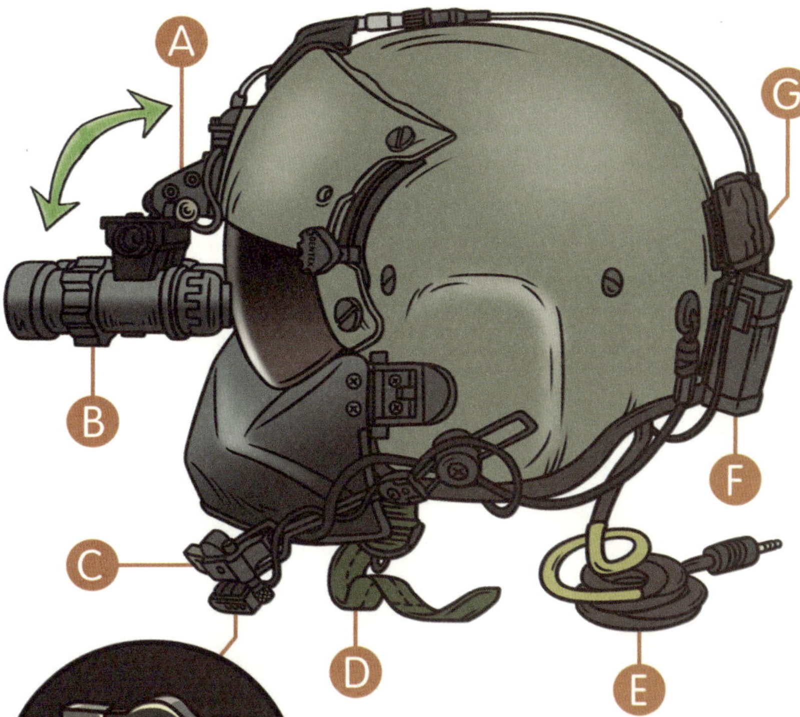


HGU56/P 型是美军现役的直升机飞行头盔，频频出现于近年美军参与的很多军事行动中。它采用新型合成材料、模块化设计，可以搭配电源、夜视仪等，整体坚固性有所提高，还配备有专门的面部防盾。这款当今造型非常时尚的直升机飞行头盔，前身就是越战时的 APH5 型头盔。

**HGU56/P 型头盔的基本结构：**

A. 夜视仪固定底座
B. 夜视仪（可向上翻起或取下）
C. 麦克风及其活动式固定杆
D. 尼龙制的下巴固定带
E. 电台连接电线（可根据需要接长）
F. 夜视仪电源（电线是从 LED 灯电源后面绕过通向顶端的）
G. LED 灯电源（注意电线是向下的）

麦克风下面可以固定 LED 灯，方便在光线昏暗时查看军用地图。

HGU56/P 型头盔的材质由 Spectra 纤维（超高分子量聚乙烯）、含有石墨的环氧树脂复合材料构成，具有抗压、防弹、柔韧和隔离噪声等特性，而且比传统的玻璃纤维和芳纶材料更轻，这么大一顶头盔重量只有约 1.27 千克。HGU56/P 佩戴舒适、联络顺畅，极大降低了长时间执行任务时直升机机组乘员的疲劳感。

拉下右边的镜片调节钮，放下的是一面透明的护目镜片，这在非强光环境下或非战斗任务时可以使用。护目镜与防盾之间有一定的密合度，可以防止风沙进入。

现役美军飞行员用的是 AN/AVS9 型双目夜视仪，它是第三代 AN/AVS6 的改进型，是第一种专门设计的飞行夜视仪，具有调焦顺畅、视觉感舒适等特点。它有一个专用的底座，不用时可以通过铰链向上翻起。不过整个头盔系统里最值得注意的还是这个面部护盾，真是一个非常个性化的“面具”，你可以在上面画上各种自己喜欢的涂鸦。比如左边的这个脸谱，你能认出是谁吗？